Algebra
für
Naturwissenschaftler und Ingenieure

von

Rudolf Lidl

1975

Walter de Gruyter · Berlin · New York

SAMMLUNG GÖSCHEN 2120

Dr. phil. *Rudolf Lidl,*
Dozent für Mathematik an der Technischen Hochschule Wien

CIP-Kurztitelaufnahme der Deutschen Bibliothek

Lidl, Rudolf

Algebra für Naturwissenschaftler und Ingenieure.

(Sammlung Göschen; Bd. 2120)
ISBN 3-11-004729-2

Bindearbeiten: Lüderitz & Bauer, Buchgewerbe-GmbH, 1 Berlin 61

Vorbemerkung

Die vorliegende einführende Darstellung der wichtigsten Teilgebiete der Algebra wendet sich einerseits an algebraisch interessierte Studenten der Naturwissenschaften und der Ingenieurwissenschaften, wie z. B. Physiker, Biologen, Nachrichtentechniker und Informatiker, andererseits an Mathematikstudenten, die einen ersten Einblick in verschiedene anwendungsorientierte Bereiche der modernen Algebra gewinnen wollen. Unter Berücksichtigung der „Neuen Mathematik" des Schulunterrichts sollte das Buch jedem Studenten mit mathematischem Interesse ohne besondere mathematische Voraussetzungen zugänglich sein. (Nur im 4. Kapitel „Gruppen" und im Abschnitt „Codierungstheorie" werden einige Grundkenntnisse aus der linearen Algebra vorausgesetzt.)

Ziel dieser Einführung ist es, in knapper Form einen Überblick über diejenigen Zweige der Algebra zu geben, die sich für Anwendungen in anderen Wissenschaftsbereichen als nützlich erwiesen haben. In den ersten beiden theoretischen Kapiteln werden die für die Anwendungen der Algebra nötigen Grundlagen dargestellt in einer Weise, die besonders die zahlreichen Querverbindungen und Gemeinsamkeiten innerhalb der Algebra hervorhebt. Die restlichen Kapitel erfassen das breite Spektrum algebraischer Anwendungsmöglichkeiten und bieten eine möglichst große Vielfalt von Beispielen aus den verschiedensten Anwendungsbereichen.

Wien, 28. 1. 1975 *Rudolf Lidl*

Inhalt

1. Grundlagen

Ein Kennzeichen der modernen Mathematik ist ein Vereinheitlichungsstreben, bei dem durch die sogenannte axiomatische Methode die verschiedensten konkreten Resultate aus Teilbereichen der Mathematik und ihren Anwendungen unter einem einheitlichen Gesichtspunkt betrachtet werden können. Die axiomatische Methode legt zunächst einen abstrakten Gegenstandsbereich – eine Menge von Objekten – fest. Zwischen den ausgewählten Objekten werden dann gewisse Beziehungen (Axiome) erklärt, aus denen alle Gesetzmäßigkeiten des betrachteten abstrakten Gegenstandsbereiches hergeleitet werden können. Die Vorzüge der axiomatischen Methode sind vielfältig: Durch Abstraktion werden die Grundlagen verschiedener Theorien tiefer angelegt und dadurch die wesentlichen Merkmale verdeutlicht. Sie trägt zu einer außerordentlich großen Ökonomie und Übersichtlichkeit in der Behandlung spezieller Fragestellungen bei. Außerdem werden durch sie ganz neue Problemstellungen und Querverbindungen aufgezeigt, die zuvor wenig oder gar nicht sichtbar wurden.

Auch die Algebra verwendet diese axiomatische Methode, und ihre großen Erfolge in Theorie und Anwendungen erklären sich unter anderem durch die Einführung algebraischer Strukturen, von denen die wichtigsten die Halbgruppen, Gruppen, Ringe, Körper und Verbände sind. In diesem ersten Kapitel befassen wir uns zunächst mit dem abstrakten Gegenstandsbereich dieser Strukturen, also mit den Mengen von Objekten, die noch keinen konkreten Charakter besitzen.

Es sei hier auf die große Bedeutung von Definitionen hingewiesen, die nicht bloß einer babylonischen Begriffsverwirrung in der Mathematik entgegenwirken, sondern – in geeigneter Weise formuliert – zu interessanten Resultaten führen. Oft wird das Symbol $\Leftrightarrow$ verwendet, das für die Worte „dann und nur dann“ oder „genau dann“ steht und eine notwendige und hinreichende Bedingung in einer Aussage anzeigt.

1.1. Mengen

Wir wollen hier nur die Grundbegriffe der Mengenlehre behandeln und beschränken uns deshalb auf den Standpunkt der sogenannten „naiven" Mengenlehre. Die berühmte zugrundeliegende Definition nach Cantor (Georg Cantor, 1845–1918) lautet:

Unter einer „Menge" verstehen wir jede Zusammenfassung M von bestimmten wohlunterschiedenen Objekten unserer Anschauung oder unseres Denkens zu einem Ganzen.

Die wohlunterschiedenen Objekte bezeichnet man als die „Elemente" von M. Ist m Element von M, so schreibt man: $m \in M$, ist m nicht Element von M, so schreibt man: $m \notin M$. Für beliebiges vorgegebenes x und beliebiges M soll stets genau eine der beiden Beziehungen gelten: $x \in M$ oder $x \notin M$.

Man kann eine Menge M durch Angabe ihrer Elemente bestimmen, wobei jedes Element nur einmal genannt wird und die Reihenfolge in der Aufzählung keine Rolle spielen soll. Man schreibt $M = \{x, y, \ldots\}$, wenn x, y, ... die Elemente von M sind.

Zumeist hat man es allerdings mit Mengen zu tun, die sich nicht in dieser Form darstellen lassen, sondern durch gewisse Eigenschaften ihrer Elemente bestimmt sind. Das geschieht folgendermaßen: Ist E(x) eine beliebige Eigenschaft, die jedem beliebigen Element x entweder zukommt oder nicht, so bezeichnet $\{x \mid E(x)\}$ die Menge aller jener x, für die E(x) gilt.

Beispiele

(1) Sei **N** die Menge der natürlichen Zahlen, dann ist $\{x \mid x \in \mathbf{N}, x \leqslant 5\} = \{1, 2, 3, 4, 5\}$.

(2) Die Menge $(a, b) = \{x \mid x \in \mathbf{R}, a < x < b\}$ bedeutet das offene Intervall von a und b, wobei $a, b \in \mathbf{R}$ und $a < b$ gilt.

Die Mengen der Form $\{x\}$ nennt man einelementig, $\{x, y\}$ heißt zweielementige Menge, und so weiter. Eine Menge mit endlich vielen Elementen nennt man eine endliche Menge, entsprechend heißt eine Menge unendlich, wenn sie unendlich viele Elemente besitzt.

1.1.1. Definition: Zwei Mengen M und N heißen gleich (i.Z.: M = N), wenn jedes Element von M auch Element von N ist und umgekehrt.

1.1.2. Definition: Eine Menge M heißt Teilmenge der Menge N, wenn jedes Element von M auch in N enthalten ist (i. Z.: $M \subset N$).

Man sagt auch, daß N Obermenge von M ist und schreibt $N \supset M$. Diese Enthaltenseinbeziehung zwischen Mengen, die mit $\subset$ bezeichnet wird, heißt Inklusion. Mit ihrer Hilfe kann man die Gleichheit von Mengen M und N so formulieren: Es gilt M = N genau dann, wenn $M \subset N$ und $N \subset M$ gilt. Der Sachverhalt $M \subset N$ schließt die Gleichheit nicht aus. Will man die Gleichheit ausschließen, so schreibt man oft $M \subsetneqq N$ und nennt M echte Teilmenge von N.

1.1.3. Definition: Die Menge, die kein Element enthält, wird leere Menge genannt und mit $\emptyset$ bezeichnet.

Diese Definition ist gerechtfertigt, da eine solche Menge existiert und eindeutig bestimmt ist. Ist nämlich M eine Menge, dann liefert die Eigenschaft $x \neq x$ eine Menge $\{x | x \in M, x \neq x\}$, die kein Element enthält. Die Eindeutigkeit der leeren Menge ergibt sich aus dem Gleichheitsbegriff zweier Mengen. Sind M und N leere Mengen, dann gilt sowohl $M \subset N$ als auch $N \subset M$, und somit M = N.

Die Eigenschaft $\emptyset \subset M$ gilt für alle Mengen M, denn die leere Menge besitzt keine Elemente und damit ist mit $x \in \emptyset$ auch $x \in M$.

Sind zwei Mengen M und N gegeben, so ist es oft zweckmäßig, diejenigen Elemente zu betrachten, die beiden Mengen angehören und sie zu einer neuen Menge zusammenzufassen, oder jene Elemente zu betrachten, die zumindest einer der beiden Mengen angehören. Man kann auch die Menge der Elemente bestimmen, die zwar in der einen aber nicht in der anderen Menge enthalten sind.

1.1.4. Definition: Es seien M und N Mengen. Die Menge

a) $M \cup N = \{x | x \in M \vee x \in N\}$ heißt Vereinigung der Mengen M und N,

b) $M \cap N = \{x | x \in M \wedge x \in N\}$ heißt Durchschnitt der Mengen M und N,

c) $M \setminus N = \{x | x \in M \wedge x \in N\}$ heißt Differenz von der Menge N bezüglich der Menge M.

Das in der Definition auftretende Zeichen $\vee$ bedeutet „oder" und ist im Sinne des nichtausschließenden lateinisch „vel" zu verstehen, $\wedge$ bedeutet „und".

1.1.5. Definition: Ist $N \subset M$, dann nennt man $M \setminus N$ das Komplement von N in bezug auf M und schreibt dafür $\bar{N}$, wenn mit einer festen Obermenge M gearbeitet wird.

1.1.6. Definition: Zwei Mengen M und N heißen disjunkt oder elementfremd, wenn gilt $M \cap N = \emptyset$.

Im folgenden bezeichnen M, N, S Teilmengen einer festen Obermenge A, dann gelten die folgenden Rechenregeln für den Umgang mit Durchschnitt, Vereinigung, Differenz und Komplement:

(1)	$M \cap M = M$, $M \cup M = M$	Idempotenz
(2)	$M \cap (N \cap S) = (M \cap N) \cap S$, $M \cup (N \cup S) = (M \cup N) \cup S$	Assoziativität
(3)	$M \cap N = N \cap M$, $M \cup N = N \cup M$	Kommutativität
(4)	$M \cap (M \cup N) = M$, $M \cup (M \cap N) = M$	Adjunktivität oder Absorption
(5)	$M \cap (N \cup S) = (M \cap N) \cup (M \cap S)$, $M \cup (N \cap S) = (M \cup N) \cap (M \cup S)$	Distributivität
(6)	$M \cap \emptyset = \emptyset$, $M \cup \emptyset = M$, $\bar{\emptyset} = A$, $\bar{A} = \emptyset$	
(7)	$\overline{(M \cap N)} = \bar{M} \cup \bar{N}$, $\overline{(M \cup N)} = \bar{M} \cap \bar{N}$	De Morgansche Gesetze

(8) $M \subset N \Leftrightarrow M \cap \bar{N} = \emptyset$,
$M \subset N \Leftrightarrow \bar{M} \cup N = A$

(9) $\bar{\bar{M}} = M$

(10) $M \subset N \Leftrightarrow M \cap N = M$,
$M \subset N \Leftrightarrow M \cup N = N$.

Die Beweise der Beziehungen (1) bis (10) ergeben sich unmittelbar aus den Definitionen. Zur Veranschaulichung ist es oft praktisch, Mengen durch Punktmengen in der Ebene darzustellen, also sogenannte Venndiagramme oder Eulersche Kreise zu zeichnen. Das schraffierte Gebiet stellt zum Beispiel den Durchschnitt von M und N dar, das stark umrandete Gebiet ihre Vereinigung.

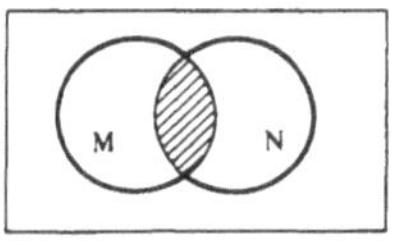

1.1.7. Definition: Die Menge aller Teilmengen einer Menge M heißt ihre Potenzmenge, in Zeichen $P(M) = \{T \mid T \subset M\}$.

Teilmengen **M** von P(M), also Mengen, deren Elemente selbst Teilmengen von M sind, nennt man Mengensysteme über M. Wie bei zwei Teilmengen, kann man Vereinigung und Durchschnitt auf Mengensysteme übertragen.

1.1.8. Definition: $\bigcap_{T \in \mathbf{M}} T = \{x \mid \forall\, T \in \mathbf{M} \text{ ist } x \in T\}$

Durchschnitt von **M**,

$\bigcup_{T \in \mathbf{M}} T = \{x \mid \exists\, T \in \mathbf{M} \text{ mit } x \in T\}$

Vereinigung von **M**.

Auch für Mengensysteme seien einige Rechenregeln ohne Beweis angegeben:

Sei **M** ein Mengensystem über einer Menge M, und sei N eine Menge.

(1) $N \cap \bigcup T = \bigcup (N \cap T)$,

(2) $N \cup \bigcap T = \bigcap (N \cup T)$,

(3) $N \setminus \bigcup T = \bigcap (N \setminus T)$,

(4) $N \setminus \bigcap T = \bigcup (N \setminus T)$.

Vereinigung und Durchschnitt erstrecken sich dabei über alle $T \in \mathbf{M}$.

Oft ist es wichtig, bei einer zweielementigen Menge $\{a, b\}$ auch die Reihenfolge zu beachten, die ja in der Definition einer Menge nicht berücksichtigt wird.

1.1.9. Definition: Man nennt $(a, b) = \{\{a\}, \{a, b\}\}$ ein geordnetes Paar.

Daß das geordnete Paar (b, a) für $a \neq b$ nicht gleich dem geordneten Paar (a, b) ist, geht aus der Mengendarstellung

$$\{\{b\}, \{a, b\}\} \neq \{\{a\}, \{a, b\}\}$$

hervor. Man nennt zwei geordnete Paare gleich, wenn die entsprechenden Glieder übereinstimmen, das heißt:

$$(a, b) = (c, d) :\Leftrightarrow a = c, b = d .$$

Geordnete Tripel definiert man durch

$$(a, b, c) := ((a, b), c)$$

und $(a_1, a_2, \ldots, a_n) = ((a_1, \ldots, a_{n-1}), a_n)$ nennt man ein geordnetes n-Tupel.

Mit Hilfe von geordneten Paaren definiert man das kartesische Produkt (kurz: Produktmenge) $M \times N$ von zwei Mengen M und N als die Menge aller geordneten Paare, deren erstes Glied ein Element von M und deren zweites Glied ein Element von N ist.

1.1.10. Definition: $M \times N = \{(a, b) | a \in M, b \in N\}$.

Es ist dabei zu beachten, daß gilt: $M \times N = \emptyset \Rightarrow M = \emptyset \vee N = \emptyset$.
Ist $M \neq N$, so gilt $M \times N \neq N \times M$.

B e i s p i e l

Wir betrachten den Spezialfall $M = N = \mathbf{R}$, dann kann $\mathbf{R} \times \mathbf{R}$ als Zahlenebene gedeutet werden, wobei $(x, y) \in \mathbf{R} \times \mathbf{R}$ den

Punkt in der Ebene mit den kartesischen Koordinaten x und y bedeutet.

Als Verallgemeinerung der obigen Definition wird mit n-Tupeln das kartesische Produkt von mehr als zwei Mengen definiert:

$$M_1 \times \ldots \times M_n := \{(a_1, \ldots, a_n) \mid a_i \in M_i, i = 1, \ldots, n\}.$$

Sind die zur Produktbildung herangezogenen Mengen gleich, so schreibt man kürzer M^2 statt $M \times M$.

Für den Umgang mit kartesischen Produkten gelten unter anderem folgende Rechenregeln: Seien A, B, C, D Mengen:

$$A \times (B \cap C) = (A \times B) \cap (A \times C)$$
$$A \times (B \cup C) = (A \times B) \cup (A \times C)$$
$$A \subset C, B \subset D \Rightarrow A \times B \subset C \times D$$

1.2. Relationen

Gegeben sei eine Menge M.

1.2.1. Definition: Eine n-stellige Relation ρ auf der Menge M ist eine Teilmenge $\rho \subset M^n$. Man sagt: $m_1, \ldots, m_n$ stehen in der Relation ρ, wenn $(m_1, \ldots, m_n) \in \rho$. Im Fall $n = 2$ schreibt man kurz: $m_1 \rho m_2$ für $(m_1, m_2) \in \rho$.

B e i s p i e l e

In der Menge $M = \{a, b, c, d, e\}$ ist

$$\{(a, a), (a, b), (b, a), (b, c), (b, d), (d, c)\}$$

eine Relation.

Ein Beispiel für eine 3stellige Relation ist die Beziehung „liegt zwischen" in der Geometrie. Danach gilt $(A, B, C) \in \rho$ genau dann, wenn der Punkt B zwischen den Punkten A und C liegt. Da im folgenden fast ausschließlich zweistellige Relationen betrachtet werden, beschränken wir uns bei den nächsten Definitionen zumeist auf diesen Spezialfall.

1.2.2. Definition: Die Relation α, die auf jedes Paar $(m, m') \in M^2$ zutrifft, heißt Allrelation $\alpha = \{(m, m') | m, m' \in M\}$.
Die Relation ι, die nur auf die Paare (m, m) zutrifft, heißt identische Relation (oder Gleichheitsrelation)
$\iota = \{(m, m) | m \in M\}$.
Die Relation $\emptyset$, die für kein Paar (m, m′) zutrifft, heißt leere Relation.

B e i s p i e l e

Bekannt sind:

Die Kleiner-Gleich-Beziehung $\rho = \leqslant$ auf der Menge der natürlichen Zahlen. Es gilt $\rho = \{(x, y) | x, y \in \mathbf{N}, x \leqslant y\}$.

Auf der Menge der ganzen Zahlen führen wir die Teilbarkeitsrelation x teilt y (in Zeichen: $x | y$) so ein:
$\rho = \{(x, y) | x, y \in \mathbf{Z}, x | y\}$.

Da die Relationen als Teilmengen von $M \times M$ eingeführt wurden, ist der Durchschnitt, die Vereinigung und die Komplementbildung von Relationen definiert und für Relationen gilt die mengentheoretische Inklusion.

1.2.3. Definition: Ist ρ eine Relation, so bezeichnet man

$\rho n \quad := \{m \in M | m \rho n\}$ als Vorbereich von n unter ρ,

$m \rho \quad := \{n \in M | m \rho n\}$ als Nachbereich von m unter ρ,

$V(\rho) := \bigcup_{m \in M} \rho n$ als Vorbereich von ρ,

$N(\rho) := \bigcup_{n \in M} m \rho$ als Nachbereich von ρ.

Mit anderen Worten ist also der Vorbereich die Menge aller ersten Glieder in den geordneten Paaren der zweistelligen Relationen ρ und der Nachbereich die Menge aller zweiten Glieder. Die Vereinigung des Vorbereichs und des Nachbereichs einer Relation ρ wird das Feld $F(\rho)$ der Relation genannt. Ist $F(\rho) = M$, dann spricht man von einer Relation ρ auf M. Gilt jedoch $F(\rho) \subset M$, dann handelt es sich um eine Relation in M.

Im Beispiel für die Relation $\rho = \{(a, a), (a, b), (b, c), (b, d), (d, c)\}$ von oben ist $V(\rho) = \{a, b, d\}$, $N(\rho) = \{a, b, c, d\}$ und $F(\rho) = N(\rho)$.

1.2.4. Definition: Seien ρ, σ zwei Relationen, dann heißt die Relation $\rho \circ \sigma := \{(m, n) | \exists\, r \in M: (m, r) \in \rho, (r, n) \in \sigma\}$ die Komposition von ρ und σ.

1.2.5. Definition: Die zu einer Relation ρ inverse Relation ρ^{-1} ist definiert durch $\rho^{-1} = \{(n, m) | (m, n) \in \rho\}$.

Potenzen einer Relation ρ werden definiert durch: $\rho^1 = \rho$, $\rho^{n+1} = \rho^n \circ \rho$. Verschiedene Eigenschaften von zweistelligen Relationen haben eine besondere Bedeutung.

1.2.6. Definition: Eine Relation ρ heißt

reflexiv, wenn $\iota \subset \rho$, d. h. wenn stets gilt $x \rho y$;

symmetrisch, wenn $\rho \subset \rho^{-1}$, d. h.: $x \rho y \Rightarrow y \rho x$;

transitiv, wenn $\rho \circ \rho \subset \rho$, d. h.: $x \rho y, y \rho z \Rightarrow x \rho z$;

antisymmetrisch, wenn $\rho \cap \rho^{-1} \subset \iota$ gilt.

1.2.7. Definition: Eine reflexive, transitive und symmetrische Relation heißt Äquivalenzrelation. Eine reflexive, transitive und antisymmetrische Relation heißt Ordnungsrelation.

Nicht jede Relation ρ ist eine Äquivalenzrelation. Betrachten wir zum Beispiel die Potenzmenge $P(M) = \{(A, B) | A \subset M, B \subset M\}$. Sei $\rho = \{(A, B) | A \subset B\}$, so ist ρ eine transitive, jedoch nicht symmetrische Relation. Die Relation $\sigma = \{(A, B) | A \cap B = \emptyset\}$ ist symmetrisch, jedoch nicht transitiv. Es entsteht nun die Frage, wie man eine Relation zu einer Äquivalenzrelation fortsetzen kann.

1.2.8. Definition: Sei ρ eine beliebige Relation, so heißt $\rho^t := \bigcup_{n \in \mathbb{N}} \rho^n$ die transitive Hülle von ρ.

Man sieht sofort ein, daß ρ^t eine transitive Relation ist. Da für beliebiges ρ die Relation $\rho \cup \iota$ reflexiv und $\rho \cup \rho^{-1}$ transitiv ist, kann man aus jeder Relation ρ eine Äquivalenzrelation machen in folgender Weise.

1.2.9. Definition: Die Relation $\hat{\rho} := (\rho \cup \rho^{-1} \cup \iota)^t$ heißt die von ρ erzeugte Äquivalenzrelation.

Man kann sogar zeigen, daß es sich bei $\hat{\rho}$ um die kleinste ρ umfassende Äquivalenzrelation handelt.

Relationen zwischen Mengen werden eingeführt durch die

1.2.10. Definition: Eine zweistellige Relation zwischen den Mengen M und N ist eine Teilmenge des kartesischen Produktes $M \times N$.

Für eine zweistellige Relation zwischen M und N werden die Begriffe Vorbereich, Nachbereich und Feld ähnlich wie oben definiert, und man kann mit Relationen die üblichen Mengenoperationen ausführen. Die inverse Relation ρ^{-1} geht aus ρ durch Vertauschung der Glieder innerhalb eines jeden Paares hervor. Die Zusammensetzung zweier Relationen ρ und σ ist nur dann definiert, wenn der Nachbereich von ρ mit dem Vorbereich von σ übereinstimmt. Man sieht leicht ein, daß für die Zusammensetzung von 3 Relationen das assoziative Gesetz $(\tau \circ \sigma) \circ \rho = \tau \circ (\sigma \circ \rho) = \tau \circ \sigma \circ \rho$ gilt, sofern die Zusammensetzung sinnvoll definiert ist. Die Zusammensetzung von Relationen ist im allgemeinen jedoch nicht kommutativ: $\rho \circ \sigma \neq \sigma \circ \rho$.

1.3. Funktionen

Das wichtigste Untersuchungshilfsmittel von Mengen sind die Funktionen, also Abbildungen von einer Menge M in eine zweite Menge N. Ihr Vorzug ist, daß gewisse Eigenschaften der Menge, die untersucht werden soll, auf ihr Bild in N übertragen werden und dort näher studiert werden können. Zur Einführung des Funktionsbegriffs betrachtet man Relationen, die gestatten, Mengen in Beziehungen zueinander zu setzen. Diese Relationen sind dabei so beschaffen, daß jedem Element aus M ein sogenanntes Bildelement aus N zugeordnet wird und daß weiters ein Element aus M nur ein Bild hat, daß also die Bildelemente eindeutig bestimmt sind. Die Funktionen als eindeutige Zuordnung zwischen Mengen aufzufassen, diese Auffassung hat sich aus dem alten geometrischen Funktionsbegriff entwickelt.

1.3.1. Definition: M, N seien zwei Mengen. Die Relation $F \subset M \times N$ heißt Abbildungsvorschrift von M nach N, wenn zu jedem $x \in M$ genau ein $y \in N$ mit $(x, y) \in F$ existiert. Das Tripel $f = (M, N, F)$ wird Funktion (oder Abbildung) von M nach N genannt und mit $f: M \to N$ bezeichnet.

B e i s p i e l

$M = N = \{1, 2, 3\}$ und $F = \{(1, 1), (2, 1), (3, 1)\}$. Dann ist $f = (M, M, F)$ eine Funktion. Mit $F_1 = \{(1, 1), (1, 2)\}$ wäre $f = \{M, N, F_1\}$ keine Funktion, da 1 zwei Werte zugeordnet werden.

Die Begriffe Vorbereich und Nachbereich einer Relation erhalten bei Funktionen die Namen Definitionsbereich M (oder Quelle) und Wertebereich N (oder Ziel). Das Element y des Paares $(x, y) \in F$ nennt man das Bildelement von x unter f in N und schreibt $y = f(x)$. Wenn $(x, y) \in F$, dann ist bei einer Funktion f das y durch das x eindeutig bestimmt, und man schreibt $x \mapsto y = f(x)$. Oft wird bei einer Funktion die Abbildungsvorschrift in dieser Weise angegeben. Zwei Funktionen sind genau dann gleich, wenn die beiden zugehörigen Tripel gleich sind. Die Abbildungen $f: M \to N$ und $g: M \to N$ mit gleichem Definitions- und Wertebereich sind genau dann gleich, wenn $f(x) = g(x)$ für alle $x \in M$ ist.

1.3.2. Definition: Die Menge aller Abbildungen von einer Menge M in eine Menge N bezeichnet man mit Abb (M, N) = $= \{ f | f: M \to N \}$ und nennt sie den Funktionenraum von M nach N.

1.3.3. Definition: M, N seien Mengen, $f \in \text{Abb}(M, N)$, $A \subset M$, $B \subset N$. Dann bezeichnet man $\text{Im}\, f = f[A] = \{f(x) | x \in A\}$ als die Bildmenge von A unter f und $f^{-1}[B] = \{x | x \in M, f(x) \in B\}$ als die Urbildmenge von B bezüglich f.

Eine weitere Möglichkeit, den Begriff der Funktionen einzuführen, sei nun angegeben.

1.3.4. Definition: Eine Relation ρ heißt rechtseindeutig, wenn für alle a, b, c $\in$ M gilt: $(a, b) \in \rho, (a, c) \in \rho \Rightarrow b = c$, das heißt $\rho^{-1} \circ \rho \subset \iota$.

Die Relation heißt linkseindeutig, wenn für alle a, b, c $\in$ M gilt: $(a, b) \in \rho, (c, b) \in \rho \Rightarrow a = c$, das heißt: $\rho \circ \rho^{-1} \subset \iota$.

1.3.5. Definition: Eine Funktion ist eine rechtseindeutige Relation ρ auf M mit $V(\rho)$ als Definitionsbereich und $N(\rho)$ als Wertebereich.

Graphische Darstellung von Relationen: Für eine Relation ρ auf der Menge M bezeichnet man die Elemente a, b, c, ... von M durch Punkte der Zeichenebene und vom Punkt a zum Punkt b wird ein Pfeil gezeichnet, falls $(a, b) \in \rho$ gilt. Gilt auch $(b, a) \in \rho$, so führt vom Punkt b zum Punkt a ein Doppelpfeil. Für $(a, a) \in \rho$ ist um den Punkt a der Ebene eine Schlinge (Rückkehrpfeil) zu zeichnen.

B e i s p i e l e

$M = \{a, b, c, d, e, f\}$

$\rho = \{(a, a), (a, b), (b, a), (b, c), (d, c), (d, e), (e, b)\}$

Pfeildiagramm von ρ:

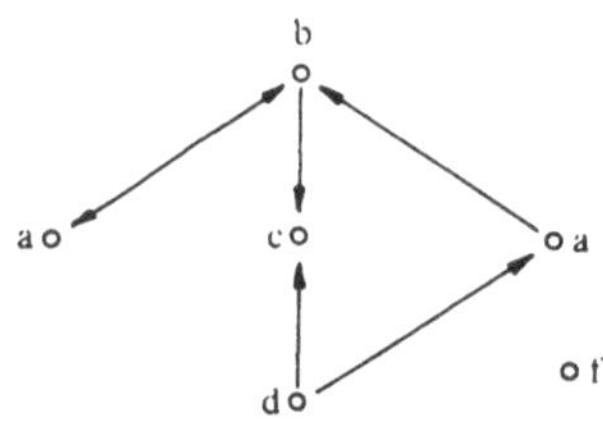

Beispiele für Funktionen und ihre Darstellung sind etwa $f: \mathbf{R} \to \mathbf{R}, x \mapsto x^2$ oder $g: \mathbf{R} \to \mathbf{R}^+, x \mapsto x^2$, wobei $\mathbf{R}^+ = \{x \in \mathbf{R} \mid x \geqslant 0\}$, die voneinander verschieden sind. Einige wichtige Fragen für Funktionen, zum Beispiel wann die inverse Relation zur Funktion f selbst wieder Funktion ist, werden im folgenden behandelt. Dabei liegt wie bisher die Funktion $f: M \to N, x \mapsto f(x)$, zugrunde.

1.3.6. Definition: a) Eine Funktion f heißt surjektiv, wenn Im f = N, das heißt: Die Menge N tritt als Bildbereich auf, also gibt es für jedes $y \in N$ ein $x \in M$ mit $y = f(x)$.

b) Eine Funktion f heißt injektiv, wenn aus $f(x_1) = f(x_2)$ folgt $x_1 = x_2$, das heißt zu jedem $x \in M$ existiert genau ein $y \in N$ mit $y = f(x)$.

c) Eine Funktion f heißt bijektiv, wenn sie surjektiv und injektiv ist.

Eine erste Anwendung des Funktionsbegriffs geben wir bei der Definition der Mächtigkeit oder der Kardinalzahl einer Menge, die eine Verallgemeinerung des Anzahlbegriffs auf unendliche Mengen darstellt:

1.3.7. Definition: Zwei Mengen A und B heißen gleichmächtig, wenn die Elemente von A umkehrbar eindeutig den Elementen von B zugeordnet werden können, das heißt, wenn eine bijektive Funktion $f \in \text{Abb}(A, B)$ existiert.

An Stelle der Bezeichnung surjektiv sagt man auch, f sei eine Funktion von M auf N, statt injektiv gebraucht man auch das Wort ein-eindeutig. Der Vorteil injektiver Funktionen liegt in der genauen Vergleichbarkeit der Mengen M und Im f, denn mit dieser Eigenschaft von f wird garantiert, daß es zu jedem Bild nur ein Urbild gibt. Gilt dies für jedes Element von N, ist also f bijektiv, so kann man eine Funktion von N nach M definieren. Zur Abbildungsvorschrift F der Funktion f = (M, N, F) läßt sich auf jeden Fall die inverse Relation F^{-1} bilden. Diese muß jedoch keine Funktion sein. Wenn f jedoch eine bijektive Funktion ist, dann ist die inverse Relation eine Funktion. Mit anderen Worten kann man sagen:

1.3.8. Definition: Ist $f: M \to N$ bijektiv, dann wird durch

$$f^{-1}(y) = x \Leftrightarrow f(x) = y, \; y \in N, \; x \in M,$$

die zu f inverse Funktion f^{-1} definiert, wobei f^{-1} ebenfalls bijektiv ist, und es gilt: $(f^{-1})^{-1} = f$.

Zur Veranschaulichung dieser Begriffe seien noch einige Beispiele angeführt, die durch sogenannte Relationendiagramme (Pfeildiagramme) dargestellt werden.

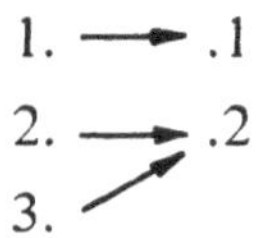

ist eine surjektive Funktion, die nicht injektiv ist,

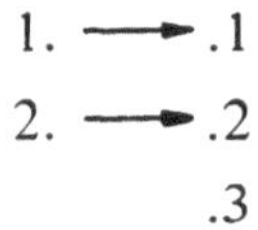

ist injektiv, jedoch nicht surjektiv,

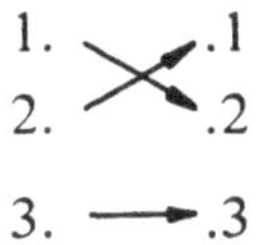

ist bijektiv.

Allgemein kann man sagen, daß eine Funktion zu zwei endlichen Mengen nur dann bijektiv sein kann, wenn die beiden Mengen gleich viele Elemente haben. Einige spezielle wichtige Funktionen seien noch genannt, bevor wir auf die Zusammensetzung von Funktionen eingehen:

(1) Die Identitätsfunktion $\mathrm{Id}_M : M \to M$, $\mathrm{Id}_M(x) = x, \forall\, x \in M$. Diese Funktion ist bijektiv.

(2) Die Inklusion oder Einbettung von A in M. $i_A : A \to M$, $i_A(x) = x, \forall\, x \in A$ ist eine injektive Funktion.

(3) Die Einschränkung $f|A : A \to N$ von $f : M \to N$ auf A ist injektiv, falls f injektiv ist.

(4) Die Fortsetzung $f : M \to N$ einer Funktion $h : A \to N$ für $h = f|A$.

(5) Die konstante Funktion $f : M \to N$ ist dadurch definiert, daß für alle Paare $(x_1, x_2) \in M \times M$ gilt $f(x_1) = f(x_2)$.

(6) Die zu M gehörige leere Funktion $\emptyset \to M$.

(7) Die erste Projektion $p_1 : M \times N \to M, (x, y) \mapsto x$.
Die zweite Projektion $p_2 : M \times N \to N, (x, y) \mapsto y$.
Projektionen sind surjektiv.

(8) Seien $f_1 : M_1 \to N_1$, $f_2 : M_2 \to N_2$ Funktionen, dann heißt $f_1 \times f_2 : M_1 \times M_2 \to N_1 \times N_2, (x, y) \mapsto (f_1(x), f_2(y))$ das kartesische Produkt der Funktionen f_1 und f_2.
Für $f_1 \neq f_2$ ist auch $f_1 \times f_2 \neq f_2 \times f_1$. Falls f_1 und f_2 beide injektiv oder surjektiv oder bijektiv sind, dann auch jeweils $f_1 \times f_2$.

Gegeben seien zwei Funktionen $f : M \to N, x \mapsto f(x)$ und $g : N \to S, y \mapsto g(y)$ so, daß der Definitionsbereich der zweiten Funktion mit dem Wertebereich der ersten Funktion übereinstimmt.

1.3.9. Definition: Die zusammengesetzte Funktion $g \circ f$ ist eine Funktion von M nach S. Es gilt $(g \circ f)(x) = g(f(x))$, $g \circ f : M \to S, x \mapsto g(f(x))$. $g \circ f$ heißt Komposition von f und g.

Sind die Funktionen f, g und h gegeben, $f : M \to N, x \mapsto f(x)$, $g : N \to S, y \mapsto g(y)$, $h : S \to T, s \mapsto h(s)$ und bildet man $h \circ (g \circ f) : M \to T, x \mapsto h(g(f(x)))$, so erkennt man, daß man genau so $(h \circ g) \circ f$ hätte bilden können, um die gleiche Funktion von M nach T zu erhalten. Für die Komposition von Funktionen gilt also das assoziative Gesetz $(h \circ g) \circ f = h \circ (g \circ f)$. Bei der Zusammensetzung von Funktionen verwendet man zweckmäßigerweise zur Veranschaulichung ein Funktionendiagramm. Das ist eine Menge von Punkten und Pfeilen, deren Punkte Mengen und deren Pfeile Funktionen darstellen. Das folgende Diagramm ist trivialerweise kommutativ, wobei allgemein ein Diagramm kommutativ ist, wenn zu jedem Weg mit gleichem Anfangs- und Endpunkt die gleiche Funktion gehört.

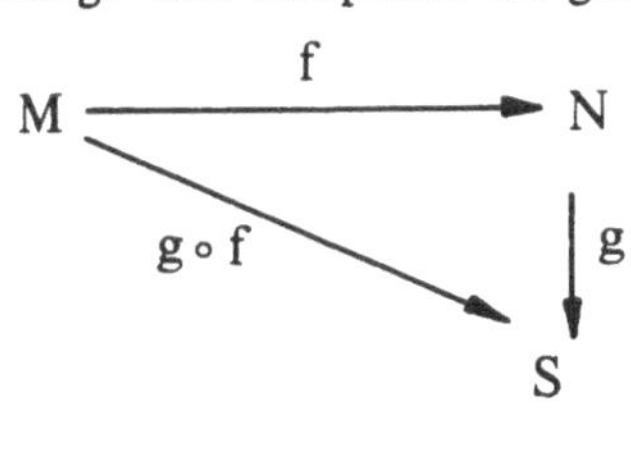

Mit Hilfe der Kommutativität eines Diagramms kann man oft die Gleichheit von Funktionen einfach darstellen.

B e i s p i e l

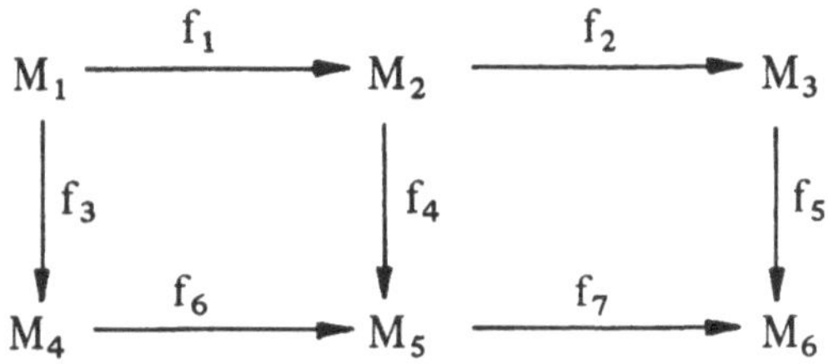

Die Aussage, dieses Diagramm ist kommutativ, bedeutet, daß z. B. alle Funktionen von M_1 nach M_6, die durch Komposition von Funktionen f_i, $i = 1, 2, 3, 4, 5, 6$ gebildet werden können, gleich sind. Die Kommutativität besagt also: $f_5 \circ f_2 \circ f_1 = f_7 \circ f_4 \circ f_1 = f_7 \circ f_6 \circ f_3$, denn man kann auf die folgenden Arten von M_1 nach M_6 gelangen:

$$M_1 \overset{f_1}{\to} M_2 \overset{f_2}{\to} M_3 \overset{f_5}{\to} M_6 \quad \text{d.h.} \quad M_1 \xrightarrow{f_5 \circ f_2 \circ f_1} M_6 ,$$

$$M_1 \overset{f_1}{\to} M_2 \overset{f_4}{\to} M_5 \overset{f_7}{\to} M_6 \quad \text{d.h.} \quad M_1 \xrightarrow{f_7 \circ f_4 \circ f_1} M_6 ,$$

$$M_1 \overset{f_3}{\to} M_4 \overset{f_6}{\to} M_5 \overset{f_7}{\to} M_6 \quad \text{d.h.} \quad M_1 \xrightarrow{f_7 \circ f_6 \circ f_3} M_6 .$$

Mit Hilfe der bereits definierten Projektionen formulieren wir ein zweites Beispiel.

Seien $p : M \times N \to M,\ (x, y) \mapsto x,\quad q : M \times N \to N,\ (x, y) \mapsto y$

$p_1 : S \times T \to S,\ (s, t) \mapsto s,\quad q_1 : S \times T \to T,\ (s, t) \mapsto t$,

dann ist das folgende Diagramm kommutativ:

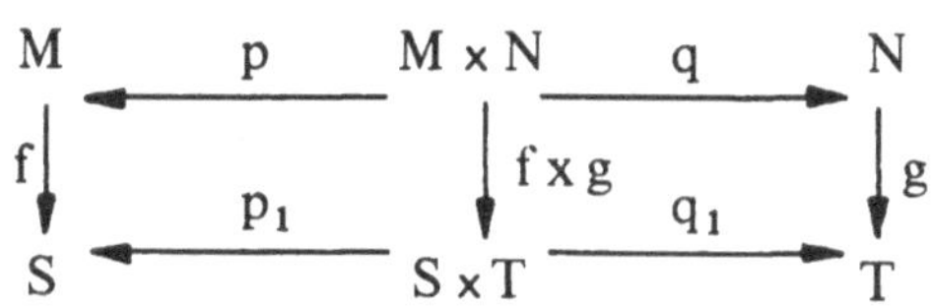

Zum Beweis muß man alle Möglichkeiten durchgehen, zwei Mengen durch verschiedene Funktionen zu verbinden.

Einige Kriterien über Eigenschaften von Funktionen seien nun ohne Beweis zusammengestellt: Es seien dabei M, N Mengen, $M \neq \emptyset$, $f \in \mathrm{Abb}(M, N)$

f ist injektiv $\Leftrightarrow \exists\, g \in \mathrm{Abb}(N, M)$, so daß $g \circ f = \mathrm{Id}_M$

surjektiv $\Leftrightarrow \exists\, g \in \mathrm{Abb}(N, M)$, so daß $f \circ g = \mathrm{Id}_N$

bijektiv $\Leftrightarrow \exists\, g \in \mathrm{Abb}(N, M)$, so daß $g \circ f = \mathrm{Id}_M$, $f \circ g = \mathrm{Id}_N$.

f ist injektiv $\Leftrightarrow \forall$ Mengen S und je zwei Funktionen $g, h \in \mathrm{Abb}(S, M)$ mit $f \circ g = f \circ h$ gilt: $g = h$.

f ist surjektiv $\Leftrightarrow \forall$ Mengen T und je zwei Funktionen $g, h \in \mathrm{Abb}(N, T)$ mit $g \circ f = h \circ f$ gilt: $g = h$.

Eine wichtige Anwendung des Funktionsbegriffs ist das Indizieren einer Menge von Teilmengen einer gegebenen Menge. Sei I eine beliebige Menge, **M** ein Mengensystem. Eine Funktion $f: I \to \mathbf{M}$, $I \mapsto f(i) = M_i$ heißt indiziertes Mengensystem, die Menge I heißt Indexmenge von **M**, und an Stelle von $I \to \mathbf{M}$ schreibt man $\{M_i\}_{i \in I}$ und spricht von einer Familie von Mengen.

B e i s p i e l e

Die sogenannten Folgen $\mathbf{N} \to X$ sind ein Beispiel für die Indizierung einer Menge X mit der Menge **N** der natürlichen Zahlen. An Stelle der Funktionenschreibweise ist auch folgendes üblich: $(x_n)_{n \in \mathbf{N}}$, $x_n \in X$. Die Funktion $\mathbf{N} \to P(X)$ nennt man eine Folge von Teilmengen von X und schreibt dafür $\{X_i\}_{i \in \mathbf{N}}$. Wie bei zwei Teilmengen können Vereinigung, Durchschnitt und kartesisches Produkt von beliebigen Familien von Teilmengen gebildet werden.

1.3.10. Definition: I sei eine Menge, $\{M_i\}_{i \in I}$ eine Familie von Mengen. Dann gilt

a) $\bigcup M_i = \{x \mid \exists\, i \text{ mit } x \in M_i\}$

b) $\bigcap M_i = \{x \mid \forall\, i \text{ gilt } x \in M_i\}$

c) $\times M_i = \{x \mid x : I \to \bigcup M_i,\ x_i \in M_i,\ i \in I\}$.
kartesisches Produkt der Mengen M_i.

Die Vereinigung, der Durchschnitt und das kartesische Produkt von zwei Teilmengen einer Menge, wie sie früher definiert wurden, sind Spezialfälle dieser allgemeinen Definitionen, wenn man $I = \{1, 2\}$ setzt. Ist $M_i = M$, $\forall\, i \in I$, dann schreibt man statt $\times M_i$ kurz M^I, mit $M^I = \mathrm{Abb}(I, M)$. In allen diesen Fällen gelten alle Rechenregeln, die schon bis jetzt aufgestellt wurden. Zum Beispiel auch die de Morganschen Gesetze:

$$\bigcup_{i \in I} \bar{M}_i = \overline{\bigcap_{i \in I} M_i}, \quad \bigcap_{i \in I} \bar{M}_i = \overline{\bigcup_{i \in I} M_i}.$$

1.4. Äquivalenzrelationen

Eine besonders wichtige Art von Relationen sind die Äquivalenzrelationen, deren Aufgabe unter anderem zunächst darin besteht, die Elemente einer Menge bezüglich einer gegebenen Eigenschaft zu sortieren. Von den zahlreichen speziellen Beispielen solcher Relationen in und außerhalb der Mathematik seien etwa die Gleichheit von Brüchen, die Ähnlichkeit von Dreiecken, die Gleichheit des Alters oder des Gewichts, die Parallelität der Geraden der Ebene genannt.

1.4.1. Definition: M sei eine Menge und π eine Relation auf M. π heißt Äquivalenzrelation auf M, wenn für alle $a, b, c \in M$ gelten

(1) $a \pi a$ (Reflexivität),

(2) $a \pi b \Rightarrow b \pi a$ (Symmetrie),

(3) $a \pi b$ und $b \pi c \Rightarrow a \pi c$ (Transitivität).

Die Menge aller zu a äquivalenten Elemente von M: $[a] = \{b \mid b \in M,\ b \pi a\}$ heißt die Äquivalenzklasse (oder auch Faser) von a, und a nennt man einen Vertreter von [a].

Die in einer Menge M vorhandenen Äquivalenzrelationen sind eng verknüpft mit der Einteilung der Menge M in lauter zueinander elementfremde Klassen.

1.4.2. Definition: Unter einer Klasseneinteilung (Partition) von M versteht man ein System von nichtleeren, paarweise elementfremden Teilmengen von M, deren Vereinigung M ist.

1.4.3. Definition: Eine Teilmenge $N \subset M$, die aus jeder Klasseneinteilung von M genau einen Vertreter enthält, heißt ein Vertretersystem der Klasseneinteilung.

1.4.4. Satz: Sei M eine Menge und π eine Äquivalenzrelation auf M. Dann gilt für alle Elemente $a, b \in M$:

(1) $a \in [b] \Leftrightarrow a \pi b$;

(2) $[a] = [b] \Leftrightarrow a \pi b$;

(3) $M = \bigcup_{a \in M} [a]$, das heißt, jedes Element von M liegt in mindestens einer Äquivalenzklasse;

(4) $[a] \cap [b] \neq \emptyset \Leftrightarrow [a] = [b]$, das heißt, jedes Element von M liegt in höchstens einer Äquivalenzklasse.

Beweis: (1) Gilt auf Grund der Definition einer Äquivalenzrelation.

(2) Zunächst gelte $[a] = [b]$. Dann ist $a \in [a] = [b]$ und somit $a \pi b$. Ist umgekehrt $a \pi b$, so ist zu zeigen: $[a] \subset [b]$. Dies ist richtig, denn $c \in [a]$ und $a \pi b$ impliziert $c \in [b]$. Genauso zeigt man $[b] \subset [a]$, woraus dann $[a] = [b]$ folgt.

(3) Wegen $a \pi a$ gilt $a \in [a]$ für alle $a \in M$.

(4) Sei $[a] \cap [b] \neq 0$ und $c \in [a] \cap [b]$, das heißt, $c \pi a$ und $c \pi b$, $\Rightarrow [c] = [a]$ und $[c] = [b] \Rightarrow [a] = [b]$. Die Umkehrung ist offensichtlich richtig.

Mit diesem Satz haben wir gezeigt, daß jede Äquivalenzrelation auf M eine Klasseneinteilung auf M induziert. Wir zeigen nun, daß der Übergang von der Klasseneinteilung der Menge M zur durch sie definierten Äquivalenzrelation und von da aus zu deren Klasseneinteilung erneut die ursprüngliche Einteilung liefert.

1.4.5. Satz: Zwischen den Äquivalenzrelationen von M und den Klasseneinteilungen von M besteht eine bijektive Zuordnung.

Beweis: Nach 1.4.4 entspricht jeder Äquivalenzrelation auf M eine Klasseneinteilung K. Verschiedenen Äquivalenzrelationen entsprechen verschiedene Klasseneinteilungen. Denn sind π und π' verschiedene Äquivalenzrelationen auf M, so existieren o. B. d. A. a, b $\in$ M, so daß $a\pi b$ gilt, aber nicht $a\pi' b$. Daher gibt es eine Klasse in K, wobei die Klasseneinteilung K der Äquivalenzrelation π und K' der Relation π' entspricht, die a und b enthält, während keine solche Klasse in K' existiert. Also sind K und K' verschieden, und die Zuordnung $\pi \to K$ ist injektiv. Sie ist auch surjektiv, das heißt, zu jeder Klasseneinteilung K von M gibt es eine Äquivalenzrelation π, so daß K die π entsprechende Klasseneinteilung ist. Man braucht dazu nur die durch „$a\pi b \Leftrightarrow$ a und b liegen in derselben Klasse von K" definierte Äquivalenzrelation zu nehmen.

Beispiel

Sei $M = \{1, 2, 3\}$, dann haben alle Klasseneinteilungen und die dazugehörigen Äquivalenzrelationen die folgende Gestalt

$$K_1 = \{\{1\}, \{2\}, \{3\}\}, \quad \pi_1 = \{(1,1), (2,2), (3,3)\},$$
$$K_2 = \{\{1,2\}, \{3\}\}, \quad \pi_2 = \{(1,1), (1,2), (2,1), (2,2), (3,3)\},$$
$$K_3 = \{\{1,3\}, \{2\}\}, \quad \pi_3 = \{(1,1), (1,3), (3,1), (3,3), (2,2)\},$$
$$K_4 = \{\{2,3\}, \{1\}\}, \quad \pi_4 = \{(2,2), (2,3), (3,2), (3,3), (1,1)\},$$
$$K_5 = \{\{1,2,3\}\}, \quad \pi_5 = \{(1,1), (1,2), (1,3), (2,1), (2,2), (2,3), (3,1), (3,2), (3,3)\}.$$

Die mathematische Bedeutung der Äquivalenzrelation liegt vor allem in Abbildungssätzen. Zunächst wird jeder Funktion von der Menge M nach N eine Äquivalenzrelation zugeordnet.

1.4.6. Definition: Sei $f \in \text{Abb}(M, N)$, so induziert f in natürlicher Weise eine Äquivalenzrelation π_f auf M gemäß:

$$(x, y) \in \pi_f :\Leftrightarrow f(x) = f(y) .$$

Man nennt π_f den Kern von f.

Die Reflexivität, Symmetrie und Transitivität von π_f folgen unmittelbar aus der Eigenschaft von f, Funktion zu sein, sowie aus der Tatsache, daß „=“ selbst eine Äquivalenzrelation ist. Ist umgekehrt auf M eine Äquivalenzrelation gegeben, dann gilt, wie man leicht sieht, daß zu jeder Äquivalenzrelation auf M eine Funktion f mit Definitionsbereich M existiert, so daß gilt Kern f = π.

Es ist naheliegend, statt der Menge M die Menge aller Äquivalenzklassen zu betrachten. Dies führt zur folgenden

1.4.7. Definition: Die Menge aller Äquivalenzklassen von M in bezug auf die Äquivalenzrelation π heißt Quotientenmenge von π und wird bezeichnet durch

$$M/\pi = \{[x]_\pi \mid x \in M\}\ .$$

Die Äquivalenzrelation π definiert die natürliche oder kanonische Abbildung $\nu : M \to M/\pi$, durch $\nu(x) = [x]$ für alle $x \in M$.

B e i s p i e l

Gegeben sei die Menge $M = \{1, 2, 3, 4, 5, 6, 7, 8\}$ und die Relation $\rho = \{(1,2), (3,4), (1,8)\}$ auf M. Man berechne die durch ρ erzeugte Äquivalenzrelation sowie die zugehörige Quotientenmenge. Zur Lösung dieses Problems machen wir zunächst ρ zu einer reflexiven, symmetrischen und transitiven Relation. Es ist

$$\begin{aligned}
\rho &= \{(1,2), (3,4), (1,8)\},\\
\rho^{-1} &= \{(2,1), (4,3), (8,1)\},\\
\iota_M &= \{(1,1), (2,2), (3,3), (4,4), (5,5), (6,6),\\
&\qquad (7,7), (8,8)\},\\
\rho_1 &= \rho \cup \rho^{-1} \cup \iota_M = \{(1,1), (1,2), (1,8), (2,1),\\
&\qquad (2,2), (3,3), (3,4), (4,3),\\
&\qquad (4,4), (5,5), (6,6), (7,7),\\
&\qquad (8,1), (8,8)\}.\\
\rho_1 \circ \rho_1 &= \{(1,1), (1,2), (1,8), (2,1), (2,2), (2,8),\\
&\qquad (3,3), (3,4), (4,3), (4,4), (5,5), (6,6),\\
&\qquad (7,7), (8,1), (8,2), (8,8)\}.
\end{aligned}$$

Man rechnet leicht nach, daß $\rho_1 \circ (\rho_1 \circ \rho_1) = \rho_1 \circ \rho_1$. Damit ist die transitive Hülle ρ_1^t von ρ_1 gleich der gesuchten Äquivalenzrelation

$$\pi = \rho_1^t = \rho_1 \cup \rho_1 \circ \rho_1 = \rho_1 \circ \rho_1 \,.$$

Die Quotientenmenge, also die Menge der Äquivalenzklassen, ist gegeben durch:

$$M/\pi = \{\{1, 2, 8\}, \{3, 4\}, \{5\}, \{6\}, \{7\}\}.$$

Die natürliche Abbildung bildet also alle zueinander äquivalenten Elemente auf ein Element ab. Es gelten für sie die Eigenschaften:

(1) ν ist surjektiv;

(2) Kern $\nu = \pi$;

(3) $\nu(x) = \nu(y) \Rightarrow x \pi y$.

1.4.8. Definition: $f \in \mathrm{Abb}(M, N)$ heißt verträglich mit der Äquivalenzrelation π auf M, wenn stets gilt

$$x \pi y \Rightarrow f(x) = f(y) \quad \text{oder} \quad \pi \subset \mathrm{Kern}\, f \,.$$

Den Zusammenhang zwischen Funktionen und Äquivalenzrelationen stellen nun die folgenden Abbildungssätze her. Der erste von ihnen besagt, daß sich jede Funktion, die mit einer auf ihrem Definitionsbereich gegebenen Äquivalenzrelation eine gewisse Verträglichkeitsbedingung erfüllt, eindeutig als Komposition der natürlichen Abbildung und einer injektiven Abbildung darstellen läßt.

1.4.9. Satz: Sei $f \in \mathrm{Abb}(M, N)$ und π eine Äquivalenzrelation auf M. Ist f mit π verträglich, dann existiert genau eine Abbildung $g : M/\pi \to N$, die das folgende Diagramm kommutativ macht:

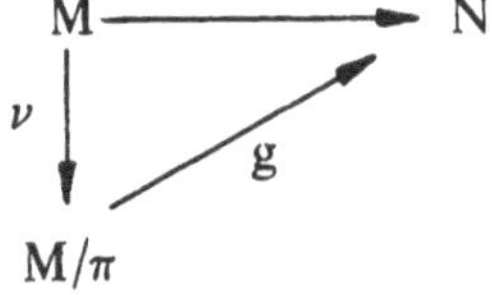

Beweis: Es wird eine solche Funktion g konstruiert und gezeigt, daß diese Funktion die Behauptung erfüllt. Es sei $g: M/\pi \to N$ durch $\nu(x) \mapsto f(x) \in N$ definiert. g ist wohldefiniert, denn aus $x \pi y \Rightarrow f(x) = f(y)$, also ist die Definition von g unabhängig vom Vertreter der Klasse. Die Behauptung $f = g \circ \nu$ folgt sofort aus der Definition von g.

Bezeichnet man $f \in \mathrm{Abb}(M_1, M_2)$ als eine mit den Äquivalenzrelationen π_i auf M_i verträgliche Funktion, wenn gilt: $x \pi_1 y \Rightarrow f(x) \pi_2 f(y), \forall\ x, y \in M_1$, dann ergibt sich folgender

1.4.10. Satz: Seien M_1 und M_2 Mengen, sei $f \in \mathrm{Abb}(M_1, M_2)$ mit den Äquivalenzrelationen π_i auf M_i, i = 1, 2, verträglich. Dann existiert eine eindeutig bestimmte Funktion $g: M_1/\pi_1 \to$ $\to M_2/\pi_2$, die das folgende Diagramm kommutativ macht:

$$\begin{array}{ccc} M & \xrightarrow{\quad f \quad} & M_2 \\ {\scriptstyle \nu_1}\downarrow & & \downarrow{\scriptstyle \nu_2} \\ M_1/\pi_1 & \xrightarrow{\quad g \quad} & M_2/\pi_2 \end{array}$$

(ν_1, ν_2 sind die natürlichen Abbildungen).

Beweis: Die Funktion $\nu_2 \circ f: M_1 \to M_2/\pi_2$ ist mit π_1 auf M_1 verträglich, denn es gilt: $x \pi_1 y \Rightarrow f(x) \pi_2 f(y)$, also $\nu_2(f(x)) =$ $= \nu_2(f(y))$. Nach 1.4.9 gibt es dann eine eindeutig bestimmte Funktion $g \circ \nu_1 = \nu_2 \circ f$, wie behauptet.

1.4.11. Satz: Seien M, U, V Mengen, $f \in \mathrm{Abb}(M, U)$, $g \in \mathrm{Abb}(M, V)$ und $\pi_1 = \mathrm{Kern}\, f$ und $\pi_2 = \mathrm{Kern}\, g$. Gibt es eine Funktion $h \in \mathrm{Abb}(U, V)$ mit $h \circ f = g$, dann gilt $\pi_1 \subset \pi_2$. Gilt umgekehrt $\pi_1 \subset \pi_2$ und ist f surjektiv, dann existiert eine eindeutig bestimmte Funktion $h \in \mathrm{Abb}(U, V)$ mit $h \circ f = g$.

Beweis: (1) Aus $a \pi_1 b$, also $f(a) = f(b)$, folgt $h(f(a)) = h(f(b))$. Da nach Voraussetzung $h \circ f = g$, folgt $g(a) = g(b)$, also $a \pi_2 b$ und damit ist $\pi_1 \subset \pi_2$ gezeigt.

(2) Definieren wir h durch $h(f(a)) := g(a)$, so erkennt man sofort, daß $h \in \text{Abb}(U, V)$. Gäbe es ferner eine weitere Funktion $h' \in \text{Abb}(U, V)$ mit $h' \circ f = g$, dann gilt $u = f(a)$ für ein $a \in M$ und jedes $u \in U$. Also gilt $h'(u) = h'(f(a)) = g(a) = h(f(a)) = h(u)$, woraus $h = h'$ folgt.

1.5. Ordnungsrelationen

Im ersten Abschnitt über Mengen wurde bereits in der Potenzmenge P(M) einer Menge M mit Hilfe der Inklusion von Mengen eine Ordnung eingeführt. Der Ordnungsbegriff tritt immer dann auf, wenn Elemente von Mengen untereinander verglichen werden. Ein besonders einfaches Beispiel ist die Menge der Teiler einer natürlichen Zahl n, die durch die Definition

„$x \rho y \Leftrightarrow x$ ist Teiler von y"

gegeben ist.

1.5.1. Definition: Eine Relation ρ auf der Menge M heißt Ordnungsrelation, wenn für alle $x, y, z \in M$ gilt:

(1) $x \rho x$ (Reflexivität)

(2) $x \rho y$ und $y \rho x \Rightarrow x = y$ (Antisymmetrie)

(3) $x \rho y$ und $y \rho z \Rightarrow x \rho z$ (Transitivität)

Das Paar (M, ρ) heißt geordnete Menge. Gilt für alle $x, y \in M$ zusätzlich noch stets

(4) $x \rho y$ oder $y \rho x$ (Vergleichbarkeit),

dann heißt (M, ρ) vollständig geordnet oder linear geordnet oder auch Kette.

Für $x \rho y$ schreibt man auch $x \leqslant y$ („kleiner gleich"), für $x \rho^{-1} y$ auch $x \geqslant y$ („größer gleich"), für $x (\rho \setminus \iota) y$ schreiben wir $x < y$ („echt kleiner") bzw. für $x (\rho^{-1} \setminus \iota) y$ auch $x > y$ („echt größer"), und für (M, ρ) schreibt man oft $(M, \leqslant)$. Die Eigenschaften (1), (2), (3) sind genau die Eigenschaften, die man von der Ordnung $\leqslant$ der reellen Zahlen her kennt. Manchmal wird oft auch eine geordnete Menge als teilweise geordnet bezeichnet, und „geordnete Menge" bedeutet dann bereits, daß eine Kette vorliegt.

Die Ordnungsrelationen in einer endlichen Menge M lassen sich graphisch mit Hilfe eines sogenannten Hasse-Diagramms darstellen. Die Elemente von M sind dabei durch Punkte dargestellt. $x \leqslant y$ wird veranschaulicht, indem x unter y gezeichnet wird. Liegt kein Element zwischen x und y, so wird x mit y verbunden. x und y sind miteinander verbunden, wenn y über x liegt und $x \leqslant y$ nicht gilt, wenn also x und y nach (4) nicht vergleichbar sind.

B e i s p i e l e

(1) $M = \{x, y, z\}$, $x \leqslant y$, $y \leqslant z$. Dann hat das Hasse-Diagramm die Form

und $(M, \leqslant)$ ist eine Kette.

(2) Sei $M = \{1, 2, 3, 4, 6, 12\}$, die Ordnungsrelation in M sei die Teilbarkeitsrelation, dann sieht das Hasse-Diagramm folgendermaßen aus:

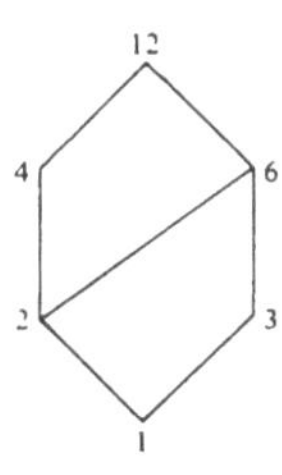

(3) Betrachten wir $(P(M), \subset)$ mit $M = \{1, 2, 3\}$, dann hat das Hasse-Diagramm das Aussehen eines auf der Spitze stehenden Würfels:

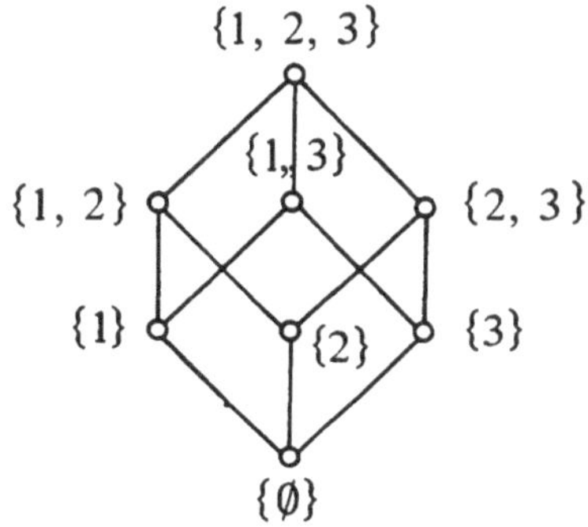

(4) Dem endlichen Diagramm

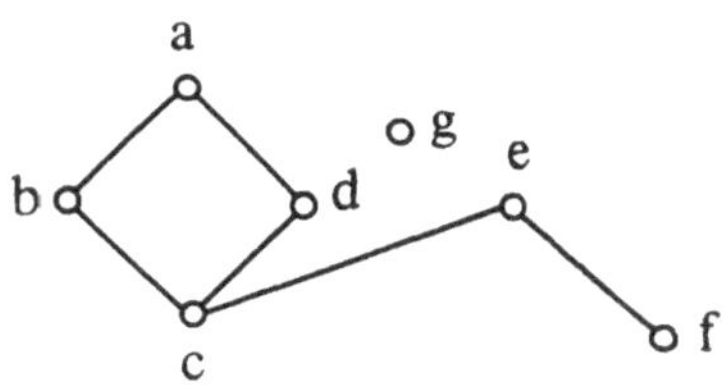

entspricht die Ordnungsrelation, welche gegeben ist durch $b \leqslant a$, $c \leqslant a$, $c \leqslant b$, $c \leqslant d$, $c \leqslant e$, $d \leqslant a$, $f \leqslant e$ in der Menge $M = \{a, b, c, d, e, f, g\}$.

Ist $(M, \leqslant)$ eine geordnete Menge, so ist auch $(M, \geqslant)$ eine geordnete Menge, und man nennt die dadurch definierte Ordnung die „entgegengesetzte Ordnung". Im Hasse-Diagramm bewirkt der Übergang zur entgegengesetzten Ordnung eine Spiegelung um eine waagerechte Achse.

Es werden nun einige Eigenschaften von Elementen einer geordneten Menge $(M, \leqslant)$ zusammengestellt. Sei $N \subset M$, insbesondere kann man auch $N = M$ betrachten.

1.5.2. Definition: $k \in N$ heißt kleinstes Element von N, wenn für alle $x \in N$ stets $k \leqslant x$ ist.

$m \in N$ heißt minimales Element von N, wenn für alle $x \in N$ aus $x \leqslant m$ stets $x = m$ folgt.

$g \in N$ heißt größtes Element von N, wenn für alle $x \in N$ stets $x \leqslant g$ ist.

$b \in N$ heißt maximales Element von N, wenn für alle $x \in N$ aus $b \leqslant x$ stets $b = x$ folgt.

Es ist besonders auf den Unterschied zwischen den Definitionen des kleinsten und minimalen Elements hinzuweisen. Als kleinstes Element ist k kleiner als jedes Element der Menge, also mit jedem Element von N vergleichbar. Ist m minimales Element, so ist kein Element von N echt kleiner als m, m muß jedoch nicht mit allen Elementen vergleichbar sein. Ist m mit keinem Element von N vergleichbar, so ist m minimales Element. Ist k kleinstes Element, so ist es auch minimal, die Umkehrung ist jedoch nicht richtig. Entsprechendes gilt auch für das größte bzw. maximale Element. Besitzt N ein kleinstes bzw. größtes Element, so ist dieses eindeutig bestimmt.

B e i s p i e l

Z, **Q**, **R** haben bezüglich $\leqslant$ kein minimales Element. Für **N** ist 1 das kleinste Element.

Für die Teilbarkeitsrelation von **N** ist 1 kleinstes Element. In der Teilbarkeitsrelation in **N** $\setminus \{1\}$ ist jede Primzahl minimales Element.

$\emptyset$ ist kleinstes Element von P(M). In Beispiel 4 oben sind c, f und g minimal.

M ist maximales Element in P(M). Größtes Element im Beispiel 1 ist z. Die maximalen Elemente des Beispiels 4 sind a, e und g.

Aus diesem letzten Beispiel erkennt man, daß ein Element (nämlich g) gleichzeitig maximal und minimal sein kann. Dies ist genau dann der Fall, wenn es mit keinem anderen Element von N vergleichbar ist. Jede endliche Menge besitzt mindestens ein maximales und ein minimales Element. Ist N eine Kette, so ist jedes maximale beziehungsweise minimale Element größtes und kleinstes Element von M.

1.5.3. Definition: Sei $N \subset M$ und $(M, \leqslant)$ eine geordnete Menge. $u \in M$ heißt untere Schranke oder Minorante von N, wenn für alle $x \in N$ gilt: $u \leqslant x$.

$o \in M$ heißt obere Schranke oder Majorante von N, wenn für alle $x \in N$ gilt: $x \leqslant o$.

$i \in M$ heißt untere Grenze oder Infinum von N, wenn i die größte untere Schranke von N ist, das heißt für alle weiteren unteren Schranken i' gilt: $i' \leqslant i$. $s \in M$ heißt obere Grenze oder Supremum von N, wenn s die kleinste obere Schranke von N ist, das heißt für alle weiteren oberen Schranken s' gilt: $s \leqslant s'$.

Beispiel:

Im Beispiel 3 von oben sei $N = \{\emptyset, \{1\}, \{2\}, \{3\}\}$, dann sind $\{1\}, \{2\}, \{3\}$ maximale Elemente von N, $\{1, 2, 3\}$ ist obere Schranke von N.

Existiert das kleinste (bzw. größte) Element von N, so ist es untere Schranke bzw. obere Schranke von N. N kann jedoch eine untere (bzw. obere) Schranke besitzen, ohne ein kleinstes (bzw. größtes) Element zu haben. Aus der Existenz einer oberen (unteren) Schranke folgt nicht die Existenz einer oberen (unteren) Grenze. Besitzt N eine obere (untere) Grenze, so ist diese eindeutig bestimmt.

Bei den Äquivalenzrelationen haben wir bereits Funktionen kennengelernt, die mit diesen verträglich waren. Daraus ergibt sich unmittelbar die folgende Definition der verträglichen Funktion bei geordneten Mengen. Das sind nämlich solche Funktionen, die die Ordnungsbeziehung von Elementen auf ihre Bildelemente übertragen.

1.5.4. Definition: Seien $(M, \leqslant)$ und $(N, \preccurlyeq)$ zwei geordnete Mengen. Eine Funktion $f \in \mathrm{Abb}(M, N)$ heißt ordnungstreue oder monotone Abbildung, wenn gilt

$$x \leqslant y \Rightarrow f(x) \preccurlyeq f(y), \quad \text{für alle } x, y \in M.$$

Ein einfaches Beispiel monotoner Funktionen sind die Identitäten auf geordneten Mengen. Man überzeugt sich leicht, daß die Komposition monotoner Funktionen wieder monoton ist. Neben den monotonen Funktionen führt man sogenannte antitone Funktionen folgendermaßen ein:

f heißt antiton, wenn gilt:

$$x \leqslant y \Rightarrow f(y) \leqslant f(x) \;\forall\, x, y \in M\,.$$

Zum Abschluß dieses Kapitels geben wir ohne Beweis ein nützliches und häufig unentbehrliches Hilfsmittel an, das vor allem beim Studium der unendlichen Mengen und bei Existenzbeweisen verwendet wird, nämlich das

Auswahlaxiom: Ist eine Menge M gegeben, dann existiert eine Funktion f, die jeder nichtleeren Teilmenge T von M ein bestimmtes Element f(T) dieser Teilmenge zuordnet.

Aussagen, die dem Auswahlaxiom gleichbedeutend sind, lassen sich mit den bisher eingeführten Begriffen angeben.

Lemma von Zorn: Ist (M, $\leqslant$) eine geordnete Menge, so daß jede Kette in M eine obere Schranke in M besitzt, dann besitzt M zumindest ein maximales Element.

Eine geordnete Menge (M, $\leqslant$) heißt wohlgeordnet, wenn jede nichtleere Teilmenge von M ein kleinstes Element besitzt. Jede wohlgeordnete Menge ist vollständig geordnet. Eine weitere, zum Auswahlaxiom äquivalente Aussage ist der

Wohlordnungssatz: Jede Menge kann wohlgeordnet werden.

ÜBUNGSAUFGABEN

1. Man zeichne für jeden der folgenden Ausdrücke ein geeignetes Venn-Diagramm und schraffiere das jeweils angegebene Gebiet: A, B, C seien Teilmengen einer Menge M.

   $$[(A \cap \bar{B}) \cup (\bar{A} \cap B)] \cap \bar{C},\; A \setminus (A \cap \bar{B} \cap C)\,.$$

2. Man bestimme die Elemente von P(M) für $M = \{a, b, c, d\}$.
3. Es sei $M = \{0, 1\}$. Welche Elemente enthält die Produktmenge M^3?

4. Gegeben sei eine Anzahl männlicher und weiblicher Studenten der Fächer Biologie, Chemie, Mathematik und Physik, für die gilt:
   a) Alle Studenten der Physik studieren auch Chemie.
   b) Niemand studiert sowohl Biologie als auch Physik.
   c) Alle, die Mathematik nicht studieren, studieren auch nicht Physik.
   d) Es gibt keine weiblichen Studenten der Mathematik.
   e) Es gibt keine Studenten der Biologie, die nicht zugleich Chemie studieren.

   Welche Aussagen können aufgrund dieser Aufgaben
   (1) für die Studenten der Physik
   (2) für die Studenten der Biologie

   bezüglich ihrer weiteren Studienfächer und bezüglich ihres Geschlechts gemacht werden?
5. Eine Umfrage einer Kaugummifabrik ergab, daß 70% der Befragten Pfefferminzaroma mögen, 50% Fruchtgeschmack, 40% sowohl Pfefferminz- als auch Fruchtgeschmack. 30% finden sowohl den Frucht- als auch den Anisgeschmack angenehm, ebenso viele haben sich gleichzeitig für Pfefferminz und Anis entschieden und 20% für alle drei Geschmacksrichtungen. Wie hoch ist der Prozentsatz der Anis-Liebhaber, wenn sich jeder der Befragten für mindestens eine der drei Geschmacksrichtungen entschieden hat?
6. Man erkläre in der Menge $M = \{1, 2, 3, 4, 6, 12\}$ die Relation „x ist Teiler von y“ und bestimme Vorbereich, Nachbereich und Feld.
7. Man bestimme für die Relation $\rho = \{(x, y) | x = 2y\}$ zwischen den Mengen $M = \{2, 4, 6, \ldots\}$ und $N = \{1, 3, 5, \ldots\}$ den Vor- und Nachbereich.
8. Seien ρ und σ zwei Relationen in $M \times N$ und $N \times T$. Man beweise:

$$(\rho \circ \sigma)^{-1} = \sigma^{-1} \circ \rho^{-1}, \; (\rho^{-1})^{-1} = \rho \;,$$
$$\iota \circ \rho = \rho = \rho \circ \iota \;, \; (\rho \cap \sigma)^{-1} = \rho^{-1} \cap \sigma^{-1} \;.$$

9. Warum ist die transitive Hülle ρ^t der Relation ρ die kleinste transitive Relation, die ρ enthält?
10. Man zeige, daß $\rho \to \rho^t$ eine Hüllenoperation für Relationen ist, d. h. die folgenden drei Gesetze erfüllt:
    a) $\rho \subset \sigma \Rightarrow \rho^t \subset \sigma^t$ (Monotonie)
    b) $\rho \subset \rho^t$ (Extensionalität)
    c) $(\rho^t)^t = \rho^t$ (Idempotenz)
11. Man bestimme alle Relationen auf $M = \{1, 2\}$. Welche davon sind Äquivalenz-, welche Ordnungsrelationen?
12. Kann man mit Hilfe der folgenden Relationen Funktionen definieren?
    a) $\rho \subset \mathbf{R} \times \mathbf{R}$, sei definiert durch:
    $$x \rho y \Leftrightarrow y^2 - 4(x + y) = 0, \; x, y \in \mathbf{R}\,.$$
    b) $\rho \subset \mathbf{R} \times \mathbf{R}$, sei definiert durch:
    $$x \rho y \Leftrightarrow y^2 - 4(x + y) = 0 \;\text{ und }\; y \geqslant 2,$$
    $$N(\rho) = \{y \mid y \geqslant 2\}, \qquad V(\rho) = \{x \mid x \geqslant -1\}\,.$$
13. Man zeige: Seien $f \in \text{Abb}(M, N)$ und $g \in \text{Abb}(N, S)$, dann gilt
    a) (f und g sind injektiv) $\Rightarrow$ ($g \circ f$ ist injektiv) $\Rightarrow$
    $\Rightarrow$ (f ist injektiv),
    b) (f und g sind surjektiv) $\Rightarrow$ ($g \circ f$ ist surjektiv) $\Rightarrow$
    $\Rightarrow$ (g ist surjektiv),
    c) (f und g sind bijektiv) $\Rightarrow$ ($g \circ f$ ist bijektiv) $\Rightarrow$
    $\Rightarrow$ (f ist injektiv, g ist surjektiv).
14. Man zeige: $f \in \text{Abb}(M, N)$ ist genau dann injektiv, wenn für alle Mengen S und je zwei Funktionen $g, h \in \text{Abb}(S, M)$ aus $f \circ g = f \circ h$ stets $g = h$ folgt.
15. Man zeige: Die auf
    a) $\mathbf{Z} \times \mathbf{Z}$ durch $(a_1, b_1)\,\rho\,(a_2, b_2) :\Leftrightarrow a_1 + b_2 = a_2 + b_1$ und auf
    b) $\mathbf{Z} \times (\mathbf{Z} \setminus \{0\})$ durch $(a_1, b_1)\,\rho\,(a_2, b_2) :\Leftrightarrow a_1 b_2 = a_2 b_1$ definierten Relationen sind Äquivalenzrelationen.

16. Wo steckt der Fehler im folgenden „Beweis" der falschen Behauptung, daß aus der Symmetrie und Transitivität einer Relation die Reflexivität folgt?

    „Aus $a \rho b$ folgt $b \rho a$ und daraus $a \rho a$".

17. Man zeige: Sei $\{\rho_i\}_{i \in I}$ ein nichtleeres System von Äquivalenzrelationen auf M. Dann ist auch $\bigcap_{i \in I} \rho_i$ eine Äquivalenzrelation auf M. Gilt dies auch für $\bigcup_{i \in I} \rho_i$?

18. Man zeige, daß die Relation ρ auf **Z**, definiert durch „$x \rho y \Leftrightarrow m$ teilt $(x - y)$" für festes $m \in \mathbf{Z}$, eine Äquivalenzrelation ist, und man bestimme die zugehörigen Äquivalenzklassen.

19. Man zeige, daß eine Menge von n Elementen genau $2^{n-1} - 1$ Klasseneinteilungen mit zwei Äquivalenzklassen besitzt.

20. Gegeben sei die vollständig geordnete Menge $(\mathbf{Q}, \leqslant)$ und die Teilmenge $A = \{x \mid x \in \mathbf{Q}, x^2 < 5\}$. Besitzt A eine obere (bzw. untere) Schranke bzw. ein Supremum (Infimum) in **Q**?

21. Sei $M \neq \emptyset$ und $\leqslant$ eine reflexive und transitive Relation auf M. Man zeige:

    a) Durch $x \pi y :\Leftrightarrow x \leqslant y$ und $y \leqslant x$ ist eine Äquivalenzrelation auf M definiert.

    b) Durch $[x] \subset [y] :\Leftrightarrow x \leqslant y$ wird auf M/π eine Ordnungsrelation definiert.

22. Man bestimme das Hasse-Diagramm für die geordnete Menge $(\{1, 3, 5, 9, 15, 45\}, \mid)$ mit der Teilbarkeitsrelation $\mid$ als Ordnungsrelation.

23. Man gebe ein Beispiel für Ordnungsrelationen, in denen

    a) mindestens ein maximales Element, jedoch kein größtes Element existiert,

    b) genau ein maximales, aber kein größtes Element existiert.

2. Algebraische Strukturen

Der Begriff der algebraischen Struktur (oder wie man auch sagt, der Algebra), gehört zweifellos zu den wichtigsten Begriffen der modernen Mathematik. Durch diesen Begriff wird nämlich eine große Zahl von mathematischen Objekten erfaßt, welche entweder bei der Beschreibung und Untersuchung von Teilgebieten der Mathematik auftreten oder in Anwendung der Mathematik auf Probleme anderer Wissensgebiete eine Rolle spielen.

Als Beispiele für das Auftreten algebraischer Strukturen bei Anwendungen der Mathematik seien die „Halbgruppen" genannt, die in der sogenannten Automatentheorie eine wichtige Rolle spielen. In der mathematischen Genetik verwendet man mit Erfolg die „Jordan-Algebren". Für die Theorie der fehlerkorrigierenden Codes sind die endlichen Körper, die sogenannten Galoisfelder, und die Polynomringe von Bedeutung. In der Theorie der elektrischen Schaltungen sind die Booleschen Algebren ein wichtiges Hilfsmittel.

Die Anwendung der algebraischen Strukturen geht in allen Fällen letzten Endes darauf zurück, daß irgendwelche Mengen von Objekten des betreffenden Anwendungsgebietes als eine Algebra von irgendeinem speziellen Typ aufgefaßt werden. Alle Sätze und Eigenschaften, die für die Algebren dieses Typs gelten, treffen dann auch für die Algebra der Objekte zu und liefern gültige Aussagen über das Gebiet. Die Algebra wird also dann zum Modell für das betreffende Gebiet, und anstelle des oft schwieriger zu handhabenden Gebietes kann man auch die Algebra betrachten, mit der man oft leichter umgehen kann. So kann man z.B. in der Wahrscheinlichkeitstheorie die Ereignisse als Elemente einer Booleschen Algebra auffassen, oder in der Theorie der elektrischen Schaltungen Reihenparallelschaltungen als Polynome über der Booleschen Algebra mit zwei Elementen. In Physik, Chemie, Biologie und Kybernetik ist der Gruppenbegriff, insbesondere Gruppen aus Transformationen eines bestimmten Objektbereichs, wichtig. Der Idealbegriff der Ringtheorie und die Körpertheorie werden in der abstrakten Codierungstheorie zu einem beinahe unentbehrlichen Hilfsmittel, usw.

In diesem Kapitel werden die wichtigsten algebraischen Strukturen aufgezählt und Beispiele erläutert. Insbesondere werden solche Funktionen von strukturierten Mengen in strukturierte Mengen angeführt und studiert, die auf die gegebenen Strukturen Rücksicht nehmen oder, wie man auch sagt, mit ihnen verträglich sind. Die folgenden Kapitel sind dann den Anwendungen dieser Algebren von speziellem Typ gewidmet.

2.1. Algebraische Operationen

Bekanntermaßen kann man mit ganzen Zahlen uneingeschränkt addieren und multiplizieren, stets sind die Ergebnisse solcher Rechenoperationen wieder ganze Zahlen. Die Operation „+" ist dabei eine Funktion vom kartesischen Produkt $\mathbf{Z} \times \mathbf{Z}$ in $\mathbf{Z}$, denn bei der Addition $2 + 3 = 5$ wird ja dem Paar $(2, 3)$ eindeutig die Zahl 5 zugeordnet.

$$+ : \mathbf{Z} \times \mathbf{Z} \to \mathbf{Z}, \quad (a, b) \mapsto a + b, \quad a, b \in \mathbf{Z},$$

ist tatsächlich nach Definition eine Funktion.

Ebenso gilt dies für die Multiplikation:

$$\cdot : \mathbf{Z} \times \mathbf{Z} \to \mathbf{Z}, \quad (a, b) \mapsto a \cdot b, \quad a, b \in \mathbf{Z}.$$

Nach unserer Funktionenschreibweise müßten wir zwar für die Funktion „+" $+((a, b)) = c$ und für die Funktion „·" nun $\cdot((a, b)) = d$ setzen, üblicher ist es jedoch, $a + b = c$ bzw. $a \cdot b = d$ zu schreiben.

Entsprechendes gilt im folgenden Beispiel: Seien $f, g \in \text{Abb}(M, M)$. Dann ist $g \circ f$ ebenfalls eine Funktion von M in M, und durch die Abbildungsvorschrift $(f, g) \mapsto g \circ f$ wird eine Funktion von $\text{Abb}(M, M) \times \text{Abb}(M, M)$ nach $\text{Abb}(M, M)$ definiert. Diese Beispiele führen uns auf die folgende

2.1.1. Definition: M sei eine nichtleere Menge. Eine Funktion von M^2 nach M nennt man innere binäre algebraische Operation (oder Verknüpfung).

Bezeichnet man die Funktion mit $\square : M^2 \to M, (x, y) \mapsto \mapsto \square((x, y))$, dann schreibt man an Stelle von $\square(x, y)$ oft auch $x \square y$ und sagt: x ist verknüpft mit y durch $\square$.

Man kann eine innere binäre Operation auch als ternäre (dreistellige) Relation ρ in M^3 deuten. Wie das Wort binär schon andeutet, lassen sich auch ternäre innere algebraische Operationen bilden, ebenso quaternäre usw. Die allgemeine Definition lautet dann:

2.1.2. Definition: Sei $n \geqslant 2$. $\square$ heißt n-äre innere algebraische Operation, wenn es eine Funktion von M^n nach M ist:

$$\square : M^n \to M, (x_1, \ldots, x_n) \mapsto \square(x_1, \ldots, x_n) \in M .$$

2.1.3. Definition: Eine Funktion von M nach M heißt unäre innere algebraische Operation,

$$\square : M \to M, x \mapsto \square(x) \in M .$$

Dabei wird also jedem Element von M wieder ein Element von M zugeordnet.

2.1.4. Definition: Eine Funktion von $\{1\}$ nach M heißt nulläre innere algebraische Operation oder auch Auswahlfunktion,

$$\square : \{1\} \to M, 1 \to \square(1) \in M .$$

Eine Verallgemeinerung der gegebenen Definitionen ist insofern möglich, wenn $\square$ eine Funktion auf einer Teilmenge $A \in M \times M$ in M ist. Man spricht dann von partiellen inneren Verknüpfungen.

Falls die Menge M aus endlich vielen Elementen $a_1, \ldots, a_n$ besteht, dann kennt man die binäre Operation $\square$ vollständig, wenn man zu jedem geordneten Paar (a_i, a_j) das Element $a_i \square a_j$ kennt. Die Bildelemente der Funktion $\square$ gibt man oft dadurch an, daß man ein quadratisches Schema aufstellt von folgender Gestalt:

$\square$	a_1	a_2	$\dots$	a_n
a_1	$a_1 \square a_1$	$a_1 \square a_2$	$\dots$	$a_1 \square a_n$
a_2	$a_2 \square a_1$	$a_2 \square a_2$	$\dots$	$a_2 \square a_n$
$\vdots$	$\vdots$	$\vdots$		$\vdots$
a_n	$a_n \square a_1$	$a_n \square a_2$	$\dots$	$a_n \square a_n$

Dieses quadratische Schema nennt man Operationstafel der binären Operation. Auch für den Fall einer unendlichen Menge M könnte man sich eine solche Operationstafel aufgestellt denken, die dann allerdings aus unendlich vielen Zeilen und Spalten besteht. Sei zum Beispiel $M = (+1, -1)$ und $\square$ die gewöhnliche Multiplikation, dann ist eine Operationstafel für $\cdot$ gegeben durch:

$\cdot$	$+1$	-1
$+1$	$+1$	-1
-1	-1	$+1$

Da wir den Begriff der inneren algebraischen Operation durch zwei Beispiele erläutert haben, sollen nun andere Beispiele auf eine neue Begriffsbildung hinweisen.

Sei **R** die Menge der reellen Zahlen, V die Menge der Vektoren, wie sie aus der Analytischen Geometrie bekannt sind, dann kann man die Funktion $\mathbf{R} \times V \to V$ betrachten, welche Multiplikation von Skalaren mit Vektoren bedeutet. Die Abbildungsvorschrift ist gegeben durch $(a, x) \mapsto a x \in V$, $a \in \mathbf{R}$, $x \in V$.

In einem weiteren Beispiel sei M eine nichtleere Menge, $\square$ eine innere Operation auf M, A eine nichtleere Teilmenge von M. Die Einschränkung von $\square$ auf $A \times M$ liefert eine Funktion von $A \times M$ in M. Allgemein definiert man:

2.1.5. Definition: M, A seien nichtleere Mengen. Eine Funktion $\perp : A \times M \to M$ heißt äußere binäre algebraische Operation erster Art auf M mit dem Operatorenbereich A.

Sei $(a, x) \in A \times M$, dann schreiben wir statt $\perp(a, x)$ auch $a \perp x$.

Eine weitere, von den bisherigen Operationen verschiedene Verknüpfung erhält man mit der

2.1.6. Definition: Seien M und N nichtleere Mengen. Dann heißt eine Funktion $\perp\!\!\!\perp : M^2 \to N$ äußere binäre algebraische Operation zweiter Art.

Als Beispiel dazu bietet sich die sogenannte Skalarmultiplikation von Vektoren an. Sei V die Menge der Vektoren der Analytischen Geometrie und **R** die Menge der reellen Zahlen, dann entspricht dem Paar $(x, y) \in V \times V$ vermittels $\perp\!\!\!\perp$ die reelle Zahl $a \in \mathbf{R}$. Statt $x \perp\!\!\!\perp y = a$ schreibt man einfach $x\,y = a$. Man sagt, die Operation führe aus M hinaus, denn a ist nicht mehr ein Vektor aus V.

Wichtiger ist jedoch die äußere binäre algebraische Operation erster Art. Wenn von einer äußeren Operation die Rede ist, sei im folgenden immer eine solche erster Art gemeint, wenn nicht ausdrücklich etwas anderes gefordert wird. Wir werden auch kurz von einer binären Operation sprechen, wenn wir eine innere binäre algebraische Operation meinen. Die sinnvollen Verallgemeinerungen auf n-äre Operationen seien dem Leser überlassen.

2.1.7. Definition: M sei eine nichtleere Menge, $\{\Box_i\}_{i\in I}$, $\{\perp_i\}_{i\in J}$, $\{\perp\!\!\!\perp_i\}_{i\in K}$ seien Familien von inneren Operationen bzw. äußeren Operationen erster (bzw. zweiter) Art, dann nennt man $(M, \{\Box_i\}_{i\in I}, \{\perp_i\}_{i\in J}, \{\perp\!\!\!\perp_i\}_{i\in K})$ ein algebraisches Verknüpfungsgebilde oder kurz eine Algebra (im Fall endlicher Operationenfamilien). Die Familien von Operationen heißen algebraische Strukturen, die der Trägermenge M aufgeprägt sind.

Zumeist wird M zusammen mit der Familie von algebraischen Operationen als algebraische Struktur bezeichnet. Je zwei der Indexmengen I, J oder K können dabei auch leer sein.

Es werden jetzt einige Eigenschaften von inneren binären Operationen erklärt. Gegeben sei also eine Algebra $(M, \Box)$. Zur Veranschaulichung der folgenden Definitionen vergegenwärtige man sich die jeweilige Situation an Hand der Menge der natürlichen, rationalen oder reellen Zahlen.

2.1.8. Definition: Eine binäre Operation heißt kommutativ, wenn gilt: $x \square y = y \square x$ für alle $x, y \in M$.

In diesem Fall nennt man x und y miteinander vertauschbar.

2.1.9. Definition: $\square$ heißt assoziativ, wenn für alle $x, y, z \in M$ gilt: $(x \square y) \square z = x \square (y \square z)$.

Seien A und B Teilmengen von M, dann bezeichne $A \square B$ die Menge aller $a \square b$ mit $a \in A$ und $b \in B$. $A \square B$ ist das Bild von $A \times B$ bei der Abbildung $\square : M \times M \to M$. Damit ist eine Operation auf P(M) eingeführt.

2.1.10. Definition: Sei T Teilmenge von M. Dann heißt T stabil bezüglich $(M, \square)$, wenn $T \square T \subset T$, d.h. wenn mit $s, t \in T$ auch $s \square t \in T$.

2.1.11. Definition: $(T, \square')$ nennt man Teilalgebra der Algebra $(M, \square)$, wenn T stabil bezüglich $\square$ ist und wenn die Funktion $\square : M \times M \to M$ eingeschränkt auf $T \times T$ gerade die Operation $\square'$ ist. Es ist üblich, statt $\square'$ auch $\square$ zu schreiben.

Man kann leicht erkennen, daß der Durchschnitt einer Familie von stabilen Teilmengen einer Algebra wieder stabil ist. Sei T eine beliebige Teilmenge von M, dann existiert immer eine kleinste stabile Teilmenge, die T enthält. Diese wird definiert als

2.1.12. Definition: Die kleinste $T \subset M$ enthaltende stabile Teilmenge $\langle T \rangle$ heißt die von T erzeugte Teilalgebra in $(M, \square)$.

2.1.13. Definition: Eine binäre Operation $\square$ heißt distributiv über einer binären Operation $\diamond$ in M, wenn gilt:

$$x \square (y \diamond z) = (x \square y) \diamond (x \square z)$$

und

$$(x \diamond y) \square z = (x \square z) \diamond (y \square z)$$

für alle $x, y, z \in M$.

In dieser Definition besitzt also M zwei binäre Operationen. Die Distributivität ist keine symmetrische Eigenschaft, das heißt, aus der Distributivität von □ über ◇ folgt nicht diejenige von ◇ über □. Dies würde nämlich

$$x \diamond (y \square z) = (x \diamond y) \square (x \diamond z)$$

bedeuten, und das stimmt im allgemeinen nicht, wie man am Beispiel M = **Z** und ◇ = +, □ = · erkennen kann.

2.1.14. Definition: Ein Element $e_l \in M$ heißt Linkseinselement, wenn $e_l \diamond x = x, \forall\ x \in M$.

Ein Element $e_r \in M$ heißt Rechtseinselement, wenn $x \diamond e_r = x, \forall\ x \in M$.

Ein Element $e \in M$ heißt Einselement in bezug auf ◇, wenn gilt: $e \diamond x = x \diamond e = x, \forall\ x \in M$.

Im Falle der Kommutativität von ◇ gilt, daß die Links- und Rechtseinselemente übereinstimmen, also ein Einselement existiert.

Unter der Voraussetzung, daß M ein Einselement (auch Einheitselement genannt) besitzt, gilt die

2.1.15: Definition: Ein Element $x_l^{-1} \in M$ heißt linksinvers zu $x \in M$ bezüglich ◇, wenn gilt: $x_l^{-1} \diamond x = e$.

Ein Element $x_r^{-1} \in M$ heißt rechtsinvers zu $x \in M$ bezüglich ◇, wenn gilt: $x \diamond x_r^{-1} = e$.

Ein Element $x^{-1} \in M$ heißt invers zu $x \in M$ bezüglich ◇, wenn gilt: $x \diamond x^{-1} = x^{-1} \diamond x = e$.

x heißt invertierbar, wenn es mindestens ein Inverses x^{-1} besitzt.

Ein solches muß nicht immer existieren. Im Beispiel der ganzen Zahlen **Z** hat jedes x bezüglich + ein inverses Element. In bezug auf die Multiplikation ist dies jedoch falsch.

Mit diesen Begriffen können wir einige Beispiele nachtragen. Die Funktion von $M \to M$ definiert durch $x \mapsto x^{-1}$ ist eine unäre Operation. Die nullären Operationen fixieren ein Element einer Algebra, wie z. B. das Einselement. Ein weiteres Beispiel für binäre Operationen sind Vereinigung und Durchschnitt von Teilmengen einer Menge.

Seien A, B $\subset$ M.

$\cap$: $P(M) \times P(M) \to P(M)$, $(A, B) \mapsto A \cap B$, für A, B $\subset$ M,

$\cup$: $P(M) \times P(M) \to P(M)$, $(A, B) \mapsto A \cup B$, für A, B $\subset$ M.

Die Operationen $\cap$ und $\cup$ sind assoziativ, kommutativ und distributiv. M ist Einselement bezüglich $\cap$ und $\emptyset$ bezüglich $\cup$. Inverse Elemente gibt es keine. Die Komplementbildung $P(M) \to P(M)$, $A \mapsto \bar{A} \in P(M)$ ist eine unäre Operation. Die Menge P(M) zusammen mit den beiden binären Operationen $\cup$, $\cap$ und der unären Operation der Komplementbildung bezeichnet man als Mengenalgebra $(P(M), \cap, \cup, -)$ über P(M).

ÜBUNGSAUFGABEN

24. Man überprüfe die folgenden Operationen auf den angegebenen Trägermengen hinsichtlich Assoziativität, Kommutativität, Existenz eines (Links-, Rechts-)Einselements und eines inversen Elements zu jedem Element.

Trägermenge	Operation
$\mathbf{R} \setminus \{0\}$	$a \square b := a/b$
$\mathbf{R}$	$a \square b := (a+b)/2$
$\mathbf{N}$	$a \square b := \text{kgV}(a, b)$
$\mathbf{R} \setminus \{1\}$	$a \square b := a + b - ab$

25. Für welche Paare $(a, b) \in \mathbf{R} \times \mathbf{R}$ wird durch $x \square y := ax + by$ auf $\mathbf{R}$ eine assoziative Operation definiert?
26. Kann man aber durch $a \square b = a/b$ auf $\mathbf{Z}^+$ bzw. $\mathbf{Q}$ eine binäre Operation definieren?
27. Sei S die Menge aller reellwertigen Funktionen, die für alle reellen Zahlen definiert sind. Werden durch $f \square g = h$ mit $h(x) = f(x) + g(x)$, $f, g \in S$, $x \in \mathbf{R}$ bzw. $h(x) = f(x)\,g(x)$ bzw. $h(x) = f(x)/g(x)$ binäre Operationen auf S erklärt?
28. Wie viele verschiedene (kommutative) binäre Operationen können auf einer Menge von n Elementen definiert werden?
29. Man ergänze die folgende Operationstafel so, daß $\square$ eine binäre Operation auf $M = \{a, b, c, d\}$ wird:

□	a	b	c	d
a	a	b	c	
b	b	d		c
c	c	a	d	b
d	d			a

2.2. Homomorphismen

Die Bedeutung der strukturverträglichen Funktionen bei Algebren wurde in den Vorbemerkungen schon festgestellt. Die Definitionen verschiedener solcher strukturverträglicher Funktionen und Umkehrfunktionen stellen den Inhalt dieses Abschnitts dar.

Gegeben seien eine Algebra $(M, \diamond)$ und eine Algebra $(M', \diamond')$ sowie eine Funktion f von M nach M', $f: M \to M'$. Sind $\diamond$ und $\diamond'$ binäre innere Operationen, so gilt $f(x \diamond y) \in M'$, denn $x \diamond y \in M$. Da f(x) und f(y) Elemente von M' sind, folgt: $f(x) \diamond' f(y)$ liegt in M'. Diejenigen Funktionen von M nach M', für die für alle $x, y \in M$ $f(x \diamond y) = f(x) \diamond' f(y)$, werden nun ausgezeichnet.

2.2.1. Definition: $(M, \diamond)$ und $(M', \diamond')$ seien durch innere binäre Operationen strukturierte Mengen. Eine Funktion $f: M \to M'$ heißt Homomorphismus, wenn für alle $x, y \in M$ gilt:

$$f(x \diamond y) = f(x) \diamond' f(y) .$$

Seit kurzer Zeit nennt man Homomorphismen auch kurz Morphismen. Die Menge aller Homomorphismen, man sagt auch die Menge aller strukturverträglichen Abbildungen von M nach M', wird mit Hom(M, M') bezeichnet.

Zum Beispiel erhält man für $M = \mathbf{R}^+$, $M' = \mathbf{R}$ und $\diamond = \cdot$, $\diamond' = +$, einen Homomorphismus $f: (\mathbf{R}^+, \cdot) \to (\mathbf{R}, +)$, $x \mapsto \log x$. Es ist bekannt, daß die Logarithmusfunktion die Forderung $\log xy = \log x + \log y$ erfüllt.

2.2.2. Definition: $(M, \perp, A)$ und $(M', \perp', A)$ seien durch äußere binäre Operationen strukturierte Mengen mit dem gleichen Operatorenbereich A. Eine Funktion $f: M \to M'$ heißt A-Homomorphismus, wenn für alle $a \in A$ und für alle $x \in M$ gilt:

$$f(a \perp x) = a \perp' f(x) .$$

Die Menge aller A-Homomorphismen bezeichnet man mit $\mathrm{Hom}_A(M, M')$.

Die Bedingung in Definition 2.2.1 ist eine Art Vertauschbarkeitsbedingung, da es unerheblich ist, ob man zuerst M verknüpft und dann zum f-Bild übergeht, oder ob man zuerst zu den f-Bildern übergeht und dann die Operation ausführt. Mit anderen Worten heißt das, daß das folgende Diagramm kommutativ ist:

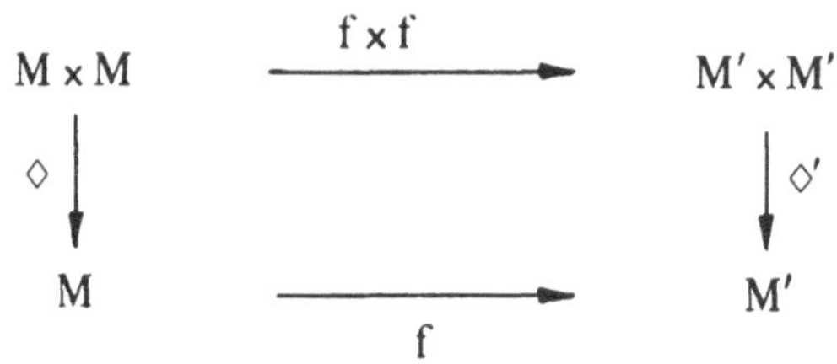

Verallgemeinerungen der bisher kennengelernten Definitionen ergeben sich daraus, daß man auf M und M' mehrere innere n-äre algebraische Operationen betrachtet. Eine entsprechende Definition ergäbe sich bei äußeren Operationen.

2.2.3. Definition: Seien $(M, \diamond_1, \ldots, \diamond_k)$ und $(M', \diamond'_1, \ldots, \diamond'_k)$ durch k innere n-äre Operationen strukturierte Mengen ($n \geqslant 2$). Die Funktion $f: M \to M'$ heißt Homomorphismus, wenn für alle $x_1, \ldots, x_n \in M$ gilt:

$$f(\diamond_i(x_1, \ldots, x_n)) = \diamond'_i(f(x_1), \ldots, f(x_n)) , \quad i = 1, \ldots, k .$$

Das heißt also, daß f bezüglich jeder einzelnen Operation strukturverträglich ist.

Für die Spezialfälle n = 1 und n = 0 ist es vorteilhaft, Homomorphismen, wie oben angedeutet, durch die Kommutativität eines Diagramms zu definieren. Seien $\diamond$ und $\diamond'$ unäre innere Operationen auf M bzw. M', dann nennt man die Funktion $f: M \to M'$ einen Homomorphismus von $(M, \diamond)$ nach $(M', \diamond')$, wenn das Diagramm

$$\begin{array}{ccc} M & \xrightarrow{\;f\;} & M' \\ \diamond\big\downarrow & & \big\downarrow\diamond' \\ M & \xrightarrow[\;f\;]{} & M' \end{array}$$

kommutativ ist. Sind $\diamond$ und $\diamond'$ nulläre Operationen auf M bzw. M', so hat man zur Definition eines Homomorphismus von $(M, \diamond)$ nach $(M', \diamond')$ dieses Diagramm durch

$$\begin{array}{ccc} \{1\} & \xrightarrow{\;\mathrm{Id}\;} & \{1\} \\ \diamond\big\downarrow & & \big\downarrow\diamond' \\ M & \xrightarrow[\;f\;]{} & M' \end{array}$$

zu ersetzen und seine Kommutativität zu fordern. Durch diesen Homomorphismus geht das durch $\diamond$ ausgewählte Element von M in das durch $\diamond'$ ausgewählte Element von M' über.

Ein wichtiger Satz über Homomorphismen (bzw. A-Homomorphismen), den wir für einzelne Beispiele algebraischer Strukturen noch gesondert formulieren werden, besagt:

Die Komposition von Homomorphismen (A-Homomorphismen) liefert wieder Homomorphismen (A-Homomorphismen). Sind also z. B. $f: (M, \diamond) \to (M', \diamond')$ und $g: (M', \diamond') \to (M'', \diamond'')$ Homomorphismen, dann ist auch $g \circ f: (M, \diamond) \to (M'', \diamond'')$ ein Homomorphismus.

2.2.4. Definition: Sei f ein Homomorphismus von $(M, \diamond)$ nach $(M', \diamond')$.

f heißt Monomorphismus, wenn f injektiv ist.
f heißt Epimorphismus, wenn f surjektiv ist.
f heißt Isomorphismus, wenn f bijektiv ist.
f heißt Endomorphismus, wenn $(M, \diamond) = (M', \diamond')$ ist.
f heißt Automorphismus, wenn f bijektiv und $(M, \diamond) = (M', \diamond')$ ist.

Entsprechend definiert man die Begriffe A-Isomorphismus usw.

Man prüft leicht nach, daß Komposition von Monomorphismen wieder einen Monomorphismus ergibt. Ebenso gilt dies für die Komposition von Epimorphismen bzw. Isomorphismen.

Die Algebra $(M', \diamond')$ heißt homomorphes Bild der Algebra $(M, \diamond)$, wenn es einen Homomorphismus von $(M, \diamond)$ auf $(M', \diamond')$ gibt. Zumeist schreibt man für die Algebra $(M, \diamond)$ bzw. $(M', \diamond')$ kurz M, bzw. M', also die strukturierte Menge, falls keine Verwechslung bezüglich der Operation auftreten kann.

Zwei Algebren M und M' sind isomorph, wenn es einen Isomorphismus $f: M \to M'$ gibt. Dafür verwendet man oft die Bezeichnung $M \cong M'$.

Als Beispiel zeigen wir nun, daß ein Homomorphismus von der Algebra $(M, \cdot)$ der zweizeiligen quadratischen, ganzzahligen Matrizen mit der Matrizenmultiplikation als binäre Operation, nach der Algebra $(\mathbf{Z}, \cdot)$ der ganzen Zahlen bezüglich der gewöhnlichen Multiplikation existiert.

Eine zweizeilige ganzzahlige Matrix ist ein Gebilde der Form

$$A = \begin{pmatrix} a & b \\ c & d \end{pmatrix}, \quad a, b, c, d \in \mathbf{Z} .$$

Für diese Gebilde kann man zwei binäre Operationen, die Matrizenaddition + und die Matrizenmultiplikation · definieren:

$$\begin{pmatrix} a & b \\ c & d \end{pmatrix} + \begin{pmatrix} a_1 & b_1 \\ c_1 & d_1 \end{pmatrix} = \begin{pmatrix} a + a_1 & b + b_1 \\ c + c_1 & d + d_1 \end{pmatrix},$$

$$\begin{pmatrix} a & b \\ c & d \end{pmatrix} \cdot \begin{pmatrix} a_1 & b_1 \\ c_1 & d_1 \end{pmatrix} = \begin{pmatrix} aa_1 + bc_1 & ab_1 + bd_1 \\ ca_1 + dc_1 & cb_1 + dd_1 \end{pmatrix}.$$

Wie man leicht nachrechnet, ist + assoziativ und kommutativ, $\cdot$ assoziativ, jedoch im allgemeinen nicht kommutativ.

Wir müssen nun einen Homomorphismus von $(M, \cdot)$ nach $(\mathbf{Z}, \cdot)$ finden. Definiert man für die Matrix A die Zahl $|A| = ad - bc$ als Determinante von A, und setzt man an:

$$f : (M, \cdot) \to (\mathbf{Z}, \cdot), \quad A \mapsto |A| ,$$

dann ist f der gewünschte Homomorphismus.

f ist eine eindeutige Abbildung, und es gilt

$$f(A_1 \cdot A_2) = |A_1 \cdot A_2| = |A_1||A_2| = (f(A_1)) \cdot (f(A_2)) .$$

Ein einfaches Beispiel für einen Isomorphismus stellt die identische Abbildung dar:

$$\mathrm{Id}_M : (M, \diamond) \to (M, \diamond) .$$

Wir zeigen nun, daß die Isomorphiebeziehung $\cong$ zwischen Algebren mit inneren binären Operationen reflexiv, symmetrisch und transitiv ist. Es wird also in der Klasse aller Systeme $(M, \diamond)$ mit Operationen $\diamond$ vom gleichen Typ dadurch eine Äquivalenzrelation eingeführt, daß zwei Systeme $(M, \diamond)$ und $(M', \diamond')$ äquivalent bezüglich der Äquivalenzrelation $\cong$ heißen, wenn gilt $(M, \diamond) = (M', \diamond')$.

2.2.5. Satz: Die Isomorphie $\cong$ ist auf der Familie aller Algebren $M = (M, \diamond)$ mit binären Operationen vom selben Typ (also innere binäre Operationen) eine Äquivalenzrelation.

Beweis:

(1) Reflexivität: $(M, \diamond) \cong (M, \diamond)$. Die Identität ist der gewünschte Isomorphismus.

(2) Symmetrie: Sei $(M, \diamond) = (M', \diamond')$ vermöge des Isomorphismus f. Da f bijektiv ist, existiert die inverse Funktion $f^{-1} : M' \to M$, und sie ist auch bijektiv. Es ist

$$\begin{aligned} f^{-1}(f(a) \diamond' f(b)) &= f^{-1} f(a \diamond b) = a \diamond b = \\ &= f^{-1}(f(a)) \diamond f^{-1}(f(b)) . \end{aligned}$$

Wegen der Surjektivität von f ist f^{-1} daher Homomorphismus und wegen der Bijektivität damit Isomorphismus.

(3) Transitivität: Seien $(M, \diamond) \cong (M', \diamond')$ und $(M', \diamond') \cong$ $\cong (M'', \diamond'')$, d.h. es existieren Isomorphismen $f: M \to M'$ und $g: M' \to M''$. Wir zeigen, daß $g \circ f: M \to M''$ ein Isomorphismus ist. $g \circ f$ ist bijektiv, denn $(f^{-1} \circ g^{-1})(g \circ f) = Id_M$, $(g \circ f)(f^{-1} \circ g^{-1}) = Id_{M'}$. $g \circ f$ ist Homomorphismus, denn

$$\begin{aligned}(g \circ f)(a \diamond b) &= g(f(a \diamond b)) = g(f(a) \diamond' f(b)) = \\ &= g(f(a)) \diamond'' g(f(b)) = \\ &= (g \circ f)(a) \diamond'' (g \circ f)(b) .\end{aligned}$$

Diese Äquivalenzrelation $\cong$ bewirkt eine Klasseneinteilung in der Klasse aller Systeme $(M, \diamond)$, deren Äquivalenzklassen als Isomorphieklassen bezeichnet werden.

Vom Standpunkt der Algebra wird zwischen isomorphen Algebren nicht unterschieden, da sich diese nur durch die Benennung ihrer Elemente unterscheiden, also durch Umbenennung auseinander hervorgehen. Man interessiert sich also in erster Linie für die Operationen, nicht aber für die Art der Elemente der Mengen. Beherrscht man das „Rechnen“ in der einen Algebra und kennt man eine Isomorphie auf eine andere Algebra, dann beherrscht man das „Rechnen“ auch in dieser.

Ist nämlich $f: M \to M'$ ein Isomorphismus, so denke man sich die Operationstafeln für jede Operation $\diamond$, $\diamond'$ in folgender Weise geschrieben:

$\diamond$	...	b	...
⋮		⋮	
a	...	$a \diamond b$	...
⋮		⋮	

Tafel von $\diamond$ in M

$\diamond'$	...	$f(b)$	...
⋮		⋮	
$f(a)$	...	$f(a) \diamond' f(b)$	...
⋮		⋮	

Tafel von $\diamond'$ in M'

$\diamond'$	...	f(b)	...
⋮		⋮	
f(a)	...	$f(a \diamond b)$	...
⋮		⋮	

Tafel von $\diamond'$ in M'
unter Verwendung von
$f(a) \diamond' f(b) = f(a \diamond b)$

Man erhält also die Tafel von $\diamond'$ in M', indem man einfach alle Elemente a, b, ... ∈ M in f(a), f(b), ... umbenennt.

Beispiel: Seien auf $M = \{1, 2, 3\}$ und $M' = \{a, b, c\}$ die Operationen $\diamond$ und $\diamond'$ gegeben:

$\diamond$	1	2	3
1	1	2	3
2	2	3	1
3	3	1	2

$\diamond'$	a	b	c
a	c	a	b
b	a	b	c
c	b	c	a

Die Abbildung $f: M \to M'$ mit $1 \mapsto b$, $2 \mapsto a$, $3 \mapsto c$ ist ein Isomorphismus.

$\diamond$	1	2	3
1	1	2	3
2	2	3	1
3	3	1	2

$\xrightarrow{f}$

$\diamond'$	f(1)	f(2)	f(3)
f(1)	f(1)	f(2)	f(3)
f(2)	f(2)	f(3)	f(1)
f(3)	f(3)	f(1)	f(2)

Diese Tafel ist genau die Operationstafel von M'. Sie ist nämlich aufgrund der Funktion f identisch mit der folgenden Tafel:

$\diamond'$	b	a	c
b	b	a	c
a	a	c	b
c	c	b	a

.

Durch die Umbenennung „b wird c“ und „c wird b“ erhält man daraus die ursprünglich gegebene Operationstafel von M'.

Eines der Hauptprobleme der Algebra ist das Klassifikationsproblem, also das Problem, einen Überblick über alle Algebren eines bestimmten Typs (also mit bestimmten Operationen) zu bekommen.

Zur Lösung dieser Aufgabe faßt man gleichartige Algebren zusammen. Diese Gleichartigkeit zweier Algebren wird durch den Isomorphiebegriff definiert. Isomorphe Algebren unterscheiden sich dann nur durch die Bezeichnung ihrer Elemente, das Klassifikationsproblem ist also gelöst, wenn man von jeder Klasse isomorpher Algebren eine Algebra kennt. Das Klassifikationsproblem ist erst für wenige Klassen von algebraischen Strukturen gelöst, auf die wir noch näher eingehen werden.

2.3. Kongruenzrelationen

Bei den Kongruenzrelationen handelt es sich um Äquivalenzrelationen in einer Algebra, die mit den inneren binären Operationen der Algebra verträglich sind, also kurz um strukturverträgliche Äquivalenzrelationen.

2.3.1. Definition: Gegeben sei eine Algebra (M, $\diamond$). Eine Äquivalenzrelation π auf M heißt

> Linkskongruenzrelation, wenn für alle a, b, c $\in$ M gilt
> $a \,\pi\, b \Rightarrow (c \diamond a) \,\pi\, (c \diamond b)$,
>
> Rechtskongruenzrelation, wenn für alle a, b, c $\in$ M gilt
> $a \,\pi\, b \Rightarrow (a \diamond c) \,\pi\, (b \diamond c)$,
>
> Kongruenzrelation, wenn π Links- und Rechtskongruenzrelation ist.
>
> Gebräuchlich ist auch die Sprechweise „verträglich mit $\diamond$“.

Als Beispiel wählen wir die Menge der ganzen Zahlen **Z** mit der Addition und Multiplikation als zwei binäre Operationen. $n \geqslant 0$ sei eine feste Zahl aus **Z**. Die Relation π

$$a\ \pi\ b \Leftrightarrow n \text{ teilt } a - b \text{ (in Zeichen: } n \mid a - b)$$

ist eine Äquivalenzrelation. Sie ist sogar Kongruenzrelation, denn es gilt:

$$\begin{aligned} a\ \pi\ b,\ c\ \pi\ d &\Rightarrow n \mid (a - b),\ n \mid (c - d) \Rightarrow \\ &\Rightarrow n \mid (a - b) + (c - d) \Rightarrow \\ &\Rightarrow n \mid (a + c) - (b + d) \Rightarrow \\ &\Rightarrow (a + c)\ \pi\ (b + d)\ . \end{aligned}$$

$$\begin{aligned} a\ \pi\ b,\ c\ \pi\ d &\Rightarrow n \mid (a - b),\ n \mid (c - d) \Rightarrow \\ &\Rightarrow a - b = r \cdot n,\ c - d = sn \Rightarrow \\ &\Rightarrow a = b + rn,\ c = d + sn \Rightarrow \\ &\Rightarrow ac = bd + n(rc + sb + rsn) \Rightarrow \\ &\Rightarrow n \mid (ac - bd) \Rightarrow ac\ \pi\ bd\ . \end{aligned}$$

Diese Kongruenzrelation wird meist mit $\equiv$ bezeichnet, und man sagt: a ist kongruent b modulo n, in Zeichen:

$$a \equiv b \bmod n\ .$$

2.3.2. Satz: Genau dann ist π Kongruenzrelation auf $(M, \diamond)$, wenn für alle $a, b, c, d \in M$ gilt:

$$a\ \pi\ c \quad \text{und} \quad b\ \pi\ d \Rightarrow a \diamond b\ \pi\ c \diamond d\ .$$

Der Satz ist richtig, denn ist π Kongruenzrelation, so gilt $a\ \pi\ c$ und $b\ \pi\ d \Rightarrow a \diamond b\ \pi\ c \diamond b$ und $c \diamond b\ \pi\ c \diamond d \Rightarrow ab\ \pi\ cd$. Die Umkehrung sieht man leicht ein, wenn man $a = c$ bzw. $b = d$ setzt.

Die Verallgemeinerung für Kongruenzrelationen auf Algebren mit mehreren Operationen bedeutet, daß die Relation π mit allen Operationen von M verträglich sein muß.

Sei π eine Kongruenzrelation in der Algebra $(M, \diamond)$. Da π Äquivalenzrelation ist, kann man die entsprechende Klasseneinteilung von M bilden. Durch die Vorschrift

$$[a] \diamond [b] = [a \diamond b] \quad \text{für alle } a, b \in M$$

wird auf der Menge dieser Klassen auf eindeutige Weise eine Verknüpfung $\diamond'$ definiert, die wir ebenfalls mit dem gleichen Symbol $\diamond$ wie die Operation in M bezeichnen.

2.3.2. Definition: Die Quotientenmenge $M/\pi = \{[a] \mid a \in M\}$ nach der Kongruenzrelation π gemeinsam mit der durch $[a] \diamond [b] = [a \diamond b]$ definierten Operation heißt Faktoralgebra $(M/\pi, \diamond)$ der Algebra $(M, \diamond)$ nach der Kongruenzrelation π.

Als Beispiel betrachten wir die oben erwähnte Kongruenzrelation $\equiv$ in der Menge der ganzen Zahlen mit der Addition und Multiplikation und bilden die Faktoralgebra $\mathbf{Z}/\equiv$. Die sämtlichen verschiedenen Klassen dieser Einteilung sind [1], [2], . . . , [n]. Addition und Multiplikation dieser Klassen werden definiert durch:

$$[i] + [k] = [i + k - r \cdot n] \qquad i, k \in \mathbf{Z}, \quad r, s \in \mathbf{Z}.$$
$$[i] \cdot [k] = [i \cdot k - s \cdot n]$$

Dadurch wird $M/\equiv$ zu einer Faktoralgebra. Für n = 5 ergibt sich speziell: $(\mathbf{Z}/\equiv_5, +, \cdot) = (\{[1], [2], [3], [4], [5]\}; +, \cdot)$.

Die Rechenregeln für Klassen verdeutlichen sich am Beispiel

$$[3] + [4] = [7] = [2],$$
$$[3] \cdot [4] = [12] = [2].$$

Zwei spezielle Kongruenzrelationen existieren in jeder Algebra. Man nennt sie auch die trivialen Kongruenzrelationen:

Die Allrelation α und die identische Relation ι.

Die Verträglichkeitseigenschaften dieser Äquivalenzrelationen rechnet man leicht nach.

Die Faktoralgebra der Allrelation besteht aus einem einzigen Element, da wir nur eine einzige Klasse gegeben haben.

Die Faktoralgebra der identischen Kongruenzrelation ist isomorph zur gegebenen Algebra $(M, \diamond)$.

2.3.3. Definition: Sei (M, $\diamond$) eine Algebra und (M/π, $\diamond$) die Faktoralgebra von M nach einer Kongruenzrelation π auf M. Dann wird die Abbildung $\nu : M \to M/\pi$ mit $\nu(a) = [a]$, $a \in M$, der natürliche Homomorphismus von M auf M/π genannt.

Diese Definition stellt eine Verallgemeinerung der Definition 1.4.7 auf algebraische Strukturen dar. Es bleibt noch zu zeigen, daß die natürliche Abbildung wirklich ein Homomorphismus ist:

$$\nu(a \diamond b) = [a \diamond b] = [a] \diamond [b] = \nu(a) \diamond \nu(b) .$$

Demnach gilt

2.3.4. Satz: Jede Faktoralgebra einer Algebra ist homomorphes Bild der Algebra.

Jede Kongruenzrelation liefert also ein homomorphes Bild. Nun wird gezeigt: Die so gewonnenen homomorphen Bilder einer Algebra sind im wesentlichen schon alle homomorphen Bilder.

Wir wollen dazu den Abbildungssatz aus der Mengenlehre auf algebraische Strukturen übertragen. Analog zu den Äquivalenzrelationen kann eine Funktion $f \in \mathrm{Hom}(M, M')$ auch eine Kongruenzrelation π induzieren vermittels $x \pi y :\Leftrightarrow f(x) = f(y)$.

Der wichtige Satz über die homomorphen Bilder einer Algebra läßt sich als Spezialfall von Satz 1.4.9 so formulieren:

2.3.5. Satz (Homomorphiesatz): Ist f ein Epimorphismus von der Algebra (M, $\diamond$) auf die Algebra (M′, $\diamond$), dann gibt es genau einen Isomorphismus g, der das folgende Diagramm kommutativ macht:

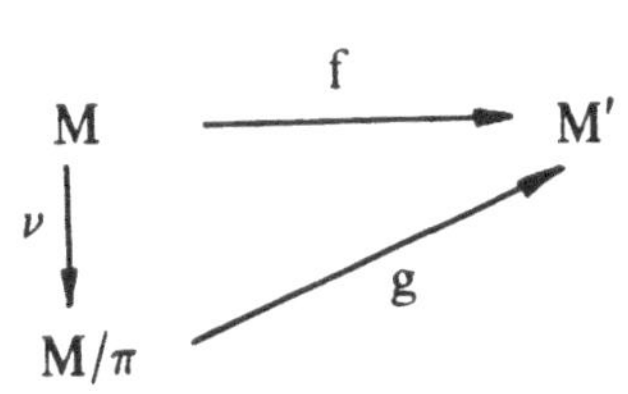

Mit anderen Worten heißt das: Jedes epimorphe Bild einer Algebra ist isomorph zu einer Faktoralgebra dieser Algebra nach einer geeigneten Kongruenzrelation, kurz: Die Faktoralgebren von M sind alle homomorphen Bilder von M.

Eine andere Form des Homomorphiesatzes ergibt sich, wenn man an Stelle eines Epimorphismus f einen Homomorphismus $f \in \text{Hom}(M, M')$ betrachtet. Dann gibt es genau einen injektiven Homomorphismus $g: M/\pi \to M'$, der das obige Diagramm kommutativ macht. π ist dabei wieder die von f induzierte Kongruenzrelation auf M. Ist f surjektiv, dann ist g ein Isomorphismus.

Dieser wichtige Sachverhalt wird nun mit anderen Worten noch mals ausgedrückt, wobei zu berücksichtigen ist, daß die durch den Homomorphismus f induzierte Kongruenzrelation π gleich Kern f ist.

2.3.5'. Satz: Sei $f \in \text{Hom}(M, M')$ und $\pi = \text{Kern}\, f$, dann gilt:

$$M/\pi \cong f(M) .$$

Umgekehrt induziert jede Kongruenzrelation π auf M einen Homomorphismus $\nu : M \to M/\pi$.

Zum Beweis des Homomorphiesatzes in dieser Fassung zeigt man, daß die Funktion $g : M/\pi \to f(M)$, $[x] \mapsto f(x)$, $x \in M$, ein Monomorphismus ist. g ist von der Wahl der Vertreter der Äquivalenzklassen unabhängig, denn $[x] = [x'] \Rightarrow x\, \pi\, x' \Rightarrow$ $\Rightarrow f(x) = f(x') \Rightarrow g([x]) = g([x'])$, und ist daher eine Funktion. Man zeigt leicht, daß g bijektiv ist. Wegen $g([x] \cdot [y]) =$ $= f([x \cdot y]) = f(x \cdot y) = f(x) \cdot f(y) = g([x]) \cdot g([y])$ ist g auch Homomorphismus.

2.3.6. Definition: Eine Algebra $(M, \diamond)$ heißt einfach, wenn sie außer den trivialen Kongruenzrelationen α und ι keine weiteren Kongruenzrelationen besitzt.

Eine erste Folgerung aus dem Homomorphiesatz bedeutet

2.3.7. Satz: Eine Algebra $(M, \diamond)$ ist genau dann einfach, wenn alle ihre Homomorphismen entweder M auf eine einelementige Algebra abbilden oder Isomorphismen sind.

In den folgenden Abschnitten werden die wichtigsten Typen von Algebren aufgezählt und Beispiele erläutert.

2.4. Gruppoide

Wir beschränken uns in diesem Abschnitt auf Algebren mit einer einzigen inneren binären algebraischen Operation $\Diamond$, die wir mit $\cdot$ bezeichnen. Dieses Verknüpfungssymbol wird oft weggelassen, wenn keine Verwechslungen zu befürchten sind. Man schreibt also z. B. statt $a \cdot b$ oft ab.

2.4.1. Definition: Eine nichtleere Menge M mit einer inneren binären Operation $\cdot$ nennt man ein Gruppoid $(M, \cdot)$.

Wichtige Spezialfälle von Gruppoiden werden durch eigene Namen gekennzeichnet:

2.4.2. Definition: $(M, \cdot)$ ist eine Halbgruppe, wenn die Operation $\cdot$ assoziativ ist, d.h. für alle $x, y, z \in M$ gilt: $(xy)z = x(yz)$.

2.4.3. Definition: Eine Halbgruppe ist ein Monoid, wenn in $(M, \cdot)$ ein Einselement e existiert, d.h. $xe = ex = x$ für alle $x \in M$.

Das Einselement e ist ein Element von M. Man kann es also durch die nulläre Operation e auf M „auswählen“. Damit könnten wir ein Monoid durch die Algebra $(M, \cdot, e)$ charakterisieren.

2.4.4. Definition: Ein Monoid $(M, \cdot, e)$ ist eine Gruppe, wenn jedes Element $x \in M$ invertierbar ist, d.h. es existiert zu jedem $x \in M$ ein inverses Element x^{-1}, so daß $x^{-1}x = xx^{-1} = e$ gilt.

Die Zuordnung $x \mapsto x^{-1}$ ist eine unäre Operation, daher können Gruppen als Algebren $(M, \cdot, e, {}^{-1})$ charakterisiert werden.

Der Gruppenbegriff ist einer der wichtigsten Begriffe der Mathematik und es gibt verschiedene Definitionsmöglichkeiten für Gruppen, die wir noch anführen wollen. Wählt man eine davon aus, so stellen die restlichen Definitionen bloß Charakterisierungen, d.h. Kriterien dar.

2.4.4'. Definition: Ein Gruppoid (M, ·) heißt Gruppe, wenn die folgenden Gesetze erfüllt sind:

(1) · ist assoziativ, d.h. $(xy)z = x(yz) \quad \forall\ x, y, z \in M$.

(2) Die Gleichungen $ax = b$ und $ya = b$ sind für jedes Paar $a, b \in M$ eindeutig lösbar.

Man kann zeigen, daß aus diesen beiden Gesetzen die Existenz eines Einselements und die Existenz eines inversen Elements für jedes Element in M folgt.

2.4.4''. Definition: Ein Gruppoid (M, ·) heißt Gruppe, wenn folgende Bedingungen erfüllt sind:

α) · ist assoziativ, d.h. $(xy)z = x(yz), \forall\ x, y, z \in M$,

β) in M existiert ein Einselement e, d.h. $xe = ex = x, \forall\ x \in M$,

γ) zu jedem $x \in M$ existiert ein inverses x^{-1}, d.h. $xx^{-1} = x^{-1}x = e$.

Der wichtigste Spezialfall des Gruppenbegriffes ist die kommutative (oder abelsche) Gruppe.

2.4.5. Definition: Eine Gruppe (M, ·) heißt kommutativ oder abelsch, wenn · kommutativ ist, d.h. $xy = yx, \forall\ x, y \in M$.

Durch Weglassen eines Axioms in der Gruppendefinition erhält man weitere Spezialfälle von Gruppoiden:

2.4.6. Definition: Ein Gruppoid (M, ·) heißt Quasigruppe, wenn die Gleichungen $ax = b$ und $ya = b$ für jedes Paar $a, b \in M$ eindeutig lösbar sind.

2.4.7. Definition: Eine Quasigruppe, in der ein Einselement existiert, heißt ein Loop.

Mit den bisherigen Definitionen können wir also im Bereich der Algebren mit einer binären inneren Operation den folgenden „Stammbaum“ zeichnen:

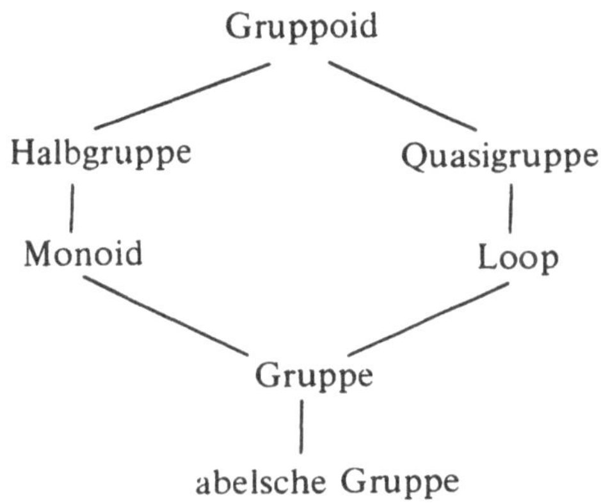

Es werden nun einige Beispiele zu den bisher gegebenen Definitionen gegeben. Weitere Beispiele findet man in Abschnitt 2.8 bei der Untersuchung von Unteralgebren einer gegebenen Algebra bzw. beim Studium des Produkts von Algebren; Anwendungsbeispiele für Halbgruppen und Gruppen sind im 3. und 4. Kapitel enthalten.

In der folgenden Tabelle sind Beispiele für Gruppoide zusammengestellt. Insbesondere sind natürlich spezielle Eigenschaften dieser Gruppoide interessant, wie Assoziativität, Kommutativität und Existenz eines Einselementes. Diese Eigenschaften sind durch Angabe ihres Anfangsbuchstabens gekennzeichnet.

Beispiele für Gruppoide

Trägermenge	Operation	Eigenschaften
N	$a \cdot b = a^b$	
Z, Q, R	$a \cdot b = a - b$	
N, Z, Q, R	$a \cdot b = a^2 + b^2$	K
Z, Q, R	$a \cdot b = \lvert a - b \rvert$	K
N	$a \cdot b = a + b$	A, K
Z, Q, R	$a \cdot b = \min(a, b)$	A, K
N	$a \cdot b = \max(a, b)$	A, K, E
P(M)	$A \cdot B = A \cup B$	A, K, E

Aus den ersten vier Beispielen dieser Liste kann man erkennen, daß also nicht jedes Gruppoid assoziativ ist, daß es also sinnvoll ist, neben dem Halbgruppenbegriff nichtassoziative Strukturen zu studieren. Es ist leicht, Beispiele für Quasigruppen oder Loops anzugeben, die aus endlich vielen Elementen bestehen. Sei also M eine endliche Menge von n Elementen. Man konstruiert nun die Operationstafel für die Quasigruppe $(M, \cdot)$, die aus n^2 Feldern besteht.

Eine derartige Operationstafel mit n Zeilen und n Spalten, wobei in jeder Zeile und in jeder Spalte jedes der n Elemente genau einmal vorkommen muß, bezeichnet man als lateinisches Quadrat der Ordnung n.

Eine Bedingung dafür, daß ein Gruppoid $(M, \cdot)$ eine Quasigruppe ist, besteht darin, daß jede Operationstafel von $(M, \cdot)$ ein lateinisches Quadrat ist. Hat man eine Operationstafel für eine Quasigruppe gegeben, so erhält man alle anderen, indem man auf alle möglichen Arten die Elemente in den Zeilen bzw. in den Spalten miteinander vertauscht. Die dadurch erhaltenen Quasigruppen sind dann zueinander isomorph.

Sei $M = \{a_1, \ldots, a_n\}$, so erhält man die Operationstafel für eine Loop z.B. so, daß man die Elemente $a_1, \ldots, a_n$ jeweils so anordnet, daß a_1 das Einheitselement ist. Dann enthält die erste Spalte und die erste Reihe der Operationstafel die Elemente von M in der gegebenen Reihenfolge $a_1, \ldots, a_n$.

Die kleinste Loop $(M, \cdot)$, die keine Gruppe ist, ist gegeben durch $M = \{a_1, \ldots, a_5\}$ und die Operationstafel

$\cdot$	a_1	a_2	a_3	a_4	a_5
a_1	a_1	a_2	a_3	a_4	a_5
a_2	a_2	a_1	a_5	a_3	a_4
a_3	a_3	a_4	a_2	a_5	a_1
a_4	a_4	a_5	a_1	a_2	a_3
a_5	a_5	a_3	a_4	a_1	a_2

Beispiele für Halbgruppen

Trägermenge	Operation	Eigenschaften
$\mathbf{N}$	$a \cdot b = a + b$	K
$\mathbf{N}, \mathbf{Z}, \mathbf{Q}, \mathbf{R}$	$a \cdot b = ab$	K, E
$\mathrm{Abb}(M, M)$ $\lvert M \rvert \geqslant 2$	$f(x) \cdot g(x) = f(g(x))$	E
$P(M)$	$A \cdot B = A \cup B$	K, E
$\mathbf{R}$	$a \cdot b = \max(a, b)$	K

Durch die Angabe, welche dieser Halbgruppen ein Einselement besitzt, kann man die Monoide unter ihnen feststellen. Es sei noch bemerkt, daß natürlich $P(M)$ auch bezüglich $\cap$ und $\mathbf{R}$ auch bezüglich $\min(a, b)$ Halbgruppen bilden.

Auf eine dieser Halbgruppen sei noch näher eingegangen, nämlich auf die Halbgruppe $(\mathrm{Abb}(M, M), \cdot)$. Dies bedeutet, daß die Menge aller Funktionen einer Menge M in sich bezüglich der Komposition $\circ$ eine Halbgruppe bildet.

2.4.8. Definition: $(\mathrm{Abb}(M, M), \circ)$ heißt die symmetrische Halbgruppe der Menge M, oder auch Transformationshalbgruppe.

2.4.9. Definition: $f \in \mathrm{Abb}(M, M)$ heißt Permutation von M, wenn f eine bijektive Funktion ist.

Diese Definition führt uns auf ein erstes Beispiel für eine Gruppe. Betrachten wir zunächst diejenigen Funktionen, die das gleichseitige Dreieck

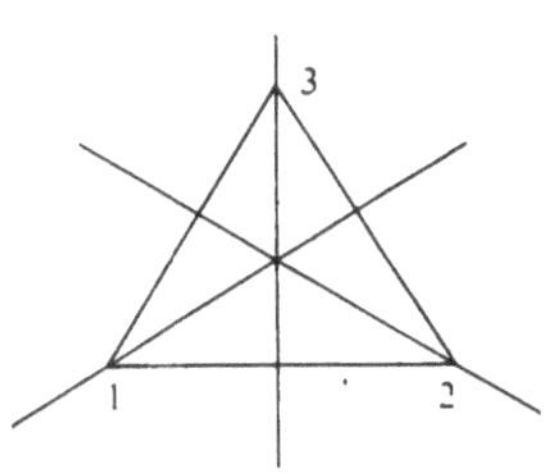

in sich überführen, so kann man diese Funktionen dadurch beschreiben, daß die Lage der Ecken vor und nach der Anwendung der Funktion angegeben wird. Drehung um den Mittelpunkt um 120° bedeutet z. B., daß die Ecken 1 in die Ecke 2, 2 in 3 und 3 in 1 übergehen. Dies wird kurz durch die Permutation

$$\begin{pmatrix} 1 & 2 & 3 \\ 2 & 3 & 1 \end{pmatrix}$$

der Elemente (= Ecken) 1, 2, 3 geschrieben.

Durch diese Schreibweise können alle sogenannten Kongruenztransformationen eines gleichseitigen Dreiecks kurz angegeben werden:

$\alpha_1 = \begin{pmatrix} 1 & 2 & 3 \\ 1 & 2 & 3 \end{pmatrix}$ bedeutet Drehung um 0°,

$\alpha_2 = \begin{pmatrix} 1 & 2 & 3 \\ 2 & 3 & 1 \end{pmatrix}$ Drehung um 120°,

$\alpha_3 = \begin{pmatrix} 1 & 2 & 3 \\ 3 & 1 & 2 \end{pmatrix}$ Drehung um 240°,

$\alpha_4 = \begin{pmatrix} 1 & 2 & 3 \\ 1 & 3 & 2 \end{pmatrix}$ Spiegelung an der Höhe durch die Ecke 1,

$\alpha_5 = \begin{pmatrix} 1 & 2 & 3 \\ 3 & 2 & 1 \end{pmatrix}$ Spiegelung an der Höhe durch die Ecke 2,

$\alpha_6 = \begin{pmatrix} 1 & 2 & 3 \\ 2 & 1 & 3 \end{pmatrix}$ Spiegelung an der Höhe durch die Ecke 3.

Diese 6 Funktionen fassen wir zur Menge $S = \{\alpha_1, \alpha_2, \alpha_3, \alpha_4, \alpha_5, \alpha_6\}$ zusammen. Eine Komposition dieser Permutationen wird so erklärt: Will man die Permutation

$$\alpha_2 = \begin{pmatrix} 1 & 2 & 3 \\ 2 & 3 & 1 \end{pmatrix}$$

mit der Permutation

$$\alpha_4 = \begin{pmatrix} 1 & 2 & 3 \\ 1 & 3 & 2 \end{pmatrix}$$

zusammensetzen, dann sagt man: 1 geht durch α_2 in 2 über, 2 geht durch α_4 in 3 über, also geht 1 durch $\alpha_4 \circ \alpha_2$ in 3 über. 2 geht durch α_2 in 3 und 3 durch α_4 in 2 über, also bleibt 2 bei $\alpha_4 \circ \alpha_2$ fest. 3 wird durch α_2 auf 1 und 1 durch α_4 auf 1 abgebildet, also geht 3 durch $\alpha_4 \circ \alpha_2$ in 1 über. Das Ergebnis der Zusammensetzung ist also die Permutation

$$\alpha_4 \circ \alpha_2 = \begin{pmatrix} 1 & 2 & 3 \\ 3 & 2 & 1 \end{pmatrix} = \alpha_5 .$$

Man rechnet nun leicht nach, daß die so eingeführte Operation $\circ$ auf S eine binäre assoziative und nicht kommutative Operation ist. Die Permutation α_1 ist Einheitselement bezüglich $\circ$ und zu jedem Element gibt es ein inverses Element. Zum Beispiel ist die inverse Permutation der Permutation $\alpha_3 = \begin{pmatrix} 1 & 2 & 3 \\ 3 & 1 & 2 \end{pmatrix}$ gegeben durch $\alpha_3^{-1} = \begin{pmatrix} 3 & 1 & 2 \\ 1 & 2 & 3 \end{pmatrix} =$
$= \begin{pmatrix} 1 & 2 & 3 \\ 2 & 3 & 1 \end{pmatrix}$.

Damit erfüllt die Algebra (S, $\circ$) alle Gruppenaxiome, stellt also ein erstes Beispiel für eine Gruppe mit der folgenden Operationstafel dar:

$\circ$	a_1	a_2	a_3	a_4	a_5	a_6
a_1	a_1	a_2	a_3	a_4	a_5	a_6
a_2	a_2	a_3	a_1	a_6	a_4	a_5
a_3	a_3	a_1	a_2	a_5	a_6	a_4
a_4	a_4	a_5	a_6	a_1	a_2	a_3
a_5	a_5	a_6	a_4	a_3	a_1	a_2
a_6	a_6	a_4	a_5	a_2	a_3	a_1

Ganz allgemein gilt der folgende Satz, dessen einfachen Beweis wir übergehen.

2.4.10. Satz: Die Menge aller Permutationen einer Menge $M \neq \emptyset$ bildet mit der Komposition als Operation eine Gruppe.

2.4.11. Definition: Die Menge aller Permutationen einer Menge $M \neq \emptyset$ mit der Komposition bildet eine Gruppe S_M, die „Symmetrische Gruppe der Menge M“ genannt wird.

Für eine endliche Menge $M = \{1, 2, \ldots, n\}$ wird S_M mit S_n bezeichnet und „Symmetrische Gruppe n-ten Grades“ genannt.

Im Beispiel oben haben wir die Operationstafel für die S_3 berechnet, also für die symmetrische Gruppe 3-ten Grades auf der Menge $M = \{1, 2, 3\}$.

Da n Elemente $1, 2, \ldots, n$ insgesamt auf genau n! Möglichkeiten permutiert (d. h. in der Reihenfolge vertauscht) werden können, besteht S_n aus n! Elementen. Allgemein definiert man

2.4.12. Definition: Unter der Ordnung einer endlichen Gruppe versteht man die Anzahl ihrer Elemente.

„Eine Gruppe G hat die Ordnung n“, wird kurz geschrieben: $|G| = n$.

Setzt man für ein Gruppenelement $a^1 = a$ und verknüpft das Element mit sich selbst, so kann man das einfach in Form von Potenzen schreiben: $a \cdot a = a^2$, $a^{-1} \cdot a^{-1} = a^{-2}, \ldots$

Die von den Zahlen her bekannten Rechenregeln lassen sich auch in Gruppen nachweisen.

2.4.13. Satz: Sei $(G, \cdot) = G$ eine Gruppe. Für das Rechnen mit Potenzen gelten für $x \in G$ die Regeln:

$$x^s \cdot x^t = x^{s+t}, \; (x^s)^t = x^{s \cdot t}, \quad s, t \in \mathbf{Z} .$$

Ist G kommutativ, dann gilt auch

$$x^s \cdot y^s = (x \cdot y)^s, \quad s \in \mathbf{Z} .$$

Diese Eigenschaften gelten mit gewissen Einschränkungen auch in Halbgruppen und Monoiden.

Wird die Operation in G als Addition geschrieben, wie dies bei abelschen Gruppen sehr oft der Fall ist, so schreibt man statt x^n üblicherweise nx und erhält die Rechenregel:

$$sx + tx = (s + t)x ,$$
$$s(tx) = (st)x .$$

Ist G abelsch, dann gilt: $sx + sy = s(x + y)$.

2.4.14. Definition: Als Ordnung $o(x)$ des Gruppenelements x bezeichnet man die Anzahl der verschiedenen Gruppenelemente unter den Potenzen x^s, $s \in \mathbf{Z}$. Die Ordnung von x ist also entweder unendlich oder eine natürliche Zahl.

Ist $o(x) = \infty$, dann sind alle Potenzen x^s voneinander verschieden. Ist $o(x)$ endlich, dann gilt:

2.4.15. Definition: Die kleinste positive Zahl m, für die gilt $x^m = e$, nennt man die Ordnung des Elements $x \in G$.

In einer endlichen Gruppe der Ordnung n muß die Ordnung aller Elemente endlich sein, und es ist stets $m \leqslant n$.

Eine wichtige Klasse von Gruppen erhält einen eigenen Namen:

2.4.16. Definition: Eine Gruppe G, die von den Potenzen eines Elements $x \in G$ erzeugt wird, heißt zyklische Gruppe und x heißt erzeugendes Element.

Die Elemente einer zyklischen Gruppe sind also alle als Potenzen eines einzigen Elements darstellbar. Mittels der Rechenregeln für Potenzen erkennt man, daß eine zyklische Gruppe immer kommutativ ist.

Mit diesen Begriffen sind wir nun in der Lage, eine große Zahl von Beispielen für endliche und unendliche, abelsche und nicht abelsche Gruppen zu geben:

Beispiele für abelsche Gruppen

Trägermenge	Operation	Ordnung
$\mathbf{Z}, \mathbf{Q}, \mathbf{R}, \mathbf{C}$	$a \cdot b = a + b$	∞
$\mathrm{Abb}(\mathbf{R}, \mathbf{R})$	$f(x) \circ g(x) = f(x) + g(x)$	∞
$\{z \mid z \in \mathbf{C}, \lvert z \rvert = 1\}$	$a \cdot b = ab$	∞
$\{z \mid z \in \mathbf{C}, z^n = 1\}$	$a \cdot b = ab$	n

Beispiele für nichtabelsche Gruppen

Trägermenge	Operation	Ordnung
S_n	$\alpha\beta = \alpha \circ \beta$	n!
Nichtsinguläre nxn Matrizen über **R**	$A \cdot B = AB$	∞

Im folgenden sei die zyklische Gruppe der Ordnung n mit Z_n bezeichnet.

B e i s p i e l e für endliche Gruppen kleiner Ordnung

a) $|G| = 1$: $G \cong E$

b) $|G| = 2$: $G \cong Z_2$, wobei $G = \{e, a\}$

	e	a
e	e	a
a	a	e

c) $|G| = 3$: $G = \{e, a, b\}$

	e	a	b
e	e	a	b
a	a	b	e
b	b	e	a

$G \cong Z_3$

d) $|G| = 4$: $G_1 = G_2 = \{e, a, b, c\}$

	e	a	b	c
e	e	a	b	c
a	a	b	c	e
b	b	c	e	a
c	c	e	a	b

$G_1 \cong Z_4$

	e	a	b	c
e	e	a	b	c
a	a	e	c	b
b	b	c	e	a
c	c	b	a	e

$G_2 \cong V$

e) $|G| = 5$: $G = \{e, a, b, c, d\}$

	e	a	b	c	d
e	e	a	b	c	d
a	a	b	c	d	e
b	b	c	d	e	a
c	c	d	e	a	b
d	d	e	a	b	c

$G \cong Z_5$

f) $|G| = 6$: $G_1 = G_2 = \{e, a, b, c, d, f\}$

	e	a	b	c	d	f
e	e	a	b	c	d	f
a	a	b	c	d	f	e
b	b	c	d	f	e	a
c	c	d	f	g	a	b
d	d	f	e	a	b	c
f	f	e	a	b	c	d

$G_1 \cong Z_6$

	e	a	b	c	d	f
e	e	a	b	c	d	f
a	a	b	e	d	f	c
b	b	e	a	f	c	d
c	c	f	d	e	b	a
d	d	c	f	a	e	b
f	f	d	c	b	a	e

$G_2 \cong S_3$

g) $|G| = 7$: $G \cong Z_7$, $G = \{e, a, b, c, d, f, g\}$

	e	a	b	c	d	f	g
e	e	a	b	c	d	f	g
a	a	b	c	d	f	g	e
b	b	c	d	f	g	e	a
c	c	d	f	g	e	a	b
d	d	f	g	e	a	b	c
f	f	g	e	a	b	c	d
g	g	e	a	b	c	d	f

h) $|G| = 8$: $G_1 = \{e, a, b, c, d, f, g, h\}$, $G_1 \cong Z_8$

	e	a	b	c	d	f	g	h
e	e	a	b	c	d	f	g	h
a	a	b	c	d	f	g	h	e
b	b	c	d	f	g	h	e	a
c	c	d	f	g	h	e	a	b
d	d	f	g	h	e	a	b	c
f	f	g	h	e	a	b	c	d
g	g	h	e	a	b	c	d	f
h	h	e	a	b	c	d	f	g

$G_2 = \{e, a, b, c, d, f, g, h\}$, $G_2 \cong D_4$

	e	a	b	c	d	f	g	h
e	e	a	b	c	d	f	g	h
a	a	b	c	e	f	g	h	d
b	b	c	e	a	g	h	d	f
c	c	e	a	b	h	d	f	g
d	d	h	g	f	e	c	b	a
f	f	d	h	g	a	e	c	b
g	g	f	d	h	b	a	e	c
h	h	g	f	d	c	b	a	e

$G_3 = \{e, a, b, c, d, f, g, h\}$, $G_3 \cong Q$

	e	a	b	c	d	f	g	h
e	e	a	b	c	d	f	g	h
a	a	b	c	e	f	g	h	d
b	b	c	e	a	g	h	d	f
c	c	e	a	b	h	d	f	g
d	d	h	g	f	d	a	e	c
f	f	d	h	g	c	b	a	e
g	g	f	d	h	e	c	b	a
h	h	g	f	d	a	e	c	b

Bezeichnungen und Bemerkungen:

Die Gruppe $(\{z | z \in \mathbf{C}, |z| = 1\}, \cdot)$ heißt Kreisgruppe, $(\{z | z \in \mathbf{C}, z^n = 1\}, \cdot)$ heißt Gruppe der n-ten Einheitswurzeln. Bei den endlichen Gruppen kleiner Ordnung bezeichnet man

V_4 (kurz: V) als die „Kleinsche Vierergruppe“. Sie besteht aus den Kongruenztransformationen (d.h. Drehung um 0° bzw. 180°, Spiegelung an den Diagonalen) eines Quadrates:

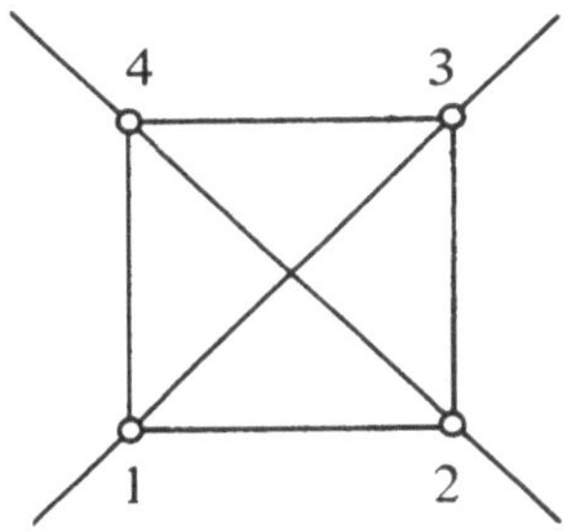

Die symmetrische Gruppe S_3 ist nicht abelsch. Ganz allgemein erkennt man schon an der Operationstafel, ob eine Gruppe abelsch ist oder nicht. Bei abelschen Gruppen bildet nämlich die Hauptdiagonale der Operationstafel eine Spiegelungsachse für die Elemente.

D_4 wird Diedergruppe der Ordnung 8 genannt. Sie ist die Gruppe aller Drehspiegelungen der Ebene, die ein Quadrat in sich selbst abbilden. Die Elemente d_0, d_1, d_2, d_3, bezeichnen die Drehungen, s_1, s_2, s_3, s_4 die Spiegelungen.

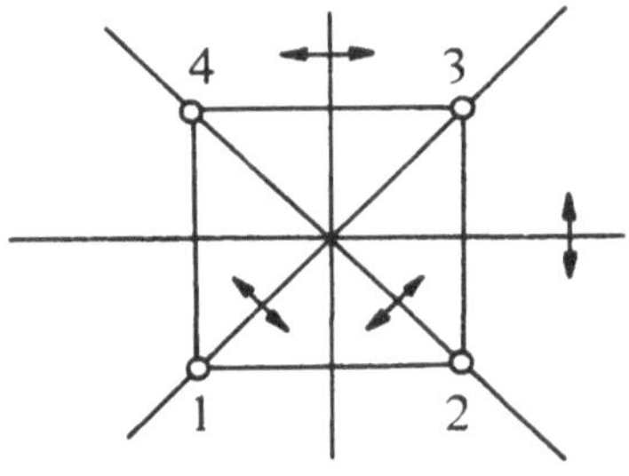

Die Elemente von D_4 stellen die vier Drehungen d_0, d_1, d_2, d_3 um den Mittelpunkt, die Spiegelungen s_3 und s_4 an den Diagonalen und die restlichen Spiegelungen s_1 und s_2 dar. Es sind z. B.:

$$d_0 = \begin{pmatrix} 1 & 2 & 3 & 4 \\ 1 & 2 & 3 & 4 \end{pmatrix}, \quad d_1 = \begin{pmatrix} 1 & 2 & 3 & 4 \\ 2 & 3 & 4 & 1 \end{pmatrix},$$

$$s_1 = \begin{pmatrix} 1 & 2 & 3 & 4 \\ 2 & 1 & 4 & 3 \end{pmatrix}.$$

Die Komposition dieser Drehungen und Spiegelungen ergibt dann die folgende, zur gegebenen Operationstafel von D_4 isomorphe Gruppentafel:

	d_0	d_1	d_2	d_3	s_1	s_2	s_3	s_4
d_0	d_0	d_1	d_2	d_3	s_1	s_2	s_3	s_4
d_1	d_1	d_2	d_3	d_0	s_4	s_3	s_1	s_2
d_2	d_2	d_3	d_0	d_1	s_2	s_1	s_4	s_3
d_3	d_3	d_0	d_1	d_2	s_3	s_4	s_2	s_1
s_1	s_1	s_3	s_2	s_4	d_0	d_2	d_1	d_3
s_2	s_2	s_4	s_1	s_3	d_2	d_0	d_3	d_1
s_3	s_3	s_2	s_4	s_1	d_3	d_1	d_0	d_2
s_4	s_4	s_1	s_3	s_2	d_1	d_3	d_2	d_0

Die Gruppe Q heißt Quaternionengruppe bezüglich der Quaternionenmultiplikation. Zur gegebenen Operationstafel von Q isomorphe Operationstafeln werden in Abschnitt 4.1 angegeben.

Ganz allgemein definiert man die Quaternionen folgendermaßen: $(\mathbf{R}^4, .) = (\mathbf{R} \times \mathbf{R} \times \mathbf{R} \times \mathbf{R}, +)$ ist eine Gruppe bezüglich komponentenweiser Addition. Nennt man $1 = (1, 0, 0, 0)$, $i = (0, 1, 0, 0)$, $j = (0, 0, 1, 0)$ und $k = (0, 0, 0, 1)$ und $a_1 = (a_1, 0, 0, 0)$, $a_2 i = (0, a_2, 0, 0)$, $a_3 j = (0, 0, a_3, 0)$ und $a_4 k = (0, 0, 0, a_4)$, so bezeichnet man das Element $(a_1, a_2, a_3, a_4) = a_1 + a_2 i + a_3 j + a_4 k \in \mathbf{R}^4$ als Quaternion.

Man kann zeigen, daß die Quaternionen bezüglich der folgenden Addition und Multiplikation einen Schiefkörper (s. Definition 2.5.6), den sog. Quaternionenschiefkörper bilden.

Die Addition auf dieser Menge ist definiert durch

$$(a_1 + ib_1 + jc_1 + kd_1) + (a_2 + ib_2 + jc_2 + kd_2) =$$
$$= (a_1 + a_2) + i(b_1 + b_2) + j(c_1 + c_2) + k(d_1 + d_2) .$$

Zur Definition der Multiplikation auf der Menge der Quaternionen definiert man:

$$e\alpha = \alpha e = \alpha \quad \text{für alle } \alpha \in Q .$$
$$i^2 = j^2 = k^2 = -1 ,$$
$$ij = k,\ jk = i,\ ki = j,\ ji = -k,\ kj = -i \text{ und}$$
$$ik = -j .$$

Das Produkt zweier Quaternionen ist damit erklärt:

$$(a_1 + ib_1 + jc_1 + kd_1)(a_2 + ib_2 + jc_2 + kd_2) =$$
$$= (a_1 a_2 - b_1 b_2 - c_1 c_2 - d_1 d_2) +$$
$$+ i(a_1 b_2 + b_1 a_2 + c_1 d_2 - d_1 c_2) +$$
$$+ j(a_1 c_2 - b_1 d_2 + c_1 a_2 + d_1 b_2) +$$
$$+ k(a_1 d_2 + b_1 c_2 - c_1 b_2 + d_1 a_2) .$$

Wir führen nun für kommutative Gruppen, in denen die binäre Operation additiv geschrieben wird, eine eigene Bezeichnung ein:

2.4.17. Definition: Eine abelsche Gruppe (G, +) heißt Modul.

2.4.18. Definition: Falls die Operation · als + geschrieben wird, schreibt man das Einselement e gewöhnlich als 0 und nennt es Nullelement.

ÜBUNGSAUFGABEN

30. Zeige, daß in einer assoziativen Algebra mit einer binären Operation □ und genau einem Linkseinselement dieses das Einselement bezüglich □ ist.
31. Man zeige, daß die Menge aller Relationen in einer Menge M mit der Komposition als Verknüpfung ein Monoid bilden.
32. Man zeige, daß durch a □ b = a + b − a b eine assoziative Verknüpfung auf **Q** definiert wird. Besitzt (**Q**, □) ein Einselement? Welche Elemente sind invertierbar?

33. Man zeige: Besitzt eine Halbgruppe H ein Element $a \in H$ so, daß $ax = b$ und $ya = b$ für alle $b \in H$ höchstens eine Lösung hat, dann hat H stets ein Einselement.
34. Auf der Menge $M = \{1, 2, 3, 4, 5, 6, 7\}$ soll eine Operation so definiert werden, daß $(M, \square)$ eine Gruppe bildet, für die 4 Einselement ist und $1^{-1} = 7$, $2^{-1} = 6$, $3^{-1} = 5$.
35. Sei p eine Primzahl und $M = \{r + s\sqrt{p} \mid r, s \in \mathbf{Q}, r^2 + s^2 \neq 0\}$. Zeige, daß M bezüglich Multiplikation eine abelsche Gruppe bildet.
36. Man zeige: Eine Gruppe (G, .) ist abelsch, wenn eine der drei folgenden Bedingungen erfüllt ist.

    1) $xx = e$ für alle $x \in G$, e Einselement.

    2) $(xy)^2 = x^2y^2$ für alle $x, y \in G$.

    3) $y^{-1}x^{-1}yx = e$ für alle $x, y \in G$.

    Wie steht es mit der Umkehrung dieser Aussagen?
37. Sei G eine Gruppe, die genau ein Element a der Ordnung 2 besitzt. Man zeige, daß für alle $x \in G$ gilt: $xa = ax$.
38. Seien $\begin{pmatrix} 1 & 2 & 3 & 4 & 5 & 6 \\ 3 & 1 & 4 & 5 & 6 & 2 \end{pmatrix} = a$, $\begin{pmatrix} 1 & 2 & 3 & 4 & 5 & 6 \\ 3 & 2 & 4 & 6 & 5 & 1 \end{pmatrix} = b$,

    $\begin{pmatrix} 1 & 2 & 3 & 4 & 5 & 6 \\ 2 & 4 & 3 & 6 & 5 & 1 \end{pmatrix} = c$ Elemente von S_6. Berechne:

    $ab^{-1}c^2$, $a^{-2}c^{-1}$, abc^{-2}, aba^{-1}.
39. Man zeige, daß die S_n für $n \geqslant 3$ nicht abelsch ist.
40. Zeige: Enthält eine endliche Gruppe mit Einselement e eine gerade Anzahl von Elementen, so sind mindestens zwei Elemente zu sich selbst invers.

2.5. Ringe

Neben dem Gruppenbegriff ist der Begriff des Rings von großer Bedeutung. Es handelt sich dabei um algebraische Strukturen mit zwei inneren binären Operationen + und ·, die mit Addition und Multiplikation bezeichnet werden.

2.5.1. Definition: Eine Algebra (M, +, ·) mit zwei inneren binären Operationen heißt ein Ring, wenn gilt

a) (M, +) ist ein Modul,

b) (M, ·) ist ein Gruppoid,

c) · ist distributiv gegenüber +, d.h. für alle x, y, z ∈ M gelten:

$$x(y + z) = xy + xz \quad \text{(Linksdistributivgesetz)},$$

$$(x + y)z = xz + yz \quad \text{(Rechtsdistributivgesetz)}.$$

Das Gruppoid (M, ·) wird auch das multiplikative Gruppoid des Ringes genannt, das Nullelement von (M, +) wird mit 0 bezeichnet.

2.5.2. Definition: Ist das Gruppoid (M, ·) des Ringes eine Halbgruppe, dann nennt man (M, +, ·) einen assoziativen Ring. Falls die Multiplikation im assoziativen Ring kommutativ ist, so spricht man von einem assoziativ-kommutativen Ring.

Ein assoziativer Ring, in dem ein Einselement e bezüglich der Multiplikation existiert, wird assoziativer Ring mit Einselement genannt.

Jede abelsche Gruppe G ist die additive Gruppe eines gewissen Ringes. Schreibt man nämlich die Gruppenoperation additiv und führt in der Gruppe G die Nullmultiplikation $xy = 0$, $\forall$ x, y, ein, dann gelten die Distributivgesetze und dieser Ring heißt Zeroring. Ein Zeroring ist darüber hinaus assoziativ.

2.5.3. Definition: Ein assoziativ-kommutativer Ring (M, +, ·) heißt Integritätsbereich, wenn die vom Nullelement von M verschiedenen Elemente von M eine Halbgruppe mit Einselement bezüglich · bilden.

2.5.4. Definition: Sind a und b zwei vom Nullelement 0 eines assoziativen Ringes verschiedene Elemente und gilt $ab = 0$, dann heißen a und b Nullteiler, genauer a Links- und b Rechtsnullteiler. In kommutativen Ringen ist jeder Linksnullteiler auch Rechtsnullteiler und umgekehrt.

Es gilt folgendes Kriterium, das auch zur Definition des Integritätsbereichs verwendet wird.

2.5.5. Satz: Ein assoziativ-kommutativer Ring mit Einselement ist genau dann ein Integritätsbereich, wenn keine Nullteiler existieren.

Aus Definition 2.5.3 können wir folgern, daß jeder Integritätsbereich mindestens zwei Elemente enthält.

2.5.6. Definition: Ein assoziativer Ring heißt Schiefkörper, wenn die vom Nullelement verschiedenen Elemente eine Gruppe bezüglich Multiplikation bilden.

Die Quaternionen bilden bezüglich Addition und Multiplikation einen Schiefkörper.

2.5.7. Definition: Ein assoziativer Ring, in dem die vom Nullelement verschiedenen Elemente eine abelsche Gruppe bezüglich Multiplikation bilden, heißt Körper.

Der folgende klassische Satz stammt von Wedderburn (1905): „Jeder endliche Schiefkörper ist ein Körper".

Bisher haben wir ausschließlich spezielle assoziative Ringe definiert, für die wir folgenden Stammbaum angeben können:

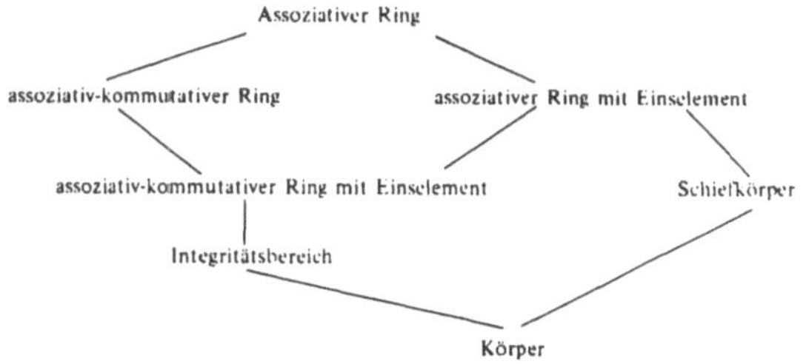

Durch Streichen von Axiomen in der Definition des assoziativen Ringes erhält man weitere Typen von Ringen:

2.5.8. Definition: Streicht man in der Definition des assoziativen Ringes das Linksdistributivgesetz, so erhält man einen Rechtsfastring.

Die Menge aller reellen Funktionen mit der Funktionenaddition als + und der Komposition von Funktionen als · ist ein Beispiel für einen Rechtsfastring, der aber kein assoziativer Ring mehr ist. Denn es gilt wohl

$$[f(x) + g(x)] \circ h(x) = f[h(x)] + g[h(x)]$$

aber nicht

$$f(x) \circ [g(x) + h(x)] = f[g(x)] + f[h(x)] \,.$$

Wir wenden uns nun einigen Beispielen für assoziative Ringe, assoziativ-kommutative Ringe bzw. assoziative und nichtkommutative Ringe zu. Die Eigenschaften kommutativ, Integritätsbereich oder Körper zu sein, werden dazu angegeben:

Beispiele für assoziative Ringe

Trägermenge	Operationen		Eigenschaften
	+	·	
Z	$a + b$	$a \cdot b$	Integritätsbereich
Q, **R**, **C**	$a + b$	$a \cdot b$	Körper
$\mathbf{Z}_p$, p Primzahl	$[a] + [b]$	$[a] \cdot [b]$	Körper
$\mathbf{Z}_n$, $n \in N$	$[a] + [b]$	$[a] \cdot [b]$	kommutativ
n x n Matrizen über **R**	$A + B$	$A \cdot B$	nicht kommutativ
Hom (G, G), $G \neq E$ abelsche Gruppe	$f(x) + g(x)$	$f(x) \circ g(x)$	nicht kommutativ
$\mathbf{Z}(i) = \{\alpha = a + bi \mid a, b \in \mathbf{Z}\}$	$\alpha + \beta$	$\alpha \cdot \beta$	Integritätsbereich

Bemerkungen zu diesen Beispielen:

$\mathbf{Z}_p$, p Primzahl, ist ein Körper und wird auch Restklassenkörper mod p genannt. Es handelt sich dabei um die Quotientenmenge $\mathbf{Z}/\equiv_p$, wobei $\equiv_p$ folgende bekannte Kongruenzrelation darstellt:

$$a \equiv_p b \bmod p \Leftrightarrow p \text{ teilt } (a - b) \,.$$

Die Rechenregeln für diese Kongruenzrelation auf **Z** haben wir definiert als:

$$[a] + [b] = [a + b] \quad \text{und} \quad [a] \cdot [b] = [a \cdot b] \, .$$

$\mathbf{Z}_n$, $n \in N$, heißt Restklassenring mod n.

Für den Restklassenring $\mathbf{Z}_6$, der aus den mod 6 verschiedenen Restklassen [0], [1], [2], [3], [4], [5] besteht, geben wir die folgende Additions- und Multiplikationstabelle, aus der leicht die Nullteiler von $\mathbf{Z}_6$ erkennbar sind.

+	[0]	[1]	[2]	[3]	[4]	[5]
[0]	[0]	[1]	[2]	[3]	[4]	[5]
[1]	[1]	[2]	[3]	[4]	[5]	[0]
[2]	[2]	[3]	[4]	[5]	[0]	[1]
[3]	[3]	[4]	[5]	[0]	[1]	[2]
[4]	[4]	[5]	[0]	[1]	[2]	[3]
[5]	[5]	[0]	[1]	[2]	[3]	[4]

·	[0]	[1]	[2]	[3]	[4]	[5]
[0]	[0]	[0]	[0]	[0]	[0]	[0]
[1]	[0]	[1]	[2]	[3]	[4]	[5]
[2]	[0]	[2]	[4]	[0]	[2]	[4]
[3]	[0]	[3]	[0]	[3]	[0]	[3]
[4]	[0]	[4]	[2]	[0]	[4]	[2]
[5]	[0]	[5]	[4]	[3]	[2]	[1]

Der Ring (Hom(G, G), +, ∘), wobei G eine von der Einsgruppe verschiedene abelsche Gruppe ist, wird Endomorphismenring der Gruppe G genannt und stellt ein wichtiges Beispiel eines nichtkommutativen Ringes dar. Ein Homomorphismus einer Menge in sich heißt bekanntlich Endomorphismus. Daß alle Rechenregeln für Funktionenaddition und Komposition erfüllt sind, prüft man leicht nach.

Der Integritätsbereich **Z**(i) wird auch als der Integritätsbereich der ganzen Gaußschen Zahlen bezeichnet. Die Operationen sind als Addition bzw. Multiplikation von komplexen Zahlen aufzufassen.

Ein nichtkommutatives Beispiel eines Ringes stellen die ganzzahligen Gruppoidringe eines gegebenen Gruppoids G dar. (Ist G eine Halbgruppe oder Gruppe, so spricht man von ganzzahligen Halbgruppen- bzw. Gruppenringen).

Betrachten wir dazu alle möglichen Summen der Form

$$\sum_{a \in G} k_a a ,$$

bei denen a sämtliche Elemente des gegebenen Gruppoids G durchläuft und k_a ganze Zahlen sind. Dabei sollen höchstens endlich viele von Null verschiedene auftreten. Addition und Multiplikation dieser Summen sei erklärt als

$$\sum_{a \in G} k_a a + \sum_{a \in G} l_a a = \sum_{a \in G} (k_a + l_a) a ,$$

$$\sum_{a \in G} k_a a \cdot \sum_{b \in G} l_b b = \sum_{c \in G} m_c c ,$$

wobei m_c die Summe aller von Null verschiedenen Produkte $k_a l_b$ bedeutet, wobei über alle a und b mit $ab = c$ summiert wird.

Durch Nachprüfen der Axiome erkennt man, daß die Gesamtheit aller dieser Summen bezüglich der so definierten Operationen + und · einen Ring, den eingangs erwähnten ganzzahligen Gruppoidring bildet.

Besonders wichtige Beispiele für assoziative Ringe sind die Polynomringe und die Ringe formaler Potenzreihen.

Bekanntlich wird ein Polynom in der Anwendung bisher insbesondere dadurch charakterisiert, daß man es als ganzrationale Funktion auffaßt und die ihm entsprechende Zuordnung konstruktiv durch eine Rechenvorschrift angibt. Für eine Variable lautet dies in vertrauter Bedeutung

$$f(x) = a_0 + a_1 x + \ldots + a_n x^n .$$

In den Anwendungen ist die Darstellbarkeit einer Funktion durch einen Rechenausdruck sogar das Wesentliche an ihr. Die Variable x in einem solchen Ausdruck fungiert dabei stets nur als Leerstelle für Zahlen.

Man kann nun, wie man vom praktischen Rechnen her weiß, die Variablen wie Dinge behandeln, die mit Zahlen außer den gemeinsamen Rechengesetzen nichts zu tun haben. Erst am Schluß der Rechnung macht man dann von jener Ersetzbarkeit durch Zahlen wieder Gebrauch.

Bei der algebraischen Polynomdefinition sieht man konsequent von der Variablen-Eigenschaft dieser Symbole x, das heißt von ihrer Ersetzbarkeit durch Zahlen ab und fügt sie zu den Elementen des Koeffizientenbereiches als selbständige Elemente, sogenannte Unbestimmte hinzu.

Wir definieren die Polynome als einen Spezialfall der allgemeineren formalen Potenzreihen.

Sei $R = (R, +, \cdot)$ ein assoziativ-kommutativer Ring mit Einselement e und x eine Unbestimmte.

2.5.9. Definition und Satz: Der Ring der formalen Potenzreihen (in Zeichen: $R[[x]]$, kurz: Potenzreihenring) in der Unbestimmten x über dem assoziativ-kommutativen Ring R mit Einselement e ist die Menge aller Potenzreihen

$$f = a_0 + a_1 x + a_2 x^2 + \ldots + a_i x^i + \ldots = \\ = \sum_{i=0}^{\infty} a_i x^i, \quad a_i \in R\,,$$

in der Unbestimmten x mit den Operationen + und $\cdot$, wobei Gleichheit, Summe und Produkt zweier Potenzreihen $f = \sum\limits_{i=0}^{\infty} a_i x^i$ und $g = \sum\limits_{i=0}^{\infty} b_i x^i$ folgendermaßen definiert sind:

$$f = g :\Leftrightarrow a_i = b_i \qquad i = 0, 1, 2, \ldots$$

$$f + g :\Leftrightarrow \sum_{i=0}^{\infty} (a_i + b_i)\, x^i$$

$$f \cdot g :\Leftrightarrow \sum_{i=0}^{\infty} c_i x^i \quad \text{mit } c_i = \sum_{j+k=i} a_j b_k\,, \quad i = 0, 1, 2, \ldots$$

Die einzelnen Ringaxiome für Potenzreihen nachzurechnen, sei dem Leser überlassen.

Das Nullelement des Ringes $(R[[x]], +, \cdot) = R[[x]]$ ist die Potenzreihe, deren Koeffizienten alle gleich Null sind.

Die Potenzreihe $\sum_{i=0}^{\infty} a_i x^i$ mit $a_0 = e$, $a_i = 0$, $i = 1, 2, \ldots$ ist das Einselement von $R[[x]]$; wir bezeichnen es ebenfalls mit e. Die Unbestimmte x kann man auch als ein Element von $R[[x]]$ auffassen, da man die Potenzreihe $\sum_{i=0}^{\infty} a_i x^i$, $a_0 = a_2 = = a_3 = \ldots = 0$, $a_1 = e$, mit x identifizieren kann.

Sei $\{x_1, \ldots, x_n\}$ eine Menge von paarweise verschiedenen Unbestimmten. Unter dem Potenzreihenring $R[[x_1, \ldots, x_n]]$ in den Unbestimmten $x_1, \ldots, x_n$ über R versteht man den Potenzreihenring in der Unbestimmten x_n über dem Ring $R[[x_1, \ldots, x_{n-1}]]$. Man definiert also

$$R[[x_1, \ldots, x_n]] := (R[[x_1, \ldots, x_{n-1}]])[[x_n]] .$$

Der so konstruierte Potenzreihenring ist offensichtlich von der Reihenfolge der Unbestimmten unabhängig.

2.5.10. Definition und Satz: Sei R ein assoziativ-kommutativer Ring mit Einselement e. Die Menge aller Elemente $f(x) \in R[[x]]$ der Form

$$f(x) = a_0 + a_1 x + \ldots + a_n x^n = \sum_{i=0}^{n} a_i x^i ,$$

für die also alle Glieder a_k von einem gewissen Index an gleich Null sind, $a_{n+1} = a_{n+2} = \ldots = 0$, bildet bezüglich der Operationen + und · einen assoziativ-kommutativen Ring

$(R[x], +, \cdot) = R[x]$ mit Einselement, den man den Polynomring $R[x]$ in einer Unbestimmten x über dem Ring R nennt. Seine Elemente heißen Polynome $f(x)$.

Das Nullelement des Polynomrings ist das Polynom, dessen Koeffizienten alle gleich Null sind. Ein Element von R ist konstantes Polynom.

Entsprechend wird der Polynomring $R[x_1, \ldots, x_n]$ in n Unbestimmten definiert.

2.5.11. Definition: Die Elemente $a_i \in R$ heißen die Koeffizienten des Polynoms $f(x)$. Ist dabei $a_n \neq 0$, so heißt $f(x)$ ein Polynom n-ten Grades.

2.5.12. Satz: Ist R Integritätsbereich, so sind auch $R[x]$ bzw. $R[[x]]$ Integritätsbereiche.

Es bleibt zu zeigen, daß die so definierten Polynome bezüglich + und · wirklich einen assoziativ-kommutativen Ring bilden. Diese elementaren Rechnungen werden dem Leser überlassen.

Wenden wir uns nun einigen Eigenschaften von Polynomen zu. Jedem Leser ist der sogenannte Euklidische Algorithmus für **Z** zur Bestimmung des Quotienten zweier ganzer Zahlen bekannt. Solch ein Divisionsalgorithmus gilt auch für einen Polynomring $K[x]$ über einem Körper K.

2.5.13. Satz (Divisionsalgorithmus für $K[x]$): Seien $f(x) = \sum_{i=0}^{n} a_i x^i$, $g(x) = \sum_{i=0}^{m} b_i x^i$ zwei Elemente von $K[x]$, $a_n \neq 0$, $b_m \neq 0$ und $m > 0$. Dann existieren eindeutig bestimmte Polynome $q(x)$ und $r(x)$ in $K[x]$, so daß gilt:

$$f(x) = g(x)\,q(x) + r(x)\ ,$$

wobei der Grad von $r(x)$ kleiner als der Grad von $g(x)$ ist.

Wir führen den einfachen Beweis nicht an, sondern geben nur ein Beispiel zu diesem Satz: Seien $f(x) = x^4 - 3x^3 + 2x^2 + 4x - 1$, $g(x) = x^2 - 2x + 3$ und $K = \mathbf{Z}_5[x]$. Es ist zu beachten, daß die Koeffizienten der Polynome aus dem Restklassenkörper $\mathbf{Z}_5$ sind, so daß z. B. gilt:

$$4x - (-3x) = 2x\ .$$

Die Division $(x^4 - 3x^3 + 2x^2 + 4x - 1):(x^2 - 2x + 3)$ liefert als Ergebnis $x^2 - x - 3$ und als Rest $x + 3$, d.h. $q(x) = x^2 - x - 3$ und $r(x) = x + 3$ und damit ist $f(x) = g(x)\,q(x) + r(x)$ erfüllt.

Besonders erwähnt werden muß das sogenannte Einsetzungsprinzip. Sei R ein assoziativ-kommutativer Ring mit Einselement e und $f(x) \in R[x]$ ein Polynom über R. Ist $f(x) = \sum_{i=0}^{n} a_i x^i$, so bezeichnet man mit $f(\alpha)$, $\alpha \in R$, das Element $\sum_{i=0}^{n} a_i \alpha^i \in R$. Dieses Element ist eindeutig bestimmt und die durch $f(x) \mapsto f(\alpha)$, $\forall f(x) \in R[x]$ definierte Funktion ϑ von $R[x]$ nach R ist ein Epimorphismus von $R[x]$ auf R.

Wegen $\vartheta(a_0) = a_0$, $\forall a_0 \in R$, ist ϑ eine Funktion. Für $f(x) = \sum_{i=0}^{n} a_i x^i$ und $g(x) = \sum_{i=0}^{n} b_i x^i$ gilt

$$f(x) + g(x) = \sum_{i=0}^{n} (a_i + b_i) x^i ,$$

und daraus folgt $\vartheta(f(x) + g(x)) = f(\alpha) + g(\alpha) = \vartheta(f(x)) + \vartheta(g(x))$.

Ist $g(x) = \sum_{i=0}^{m} b_i x^i$, dann rechnet man leicht nach:

$$\vartheta f(x) \cdot g(x) = f(\alpha)\, g(\alpha) = \vartheta(f(x))\, \vartheta(g(x)) .$$

Das sogenannte Einsetzungsprinzip bedeutet nichts anderes, als daß jede Gleichung, die zwischen Polynomen $f(x)$, $g(x)$, $h(x) \ldots \in R[x]$ besteht, richtig bleibt, wenn man auf beiden Seiten der Gleichung die Unbestimmte x durch das Element $\alpha \in R$ ersetzt.

Ist R ein Integritätsbereich, dann formulieren wir die

2.5.14. Definition: Das Element $\alpha \in R$ heißt Nullstelle des Polynoms $f(x) \in R[x]$, $f(x) \neq 0$, wenn gilt: $f(\alpha) = 0$ (Nullelement von R).

Zum Beispiel gilt für $f(x) \in \mathbf{Z}[x]$, mit $f(x) = x^2 - 2x + 1$, daß 1 Nullstelle von $f(x)$ ist, denn $f(1) = 1 - 2 + 1 = 0$.

2.5.15. Definition: Das Polynom $f(x)$ heißt teilbar durch das Polynom $g(x)$, wenn es ein Polynom $h(x) \in R[x]$ gibt, so daß $f(x) = g(x)\, h(x)$. Man sagt auch: $g(x)$ ist ein Teiler von $f(x)$.

Als Folgerung zu Satz 2.5.13, also zum Divisionsalgorithmus für Polynome gilt

2.5.16. Satz: Ein Element $\alpha \in R$ ist genau dann Nullstelle von $f(x) \in R[x]$, wenn $f(x)$ durch $x - \alpha$ teilbar ist.

Beweis: Sei α Nullstelle von $f(x)$. Nach Satz 2.5.13 existieren Polynome $q(x)$ und $r(x) \in R[x]$ so, daß

$$f(x) = (x - \alpha)\, q(x) + r(x)\,.$$

Der Grad von $r(x)$ muß kleiner 1 sein, also ist $r(x) = k$ eine Konstante $k \in R$. Mit der Nullstelle α gilt

$$0 = f(\alpha) = 0 \cdot q(x) + k\,,$$

woraus $k = 0$ folgt. Also ist $(x - \alpha)$ ein Teiler von $f(x)$.
Ist dies umgekehrt der Fall, so folgt aus $f(x) = (x - \alpha)\, q(x)$ sofort mit Hilfe des Einsetzungsprinzips: $f(\alpha) = 0 \cdot q(\alpha) = 0$.

Unter den Potenzen $(x - \alpha)^j$ von $(x - \alpha)$, welche $f(x)$ teilen, gibt es eine mit größtem Exponenten ν, da $f(x)$ von endlichem Grad ist.

2.5.17. Definition: Eine Nullstelle α von $f(x)$ heißt Nullstelle von der Vielfachheit ν, wenn ν die größte ganze Zahl ist, so daß $(x - \alpha)^\nu$ ein Teiler von $f(x)$ ist.
Durch Verallgemeinerung obiger Beweismethode kann man zeigen:

2.5.18. Satz: Sind $\alpha_1, \ldots, \alpha_r$ verschiedene Nullstellen von $f(x)$ mit den Vielfachheiten $\nu_1, \ldots, \nu_r$, dann ist $f(x)$ teilbar durch

$$(x - \alpha_1)^{\nu_1} \ldots (x - \alpha_r)^{\nu_r}\,.$$

Als Folgerung davon erhält man den

2.5.19. Satz: Ein nichtkonstantes Polynom $f(x) \in R[x]$ vom Grad n kann nicht mehr als n Nullstellen besitzen.

Keineswegs jedoch braucht ein Polynom vom Grad n wirklich n Nullstellen zu besitzen. Deshalb sind jene Körper K von besonderem Interesse, in denen jedes Polynom vom Grad n wirklich n Nullstellen besitzt, wenn jede Nullstelle mit ihrer Vielfachheit gezählt wird.

Die Tatsache z.B., daß die Gleichung $x^2 - 2 = 0$ keine Lösung in den rationalen Zahlen besitzt, war den Pythagoräern schon um etwa 525 v.Chr. bekannt. Viel später führte die Betrachtung der Gleichung $x^2 + 1 = 0$ auf die Definition der Zahl i und damit der komplexen Zahlen.

Das Ziel eines über 2000 Jahre lang dauernden mathematischen Strebens ist das Studium von Polynomen und Gleichungen mit dem Ziel, zeigen zu können, daß ein gegebenes nichtkonstantes Polynom über einem Körper eine Nullstelle besitzt. Man definiert

2.5.20. Definition: Ein Körper K heißt algebraisch abgeschlossen, wenn für jedes Polynom $f(x) \in K[x]$, $f(x) \neq 0$, die Anzahl seiner Nullstellen in K gleich dem Grad von f(x) ist, wobei jede Nullstelle mit ihrer Vielfachheit gezählt wird.

Der Körper **Q** der rationalen Zahlen ist somit nicht algebraisch abgeschlossen. Der erstmalig von C. F. Gauß 1799 bewiesene Fundamentalsatz der Algebra drückt eine bekannte Eigenschaft des Körpers der komplexen Zahlen aus:

Der Körper **C** der komplexen Zahlen ist algebraisch abgeschlossen.

Eine weitere Eigenschaft von Polynomen über einem Körper K bedeutet die

2.5.21. Definition: Ein nichtkonstantes Polynom $f(x) \in K[x]$ heißt irreduzibel über K oder irreduzibles Polynom in K[x], wenn f(x) nicht als Produkt g(x) h(x) von zwei Polynomen $g(x), h(x) \in K[x]$ dargestellt werden kann, wobei sowohl g(x) als auch h(x) von kleinerem Grad als f(x) sind.

Es ist zu beachten, daß ein Polynom irreduzibel über dem Körper K, jedoch nicht irreduzibel (reduzibel) über einem anderen Körper sein kann. Zum Beispiel ist $x^2 - 2$ irreduzibel in **Q**[x], jedoch nicht irreduzibel in **R**[x], denn es gilt: $x^2 - 2 = (x - \sqrt{2}) \cdot (x + \sqrt{2})$.

Irreduzible Polynome spielen in den Anwendungen eine wichtige Rolle. Das Problem zu entscheiden, ob ein gegebenes Polynom $f(x) \in K[x]$ irreduzibel über K ist oder nicht, wird im Kapitel über Ringe und Körper behandelt. Ein letztes Beispiel eines Körpers in diesem Zusammenhang ist

2.5.22. Definition und Satz: Die Menge der Quotienten $f(x)/g(x)$ von zwei Polynomen in $K[x]$, K Körper und $g \neq 0$, bildet bezüglich der Addition und Multiplikation von solchen Quotienten einen Körper, den Körper der rationalen Funktionen $K(x)$ in der Unbestimmten x über K.

Neben den bisher betrachteten Beispielen für assoziative bzw. assoziativ-kommutative Ringe spielen in den Anwendungen auch einige nicht notwendig assoziative Ringe eine Rolle. Dabei wird die Assoziativitätsbedingung bezüglich Multiplikation durch eine oder mehrere andere Bedingungen ersetzt.

2.5.23. Definition: Ein Ring R heißt Liescher Ring, wenn stets gilt:

(1) $a^2 = 0$ für alle $a \in R$,

(2) $(ab)c + (bc)a + (ca)b = 0$ für alle $a, b, c \in R$.

Es sei noch bemerkt, daß aus (1) das sogenannte Antikommutativgesetz

$$ba = -ab \quad \text{für alle } a, b \in R$$

folgt. Denn es gilt mit $a^2 = b^2 = (a + b)^2 = 0$ nämlich

$$0 = (a + b)^2 = a^2 + ab + ba + b^2 = ab + ba\,.$$

Ersetzt man in einem beliebigen assoziativen Ring unter Beibehaltung des Moduls dieses Rings die Operation der Multiplikation $a \cdot b$ durch die Operation der Kommutierung

$$a \cdot b = ab - ba\,,$$

so erhält man einen Lie-Ring. Dadurch wird also ein Zusammenhang zwischen den assoziativen und den Lie-Ringen hergestellt.

2.5.24. Definition: Ein Ring R heißt Alternativring, wenn für alle a, b $\in$ R stets $(aa)b = a(ab)$ und $(ba)a = b(aa)$ gilt.

2.5.25. Definition: Ein Ring R heißt Jordan-Ring (kurz: jordansch), wenn für alle a, b $\in$ R stets $ab = ba$ und $[(aa)b]a = (aa)(ba)$ gilt.

Eine Verbindung zwischen assoziativen und jordanschen Ringen ist folgendermaßen gegeben: Ersetzt man in einem assoziativen Ring R die Multiplikation ab durch die Symmetrisation

$$a \cdot b = ab + ba ,$$

so erhält man einen Jordan-Ring.

Als Beispiel für einen Lie-Ring betrachten wir den Ring aller Vektoren des dreidimensionalen euklidischen Raumes mit den Operationen der gewöhnlichen Vektoraddition und der in der Analytischen Geometrie definierten vektoriellen Multiplikation. Man sieht leicht, daß diese Multiplikation weder assoziativ noch kommutativ ist, aber doch zusammen mit der Addition die Distributivgesetze erfüllt.

ÜBUNGSAUFGABEN

41. Man zeige, daß $(\mathbf{Q}, *, \times)$ ein assoziativ-kommutativer Ring mit Einselement ist, wenn für alle a, b $\in \mathbf{Q}$ gilt:

$$a * b = a + b + 1 \quad \text{und} \quad a \times b = a + b + ab .$$

42. Man zeige: Ein assoziativ-kommutativer Ring R mit mindestens zwei verschiedenen Elementen ist ein Körper, wenn für jedes $a \neq 0$ von R genau ein $x \in R$ mit $axa = a$ existiert.
43. Man zeige, daß in einem assoziativen Ring genau dann die Kürzungsregel $ab = ac,\ a \neq 0 \Rightarrow b = c$, a, b, c $\in$ R gilt, wenn R keine linken und rechten Nullteiler besitzt.
44. Man zeige: Enthält ein endlicher assoziativer Ring R ein Element a, das kein Nullteiler in R ist, so besitzt R ein Einselement.
45. Zeige, daß in $\mathbf{Z}_p$ gilt: $a^p = a$ für alle $a \in \mathbf{Z}_p$, p Primzahl.

46. Bestimme alle Lösungen von $x^2 + 2x + 2 = 0$ bzw. $x^2 + 2x + 4 = 0$ in $\mathbf{Z}_6$.
47. Man beweise die Linksdistributivität für R [x], R assoziativer Ring.
48. Man bestimme die Teiler von $x^4 + 3x^3 + 2x + 4$ in $\mathbf{Z}_5 [x]$.
49. Man zeige, daß $x^3 + 3x + 2$ in $\mathbf{Z}_5 [x]$ irreduzibel über $\mathbf{Z}_5$ ist.
50. Sei f(x) eine formale Potenzreihe über einem assoziativ-kommutativen Ring R mit Einselement. Ist $f(x) \neq 0$, so nennt man den kleinsten Index k, für den $a_k \neq 0$ ist, die Ordnung o(f(x)) von f(x). $o(0)$ sei $+\infty$. Man zeige: Für $f(x), g(x) \in R[[x]]$ gilt:

$$o(f(x) + g(x)) \geqslant \min \{o(f(x)), o(g(x))\},$$
$$o(f(x) \cdot g(x)) \geqslant o(f(x)) + o(g(x)).$$

51. Sei R Integritätsbereich. Man zeige: R [[x]] ist ein Integritätsbereich, und es gilt:

$$o(f(x)\, g(x)) = o(f(x)) + o(g(x)) \quad \text{für alle } f(x), g(x) \in R[[x]].$$

52. Sei R ein assoziativ-kommutativer Ring mit Einselement und $f(x) = \sum_{i=0}^{n} a_i x^i \in R[x]$. Unter der Ableitung $f'(x)$ von f(x) versteht man das Polynom $f'(x) = a_1 + 2a_2 x + \ldots + n a_n x^{n-1} \in R[x]$. Man zeige: $(f + g)' = f' + g'$, $(f \cdot g)' = f'g + g'f$.
53. Sei R Integritätsbereich und $f(x) \in \mathbf{C}[x]$, $f(x) \neq 0$. Man zeige: Ist $(f(x), f'(x)) = 1$, so hat f(x) nur einfache Nullstellen.

2.6. Operatormoduln

Gruppoide und Ringe waren Beispiele für eine Algebra mit einer oder mit mehreren inneren algebraischen Operationen. Ein neuer Strukturtyp, der sich im wesentlichen aus den abelschen Gruppen ableitet, sind die Moduln mit Operatorenbereich. Ihrem Aufbau nach handelt es sich dabei um eine abelsche Gruppe mit additiv geschriebener Operation zusammen mit einer äußeren algebraischen Operation erster Art.

Historisch gesehen gaben die Theorie der abelschen Gruppen, die Theorie der Vektorräume und die Idealtheorie von Ringen – auf die wir noch näher eingehen werden – den Anstoß zur Entwicklung der Theorie der Operatormoduln. Das Teilgebiet der Vektorräume stellt dabei eines der wichtigsten algebraischen Hilfsmittel für die Anwendung dar. Ihre Bedeutung liegt vor allem darin, daß man vielen komplizierten und unübersichtlichen Problemen mit ihrer Hilfe eine besonders einfache und übersichtliche Gestalt geben kann. Insbesondere den linearen Problemen wird damit eine geeignete mathematische Fassung gegeben.

2.6.1. Definition: Eine Gruppe mit Operatorenbereich (kurz: Operatorgruppe) besteht aus einer Gruppe $G = (G, \cdot)$ und einer Menge A, dem Operatorenbereich, zusammen mit einer äußeren binären Operation, einer Multiplikation von jedem Element von G mit jedem Element von A, so daß für alle $x, y \in G$ und $a \in A$ gelten:

(1) $xa \in G$,

(2) $(xy)a = (xa)(ya)$.

G nennt man dann auch Rechtsoperatorgruppe.

Die äußere Multiplikation ist eine Funktion von $G \times A$ nach G, $(x, a) \mapsto xa \in G$. Natürlich könnte man auch eine äußere Multiplikation von links betrachten, wobei man dann von einer Linksoperatorgruppe spricht.

Als Beispiel nehmen wir eine abelsche Gruppe G und setzen $A = \mathbf{Z}$. xa ist dann $x^a = xx \ldots x$, ($|a|$-mal), wenn man die Operation von G multiplikativ schreibt.

Ein weiteres Beispiel ergibt sich daraus, daß in einer Operatorgruppe G die Funktion $f_a : G \mapsto G$, $f_a(x) \to xa$, $x \in G$, ein

Homomorphismus ist. Sei nämlich G eine Gruppe und A eine Menge von Endomorphismen von G. Die Eigenschaft

$$f(xy) = f(x)\,f(y), \quad x, y \in G, \quad f \in \operatorname{Hom}(G, G)$$

zeigt uns, daß wir G als Operatorgruppe mit Operatorenbereich A auffassen können.

2.6.2. Definition: Sei $R = (R, +, \cdot)$ ein assoziativer Ring. Der Modul M heißt R-Rechtsmodul (kurz: R-Modul), wenn eine äußere binäre Operation existiert, die jedem Paar (x, r), $r \in R$, $x \in M$ ein Produkt $x\,r \in M$ zuordnet, so daß für alle $x, y \in M$ und $r, s \in R$ gilt:

(1) $(x + y)r = xr + yr$,

(2) $x(r + s) = xr + xs$,

(3) $x(rs) = (xs)r$.

Besitzt der assoziative Ring R ein Einselement e und gilt $xe =$ für alle $x \in M$, dann heißt M unitärer R-Rechtsmodul.

Nimmt man anstelle der äußeren Operation $(M, R) \to M$ die Operation $(R, M) \to M$, $(r, x) \mapsto rx \in M$, so heißt M R-Linksmodul.

Jede abelsche Gruppe G kann man als **Z**-Linksmodul (bzw. **Z**-Rechtsmodul) ansehen, wenn man definiert: $ax = x^a$, bzw. $xa = x^a$.

Einen sogenannten regulären R-Linksmodul erhält man, wenn man als Modul $M = (R, +)$ und als Operatorenbereich den Ring $R = (R, +, \cdot)$ nimmt. Als äußere Operation wird rx im Sinn der Multiplikation in R definiert.

2.6.3. Definition: Ein R-Modul M heißt zyklisch, wenn es ein Element $x \in M$ gibt, so daß $M = \{rx \mid r \in R\}$.

Da die Definitionen von R-Linksmodul und R-Rechtsmodul ganz analog sind, gelten alle für R-Linksmoduln gemachten Aussagen auch für R-Rechtsmoduln. Wir sprechen daher nur mehr von R-Moduln, wobei aus dem Zusammenhang hervorgeht, ob es sich um R-Links- oder R-Rechtsmoduln handelt. Ein wichtiger Spezialfall ist folgender.

2.6.4. Definition: Sei R = K ein Körper. Einen K-Modul nennt man einen Vektorraum über K (oder auch linearen Raum).

Manchmal ist ein Vektorraum auch nur über einem nicht notwendig kommutativen Schiefkörper definiert. Die äußere Operation in einem Vektorraum wird auch Skalarmultiplikation genannt und K heißt Skalarkörper. Ein bekanntes Beispiel ist der Vektorraum $\mathbf{R}^n$ der reellen Zahlen n-Tupel, wobei die Skalarmultiplikation für Skalare in $\mathbf{R}$ definiert ist durch: $rx = (rx_1, \ldots, rx_n)$, $r \in \mathbf{R}$, $x \in \mathbf{R}^n$.

Im folgenden wiederholen wir einige einfache Begriffe aus der linearen Algebra.

2.6.5. Definition: Sei V ein Vektorraum über K. Eine Teilmenge $E = \{x_i \mid i \in I\}$ heißt Erzeugendensystem von V, wenn sich jeder Vektor $y \in V$ als Linearkombination

$$y = \sum_{\nu=1}^{n} a_\nu x_{i_\nu}, \quad a_\nu \in K, \quad x_{i_\nu} \in E,$$

von Vektoren aus E darstellen läßt.

2.6.6. Definition: Die Vektoren einer Teilmenge $E = \{x_i \mid i \in I\}$ eines Vektorraumes V über dem Körper K heißen linear unabhängig über K, wenn aus $\sum_{\nu=1}^{n} a_\nu x_{i_\nu} = 0$ folgt, daß $a_\nu = 0$, $\nu = 1, 2, \ldots, n$. Sind die Vektoren nicht linear unabhängig, dann sind sie linear abhängig.

Die Vektoren $\{x_i \mid i \in I\}$ sind also linear unabhängig, wenn sich der Nullvektor nur in der trivialen Weise, d.h. alle Skalarkoeffizienten sind Null, als Linearkombination darstellen läßt. Sind die Vektoren linear abhängig, so gibt es eine Linearkombination der Vektoren x_{i_ν}, wobei nicht für alle Skalarkoeffizienten $a_\nu = 0$ gilt.

2.6.7. Definition: Eine Teilmenge $B = \{y_i \mid i \in I\}$ eines Vektorraumes V über K heißt Basis von V, wenn B ein Erzeugendensystem für V ist und alle y_i linear unabhängig sind.

Ist V ein endlich erzeugbarer Vektorraum mit mehr als einem Element über K, so heißt die Elementanzahl der Basen von V die Dimension von V.

$\mathbf{R}^n$ ist ein endlich dimensionaler Vektorraum mit der Basis $\{(1, 0, \ldots, 0), (0, 1, \ldots, 0), \ldots, (0, 0, \ldots, 1)\}$.

Die Elemente x^m, $m \geqslant 0$ bilden ein linear unabhängiges Erzeugendensystem für K [x] über einem Körper K. Der Polynomring ist dabei ein Vektorraum, wenn man die Vektoraddition als Polynomaddition in K [x] definiert und die Skalarmultiplikation als die gewöhnliche Multiplikation in K [x] festsetzt. K [x] ist nicht endlich dimensional, da Polynome beliebigen Grades nicht als Linearkombination einer endlichen Menge von Polynomen auftreten können.

Das Klassifikationsproblem, also die Aufgabe, ein System von Algebren mit vorgegebenen Eigenschaften derart zu bestimmen, daß jede Algebra mit diesen Eigenschaften zu einer Algebra des Systems isomorph ist und je zwei verschiedene Algebren des Systems nicht isomorph sind, ist z. B. bei den endlich erzeugbaren Vektorräumen über einem gegebenen Körper gelöst Man kann zeigen, daß es zu einer ganzen Zahl $m \geqslant 0$ (bis auf Isomorphie) genau einen Vektorraum der Dimension m über K gibt. Bildet man zu jedem solchen $m \geqslant 0$ einen Vektorraum der Dimension m über K, so erhält man abgesehen von Isomorphie sämtliche endlich erzeugbaren Vektorräume über K, von denen je zwei mit verschiedener Dimension nicht isomorph sind.

Ähnlich wie wir die Operatorgruppen definiert haben, lassen sich auch Operatorringe einführen. Sei R ein assoziativer Ring und A ein Operatorenbereich, dann bezeichnet man R als Operatorring, wenn seine additive Gruppe eine Operatorgruppe mit Operatorenbereich A ist und für beliebige $x, y \in R$ und $a \in A$ stets gilt: $(xy)a = (xa)y = x(ya)$.

Bei diesen Operatorringen lassen sich natürlich auch Ringe betrachten, die als Operatorenbereich einen Schiefkörper haben. Manchmal bezeichnet man einen Operatorring mit einem Schiefkörper als Operatorenbereich als eine lineare Algebra. Wir wählen jedoch die folgende Definition für den Begriff lineare Algebra, der in der Literatur manchmal auch hyperkomplexes System genannt wird.

2.6.8. Definition: Eine lineare Algebra ist ein Vektorraum V über einem Körper K zusammen mit einer binären inneren Operation $(x, y) \mapsto xy$, so daß für alle $a \in K$ und $x, y, z \in V$ die folgenden Bedingungen erfüllt sind:

(1) $(ax)y = a(xy) = x(ay)$,

(2) $(xy)z = x(yz)$,

(3) $(x + y)z = xz + yz$,

(4) $x(y + z) = xy + xz$.

Mit anderen Worten kann man also sagen, daß eine lineare Algebra V ein Vektorraum und ein Ring zugleich ist, wobei äußere und innere Operation durch (1) miteinander verknüpft sind. Ein Beispiel für diese Begriffsbildung ist der bereits definierte Gruppenring. Weitere Beispiele linearer Algebren sind: Der Polynomring $K[x]$ über einem Körper K; der Körper der komplexen Zahlen **C** aufgefaßt als Vektorraum über **R**; Abb(**N**, **R**) bezüglich der Abbildungsaddition, Multiplikation und Multiplikation von Abbildungen mit reellen Zahlen; die Menge aller n-reihigen Matrizen über **R** bezüglich Matrizenaddition, -multiplikation und Multiplikation von Matrizen mit reellen Zahlen. Ebenso leicht prüft man nach, daß auch die Menge der reellen stetigen (bzw. differenzierbaren) Funktionen eine lineare Algebra bildet.

2.6.9. Definition: Eine lineare Algebra V über einem Körper K heißt Divisionsalgebra über K, wenn V bezüglich Multiplikation ein Einselement und zu jedem von Null verschiedenen Element ein inverses besitzt.

Zum Beispiel bilden die Quaternionen eine Divisionsalgebra über den reellen Zahlen.

ÜBUNGSAUFGABEN

54. Man bestimme drei verschiedene Basen von $\mathbf{R}^2$ über $\mathbf{R}$, von denen je zwei keinen gemeinsamen Vektor besitzen.
55. Man entscheide, welche der folgenden Mengen von Vektoren Basen von $\mathbf{R}^3$ über $\mathbf{R}$ sind:

    a) $\{(1, 1, 0), (1, 0, 1), (0, 1, 1)\}$,
    b) $\{(-1, 1, 2), (2, -3, 1), (10, -14, 0)\}$.

56. Man definiere auf der Kleinschen Vierergruppe V eine Vektorraumstruktur über $\mathbf{Z}_2$ und gebe alle Basen dieses Vektorraumes an.
57. Sei M ein zweidimensionaler Vektorraum über dem Körper K, $\{m_1, m_2\}$ eine Basis von M und $n_1 = s_{11} m_1 + s_{12} m_2$, $n_2 = s_{21} m_1 + s_{22} m_2$, $s_{ij} \in K$. Man zeige, daß $\{n_1, n_2\}$ genau dann eine Basis von M ist, wenn $s_{11} s_{22} - s_{12} s_{21} \neq 0$.
58. Man zeige: Ist ein Element x eines Vektorraumes V Linearkombination von $a_1, \ldots, a_n \in V$ und jedes a_i Linearkombination von $b_1, \ldots, b_m \in V$, dann ist x Linearkombination von $b_1, \ldots, b_m$.
59. Man zeige: Ist $\{a_1, \ldots, a_n\}$ Basis eines Vektorraumes, dann sind n + 1 Elemente von V stets linear abhängig. Daher sind auch mehr als n + 1 Elemente von V stets linear abhängig.

2.7. Verbände

Erinnern wir uns an die spezielle Algebra $(P(M), \cup, \cap)$ der Potenzmenge einer Menge mit den beiden inneren binären Operationen Durchschnitt und Vereinigung von Mengen, so prüft man leicht nach, daß $(P(M), \cup)$ und $(P(M), \cap)$ kommutative Halbgruppen sind und daß darüber hinaus die Elemente von $P(M)$ die Absorptionsgesetze $A \cap (A \cup B) = A$ und $A \cup (A \cap B) = A$ für alle $A, B \in P(M)$ erfüllen. Ausgehend von diesem Beispiel kann man folgende allgemeine Definition geben, in der $\cup$ und $\cap$ nicht nur die mengentheoretische Vereinigung und Durchschnitt bedeuten sollen.

2.7.1. Definition: Eine Algebra $(V, \cup, \cap)$ mit zwei (inneren) binären Operationen $\cup$ und $\cap$ (genannt Vereinigung und Durchschnitt) heißt Verband, wenn für alle $a, b, c \in V$ folgende Eigenschaften erfüllt sind:

(1) $a \cap b = b \cap a$, $a \cup b = b \cup a$,

(2) $a \cap (b \cap c) = (a \cap b) \cap c$, $a \cup (b \cup c) = (a \cup b) \cup c$,

(3) $a \cap (a \cup b) = a$, $a \cup (a \cap b) = a$.

2.7.2. Definition: Ein Verband $V = (V, \cup, \cap)$ heißt distributiv, wenn folgendes Distributivgesetzt gilt:

$$a \cap (b \cup c) = (a \cap b) \cup (a \cap c) \quad \forall a, b, c \in V .$$

Man kann sofort zeigen, daß aus diesem Distributivgesetz auch das andere folgt, daß nämlich auch $\cup$ distributiv gegenüber $\cap$ ist:

$$a \cup (b \cap c) = (a \cup b) \cap (a \cup c) \quad \forall a, b, c \in V .$$

Weiters lassen sich aus den drei Verbandsaxiomen die folgenden Regeln ableiten:

$$a \cup a = a , \quad a \cap a = a \qquad \forall a \in V ,$$

denn es gilt unter Verwendung des Absorptionsgesetzes: $a \cap a = a \cap (a \cup (a \cap b)) = a$.

2.7.3. Definition: Unter einem Einselement eines Verbandes V versteht man ein Element $1 \in V$ mit $1 \cup a = 1$ für alle $a \in V$. Unter einem Nullelement versteht man ein Element $0 \in V$ mit $0 \cap a = 0$ für alle $a \in V$.

Im Abschnitt 1.5 wurden hauptsächlich allgemeine Eigenschaften geordneter Mengen untersucht. Wir haben dort festgestellt, daß nicht jede Teilmenge einer geordneten Menge eine untere und obere Grenze besitzt. Es werden nun jene geordneten Mengen genauer untersucht, bei denen über die Existenz von oberer und unterer Grenze mehr bekannt ist, genauer gesagt, es wird die Existenz einer oberen bzw. unteren Grenze für eine bestimmte Familie von Teilmengen axiomatisch verlangt. Da jede aus einem Element bestehende Menge sowohl eine obere als auch untere Grenze besitzt, verlangt man für jede Menge aus zwei Elementen die Existenz von oberer und unterer Grenze. Es wird sich zeigen, daß man damit diese geordnete Menge zu einem Verband macht. Diese wichtige Beziehung zwischen den Verbänden und den geordneten Mengen wird ausgedrückt durch den

2.7.4. Satz: Ist $(V, \cup, \cap)$ ein Verband und definiert man die Relation $\leqslant$ in V durch $a \leqslant b \Leftrightarrow a \cap b = a$, so ist $(V, \leqslant)$ eine geordnete Menge, in der zu je zwei Elementen $a, b \in V$ eine obere Grenze $\sup \{a, b\}$ und eine untere Grenze $\inf \{a, b\}$ existieren.

Ist umgekehrt $(V, \leqslant)$ eine Halbordnung, in der zu je zwei Elementen a, b eine obere und eine untere Grenze existieren, und definiert man die Operationen $\cup$ und $\cap$ durch

$$a \cap b = \inf \{a, b\} , \qquad a \cup b = \sup \{a, b\} ,$$

dann ist $(V, \cup, \cap)$ ein Verband.

Dieser Satz besagt also, daß sich die Verbände und die Halbordnungen, in denen zu je zwei Elementen a, b eine obere und eine untere Grenze existieren, einander umkehrbar eindeutig entsprechen.

Dieser Sachverhalt ist auch der Grund, weshalb ein Verband auch auf folgende Weise definiert wird:

2.7.1′. Definition: Eine geordnete Menge $(V, \leqslant)$ heißt Verband, wenn jede zweielementige Menge sowohl eine untere als auch eine obere Grenze besitzt.

Der Beweis des Satzes 2.7.4 wird in zwei Schritten geführt. Zunächst einmal ist zu zeigen, daß durch $a \leqslant b :\Leftrightarrow a \cap b = a$ tatsächlich eine Ordnung auf V definiert wird, es sind also die Gesetze der Reflexivität, Transitivität und Antisymmetrie nachzuprüfen: Danach ist also $(V, \leqslant)$ eine geordnete Menge. Weiters zeigt man, daß $\sup \{a, b\} = a \cup b$ und $\inf \{a, b\} = a \cap b$.

Zum Beweis der Umkehrung geht man von einer geordneten Menge $(V, \leqslant)$ aus, in der zu je zwei Elementen a, b ein Supremum und ein Infimum existieren. Definiert man $a \cap b :=$ $= \inf \{a, b\}$ und $a \cup b := \sup \{a, b\}$, so bleibt nachzuprüfen, daß $(V, \cup)$ und $(V, \cap)$ Halbgruppen sind und daß die Absorptionsgesetze gelten.

Man sieht leicht ein, daß es genau eine Verbandsstruktur mit den angegebenen Eigenschaften gibt, denn die Bedingungen $a \leqslant b$ und $a = a \cap b$ sind äquivalent.

Mit Hilfe von Satz 2.7.4 kann man also alle Verbände mit n Elementen erhalten, indem man alle Ordnungen mit n Elementen aufstellt, in denen zu je zwei Elementen eine obere und eine untere Grenze existieren. Dazu konstruiert man sämtliche Hasse-Diagramme, in denen dies der Fall ist. Für $n = 4$ zum Beispiel hat die Halbordnung sicher ein minimales Element, das mit jedem anderen als Infimum sich selbst hat, also das kleinste Element ist. Ebenso gibt es ein größtes Element. Ein weiteres der 4 Elemente liegt dazwischen. Liegt keines dazwischen, so hat das Hasse-Diagramm das Aussehen b), sonst a).

Teilerdiagramme davon sind $V_1^1, V_1^2, V_1^3, V_1^4, V_2^4, V_5^5, V_1^6, V_9^6$, die den Teilerverbänden für die Zahlen $1, p, p^2, pq, p^3, p^4, p^5, p^2q$ entsprechen, p und q sind Primzahlen.
Außer den Teilerverbänden sind noch $V_1^5, V_2^5, V_3^6, V_4^6, V_{11}^6$ distributiv. Modular sind außer den distributiven Verbänden noch $V_3^5, V_{10}^6, V_{12}^6, V_{15}^6$ (vgl. Definition 2.7.6).

Als Beispiel berechnen wir noch die Operationstafeln von V_1^6:

∪	1	a	b	c	d	0
1	1	1	1	1	1	1
a	1	a	a	a	a	a
b	1	a	b	b	b	b
c	1	a	b	c	c	c
d	1	a	b	c	d	d
0	1	a	b	c	d	0

∩	1	a	b	c	d	0
1	1	a	b	c	d	0
a	a	a	b	c	d	0
b	b	b	b	c	d	0
c	c	c	c	c	d	0
d	d	d	d	d	d	0
0	0	0	0	0	0	0

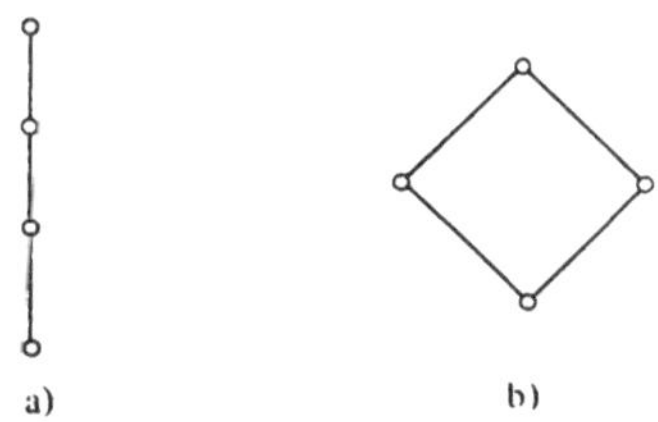

Hassediagramme aller Verbände mit höchstens 6 Elementen

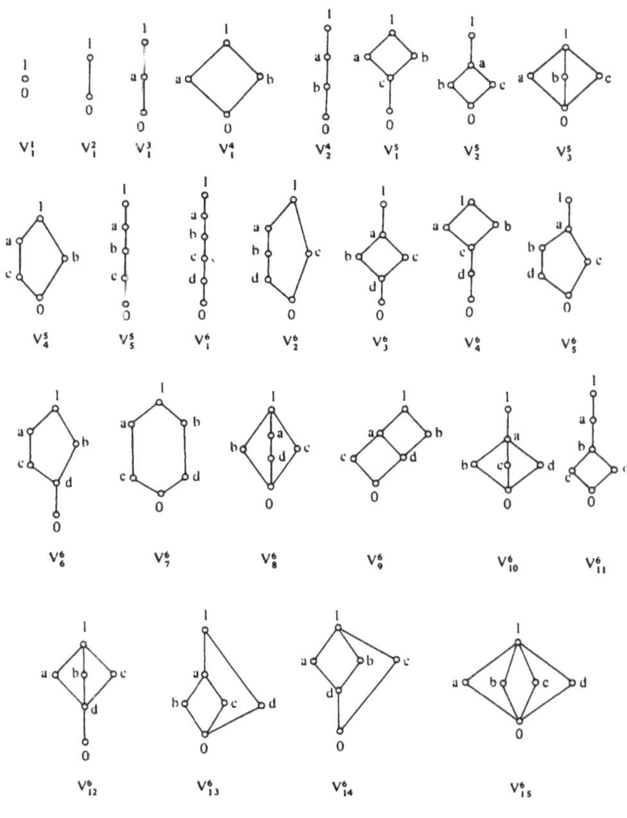

2.7.5. Definition: Eine halbgeordnete Menge $(V, \leqslant)$ heißt vollständiger Verband, wenn jede Teilmenge von V eine obere und eine untere Grenze besitzt.

Zum Beispiel ist $(P(M), \subset)$ ein vollständiger Verband. Ein weiteres Verbandsbeispiel ist die Menge **N** mit der Teilbarkeitsrelation. $(\mathbf{N}, |)$ ist ein Verband, untere Grenze von $a, b \in \mathbf{N}$ ist der größte gemeinsame Teiler (a, b) von a und b und obere Grenze ist das kleinste gemeinsame Vielfache $[a, b]$ von a und b.

2.7.6. Definition: Ein Verband $(V, \leqslant)$ heißt modular (oder Dedekind-Verband), wenn für beliebige $a, b, c \in V$ mit $b \leqslant a$ die Gleichung

$$a \cap (b \cup c) = b \cup (a \cap c)$$

erfüllt ist.

Jeder distributive Verband ist ein modularer Verband, denn aus $b \leqslant a$ ergibt sich $a \cap b = b$.

2.7.7. Definition: Ein Verband $(V, \cup, \cap)$ heißt komplementär, wenn er ein Null- und ein Einselement besitzt und zu jedem $a \in V$ mindestens ein sogenanntes Komplement $\bar{a} \in V$, so daß

$$a \cap \bar{a} = 0\,, \quad a \cup \bar{a} = 1\,.$$

2.7.8. Definition: Unter einer Booleschen Algebra oder einem Booleschen Verband versteht man einen distributiven komplementären Verband.

Ein Beispiel für eine Boolesche Algebra ist der Mengenverband $(P(M), \cup, \cap)$ mit Nullelement $\emptyset$, Einselement M und Komplementbildung von Mengen. Weitere Beispiele sind in Kapitel 6 angegeben.

Beschäftigen wir uns nun kurz mit dem sogenannten „Dualitätsprinzip“: Jede Gleichung zwischen Elementen $x, y, \ldots, 0$ und 1 einer Booleschen Algebra, die sich durch Anwendung der die Boolesche Algebra definierenden Gesetze erhalten läßt (und daher für alle Elemente $x, y, \ldots,$ richtig ist), geht in eine stets richtige Gleichung über, wenn man in ihr alle vorkommenden $\cup$ durch $\cap$, alle $\cap$ durch $\cup$, alle 0 durch 1 und alle 1 durch 0 ersetzt. Die so erhaltene Gleichung heißt die zur gegebenen Gleichung „duale Gleichung". Ein analoges Dualitätsprinzip gilt auch in beliebigen Verbänden, wenn man 0 und 1 wegläßt.

Es läßt sich beweisen, daß jeder endliche Boolesche Verband, also jeder Boolesche Verband mit endlich vielen Elementen, isomorph einem Mengenverband $(P(M), \cup, \cap)$ ist. Zu jedem endlichen Booleschen Verband $(V, \cup, \cap)$ kann also eine Menge M so angegeben werden, daß eine isomorphe Funktion von $(V, \cup, \cap)$ auf $(P(M), \cup, \cap)$ existiert.

Der Boolesche Teilerverband der Zahl 30 zum Beispiel, also (V, ggT, kgV) mit $V = \{x \mid x \text{ teilt } 30\} = \{1, 2, 3, 5, 6, 10, 15, 30\}$ ist isomorph zum Mengenverband $(P(M), \cup, \cap)$ einer Menge $M = \{a, b, c\}$. P(M) besteht aus den Elementen $\emptyset$, $\{a\}$, $\{b\}$, $\{c\}$, $\{a, b\}$, $\{a, c\}$, $\{b, c\}$, $\{a, b, c\}$. Wählen wir die Abbildungsvorschrift so, daß die innerhalb der angegebenen Reihenfolge stehenden Elemente einander zugeordnet werden, also z. B. $1 \mapsto \emptyset$, $2 \mapsto \{a\}$, $3 \mapsto \{b\}$, . . . usw., so erhält man den gewünschten Isomorphismus.

Wegen der Isomorphie von Booleschen Verbänden und Mengenverbänden muß die Anzahl der Elemente eines endlichen Booleschen Verbandes gleich der Anzahl der Elemente des isomorphen Mengenverbandes sein. Da die Potenzmenge P(M) einer Menge von n Elementen genau 2^n Elemente enthält, ist dies auch die Elementanzahl des Booleschen Verbandes.

2.7.9. Definition: Ein Boolescher Ring $(R, +, \cdot)$ ist ein assoziativer Ring mit Einselement, dessen sämtliche Elemente idempotent sind, d. h. für alle $x \in R$ gilt:

$$x \cdot x = x .$$

Jeder Boolesche Ring ist kommutativ und genügt der Identität $2a = 0$. Denn für beliebige $x, y \in R$ folgt auf Grund der Identität

$$a + b = (a + b)^2 = a^2 + ab + ba + b^2 =$$
$$= a + ab + ba + b ,$$

daß gilt

$$ab + ba = 0 .$$

Setzt man in obiger Umformungskette a = b, so ergibt sich 2 a = 0, d. h. also a = – a. (– a bedeutet das additive Inverse von a.) Damit folgt aber sofort ab – ba = 0.

Man kann jeden Booleschen Verband $(V, \cup, \cap)$ zu einem Booleschen Ring $(V, +, \cdot)$ machen, indem man definiert:

$$a + b := (a \cap \bar{b}) \cup (\bar{a} \cap b) ,$$
$$a \cdot b := a \cap b .$$

Umgekehrt läßt sich jeder Boolesche Ring in einen Booleschen Verband überführen, wenn man setzt:

$$a \cup b := a + b - ab ,$$
$$a \cap b := a \cdot b .$$

Auf diese Weise ist also zwischen den Booleschen Verbänden und den Booleschen Ringen eine isomorphe Zuordnung hergestellt.

ÜBUNGSAUFGABEN

60. Sei $n \in \mathbf{N}$ und $T(n) = \{t \mid t \text{ ist Teiler von } n\}$. Man zeige, daß T (n) mit den Operationen $a \cup b := \text{kgV}(a, b)$ und $a \cap b = \text{ggT}(a, b)$, $a, b \in T(n)$, einen Verband bildet.
61. Man beweise, daß der Teilerverband (T (n), ggT, kgV) für $n \in \mathbf{N}$ genau dann eine Boolesche Algebra ist, wenn n in der Primfaktorzerlegung kein Quadrat enthält.
62. Sei R ein Boolescher Ring mit Einselement. Man zeige, daß man durch die Festsetzung $a \cup b = a + b - ab$ und $a \cap b = ab$, $a, b \in R$ eine Boolesche Algebra $(R, \cup, \cap)$ erhält.
63. Sei $(R, \cup, \cap)$ eine Boolesche Algebra. Man zeige, daß man durch die Festsetzung $a + b = (a \cap \bar{b}) \cup (\bar{a} \cap b)$ und $ab = a \cap b$ einen Booleschen Ring $(R, +, \cdot)$ mit Einselement erhält.

64. Es sei $(M, \subset)$ eine geordnete Menge mit den Eigenschaften: (1) $A \subset M$, $A \neq \emptyset \Rightarrow A$ besitzt ein Infimum, (2) $B \subset M \Rightarrow$ es gibt eine obere Schranke von B. Man zeige, daß dann der geordneten Menge $(M, \subset)$ ein Verband entspricht.
65. Sei n eine natürliche Zahl und $T = \{ t \mid t \text{ teilt } n, t \in \mathbf{N} \}$. Man zeige: Definiert man für $a, b \in T$ Operationen $\cup$ und $\cap$ durch $a \cup b = \text{kgV}(a, b)$ und $a \cap b = \text{ggT}(a, b)$, so ist die Algebra $T = (T, \cup, \cap)$ ein Verband.

2.8. Unteralgebra

Wir haben in den letzten Kapiteln die wichtigsten algebraischen Strukturen kennengelernt. Mit dem Studium einiger von ihnen werden wir uns in den letzten Kapiteln beschäftigen.

In den folgenden Abschnitten gehen wir auf das Problem der Konstruktion neuer Algebren aus vorgegebenen Algebren ein. Dazu hat man vor allem drei Möglichkeiten. Erstens kann man sogenannte Unteralgebren oder Teilalgebren bilden, das sind solche Teilmengen der gegebenen Algebra, die stabil bezüglich der Operationen der Algebra sind. Diese Unteralgebren brauchen jedoch nicht aus der betrachteten Klasse von Algebren von ein und demselben Typ, d. h. mit denselben Eigenschaften zu sein. Die Menge der ganzen Zahlen **Z** zum Beispiel ist eine Teilalgebra des Körpers der rationalen Zahlen. **Z** selbst ist jedoch kein Körper. Weitere Möglichkeiten der Konstruktion neuer Algebren aus gegebenen sind die Bildung von homomorphen Bildern sowie die Bildung von direkten Produkten.

2.8.1. Definition: Gegeben sei eine Algebra $M = (M, \diamond_1, \ldots, \diamond_r)$ mit r inneren binären Operationen. Eine nichtleere Teilmenge $T \subset M$ heißt Unteralgebra oder Teilalgebra von M, wenn $\diamond_1, \ldots, \diamond_r$ auch binäre Operationen in T sind.

Die Algebra M kann also speziell Halbgruppe, Gruppe, Ring, Verband usw. heißen. Hat die Teilalgebra T dieselben Operationen mit denselben Eigenschaften wie die Algebra M, so spricht man dann entsprechend von Unterhalbgruppen, Untergruppen, Unterringen, Teilverbänden usw. Für Untermoduln eines A-Moduls gilt die

2.8.2. Definition: Gegeben sei ein A-Modul M mit Operatorenbereich A. Unter einem Untermodul des A-Moduls M versteht man eine nichtleere Teilmenge U von M, die bezüglich der auf M definierten inneren und äußeren binären Operation ein A-Modul ist.

Der Beweis der folgenden einfachen Überlegungen, die Kriterien dafür darstellen, daß die einzelnen Teilmengen Teilalgebren vom selben Typ sind, seien dem Leser überlassen.

2.8.3. Satz: a) Sei $M = (M, \cdot)$ eine Halbgruppe. Eine nichtleere Teilmenge $T \subset M$ ist genau dann eine Unterhalbgruppe von M, wenn für alle $x, y \in T$ stets gilt: $xy \in T$.

b) Sei $M = (M, \cdot)$ eine Gruppe. Eine nichtleere Teilmenge $T \subset M$ ist genau dann eine Untergruppe von M, wenn für alle $x, y \in T$ gilt

$$x \cdot y \in T \quad \text{und} \quad x^{-1} \in T .$$

Ist M eine endliche Gruppe, so ist $T \subset M$ genau dann eine Untergruppe, wenn mit $x, y \in T$ auch $xy \in T$.

c) Sei $M = (M, +, \cdot)$ ein Ring. Eine nichtleere Teilmenge $T \subset M$ ist genau dann ein Unterring von M, wenn für alle $x, y \in T$ gilt:

$$x - y \in T \quad \text{und} \quad xy \in T .$$

d) Sei $M = (M, +, \cdot)$ ein Körper. Eine nichtleere Teilmenge $T \subset M$ ist genau dann Unterkörper von M, wenn T mindestens zwei Elemente enthält und für alle $x, y \in T$ gilt:

$$x - y \in T, xy \in T, \text{ sowie } x^{-1} \in T \text{ für alle } x \neq 0 \text{ aus } T.$$

B e i s p i e l e

$T = \{ x \in \mathbf{N} \mid x \text{ ist gerade} \}$ ist Unterhalbgruppe von **N** bezüglich Multiplikation.

Die Gruppe der positiven reellen Zahlen $\mathbf{R}^+$ bezüglich $\cdot$ enthält $(\mathbf{Q}^+, \cdot)$ als Untergruppe.

Die Gruppe $(\mathbf{Z}, +)$ enthält die Menge aller durch drei teilbaren ganzen Zahlen als Untermodul.

Der Ring aller zweizeiligen, ganzzahligen quadratischen Matrizen enthält die Menge aller Matrizen von der Gestalt

$$\begin{pmatrix} a & 0 \\ 0 & b \end{pmatrix} \qquad a, b \in \mathbf{Z}$$

als Unterring.

Die Menge der rationalen Zahlen ist ein Unterkörper des Körpers der reellen Zahlen.

Im folgenden beschäftigen wir uns mit den Untergruppen einer Gruppe.

2.8.4. Satz: Sei G eine Gruppe und a ein Element von G. Dann ist $H = \{a^n \mid n \in \mathbf{Z}\}$ eine Untergruppe von G. Es ist dies die kleinste a enthaltende Untergruppe von G.

Zum Beweis dieser Behauptung benutzen wir den Satz 2.8.3. Wegen $a^r a^s = a^{r+s}$, $r, s \in \mathbf{Z}$ ist auch das Produkt zweier Elemente von H in H. H enthält das Einselement $a^0 = e$ und a^{-r} ist das inverse Element von $a^r \in H$.

Eine Untergruppe U heißt echte Untergruppe der Gruppe G, wenn gilt $U \neq G$.

2.8.4′. Definition: Die Gruppe $H = \{a^n \mid n \in \mathbf{Z}\}$ heißt die von a erzeugte zyklische Untergruppe der Gruppe G, in Zeichen: $H = \langle a \rangle$. a heißt Erzeugendenelement von H.

Zum Beispiel ist $\langle 3 \rangle$ eine zyklische Untergruppe der Gruppe $(\mathbf{Z}, +)$. Die zyklische Gruppe $\mathbf{Z}_4$ besitzt sowohl 1 als auch 3 als Erzeugendenelemente, d.h. $\langle 1 \rangle = \langle 3 \rangle = \mathbf{Z}_4$.

Für die Gruppe $\mathbf{Z}_6$ (Operationstafel siehe 2.4) gilt:

$$\langle e \rangle = \{e\}, \quad \langle a \rangle = \langle f \rangle = \mathbf{Z}_6, \quad \langle b \rangle = \{e, b, d\},$$
$$\langle c \rangle = \{e, c\}, \quad \langle d \rangle = \{e, d, b\}.$$

Ist G eine zyklische Gruppe der Ordnung n und $a \in G$ ein erzeugendes Element, dann erzeugt a^m genau dann die Gruppe G, wenn m und n teilerfremd sind.

Zu jedem Teiler m von n existiert genau eine Untergruppe der Ordnung m, nämlich die Untergruppe $\langle a^{n/m} \rangle$.

Als Beispiel für diese Bemerkung betrachten wir wieder $G = \mathbf{Z}_6$ und erkennen, daß gilt:

$$\mathbf{Z}_6 = \langle a \rangle = \langle a^5 \rangle = \langle f \rangle = \langle f^5 \rangle .$$

Das Untergruppendiagramm für die $\mathbf{Z}_{20}$ ist z.B. von der Form:

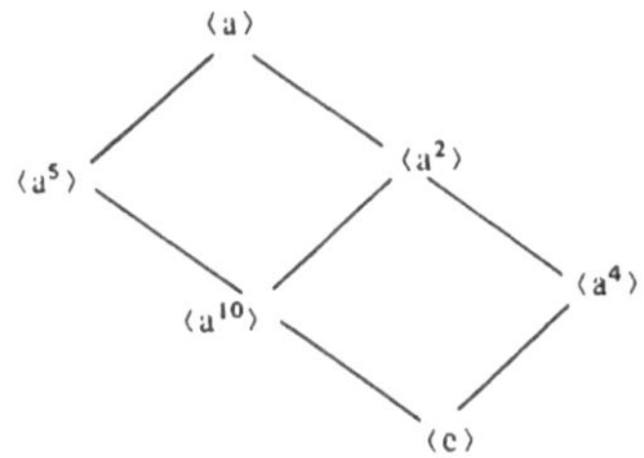

Weitere Beispiele von Untergruppen sind die Untergruppen der symmetrischen Gruppen S_n, auf die wir nun eingehen.

Statt der Permutationsschreibweise

$$\begin{pmatrix} a_1 & a_2 & \dots & a_n \\ a_{i_1} & a_{i_2} & \dots & a_{i_n} \end{pmatrix}$$

für die Elemente von S_n verwendet man oft die einfachere Zyklenschreibweise. Die Permutation $\begin{pmatrix} a_1 & a_2 & \dots & a_n \\ a_2 & a_3 & \dots & a_1 \end{pmatrix}$ zum Beispiel ist ein Zyklus der Länge n, in Zeichen: $(a_1, a_2, \dots, a_n)$. Diese Zyklenschreibweise besagt, daß jedes Element a_i auf das nachfolgende abgebildet wird, mit Ausnahme des letzten Elements, das auf das erste abgebildet wird. Es ist beispielsweise

$$\begin{pmatrix} 1 & 2 & 3 & 4 & 5 \\ 3 & 2 & 5 & 1 & 4 \end{pmatrix} = (1 \;\; 3 \;\; 5 \;\; 4) = (3 \;\; 5 \;\; 4 \;\; 1) =$$
$$= (5 \;\; 4 \;\; 1 \;\; 3) = (4 \;\; 1 \;\; 3 \;\; 5) .$$

Diejenigen Elemente, die auf sich selbst abgebildet werden, kommen im Zyklus nicht vor. Da Zyklen spezielle Typen von Permutationen sind, kann man sie auch wie zwei Permutationen miteinander multiplizieren, wobei jedoch das Ergebnis kein Zyklus sein muß. Betrachtet man die Zyklen $(1\ \ 4\ \ 5\ \ 6)$ und $(2\ \ 1\ \ 5)$ der Gruppe S_6 aller Permutationen von 6 Elementen, dann ist

$$(215)\,(1456) = \begin{pmatrix} 1 & 2 & 3 & 4 & 5 & 6 \\ 4 & 1 & 3 & 2 & 6 & 5 \end{pmatrix} \text{ und}$$

$$(1456)\,(215) = \begin{pmatrix} 1 & 2 & 3 & 4 & 5 & 6 \\ 6 & 4 & 3 & 5 & 2 & 1 \end{pmatrix}.$$

Zwei Zyklen heißen elementfremd, wenn kein Element in jedem der beiden Zyklen gleichzeitig auftritt. Man kann zeigen, daß jede Permutation von S_n ein Produkt von elementfremden Zyklen ist. Zum Beispiel gilt:

$$\begin{pmatrix} 1 & 2 & 3 & 4 & 5 & 6 \\ 6 & 5 & 2 & 4 & 3 & 1 \end{pmatrix} = (1\ \ 6)\,(2\ \ 5\ \ 3)\,.$$

Ein Zyklus der Länge 1, der also nur aus einem Element besteht, bezeichne immer die identische Permutation. Ein Zyklus der Länge 2 heißt Transposition. Man verifiziert sofort, daß jede Permutation der Menge $\{1, 2, \ldots, n\}$ von mindestens zwei Elementen ein Produkt von Transpositionen ist. Es gilt also zum Beispiel:

$$(1\ \ 6)\,(2\ \ 5\ \ 3) = (1\ \ 6)\,(2\ \ 5)\,(2\ \ 3)\,.$$

Die Zahl der Transpositionen, deren Produkt eine gegebene Permutation von $\{1, 2, \ldots, n\}$ ist, ist entweder immer gerade oder immer ungerade.

2.8.5. Definition: Eine Permutation von $\{1, 2, \ldots, n\}$ ist gerade oder ungerade, je nachdem ob sie als Produkt einer geraden oder einer ungeraden Anzahl von Transpositionen dargestellt werden kann.

Für $n \geqslant 2$ ist die Zahl der geraden Permutationen in S_n gleich der Zahl der ungeraden Permutationen und beide Zahlen sind gleich (n!)/2. Zum Beweis dieser Behauptung definiert man einen Isomorphismus f von der Menge A_n der geraden Permutationen auf die Menge B_n der ungeraden derart, daß gilt $f: A_n \to B_n, \sigma \to (12)\,\sigma$, d.h. f bildet die Permutation $\sigma \in A_n$ auf die Permutation $(12)\,\sigma$ ab. Man prüft nun die Isomorphieeigenschaften von f nach. Schließlich zeigt man, daß das Produkt und die Inversen von geraden Permutationen wieder gerade sind und hat damit

2.8.6. Satz: Für $n \geqslant 2$ bildet die Menge der geraden Permutationen von n Elementen eine Untergruppe der Ordnung (n!)/2 von S_n.

2.8.7. Definition: Die aus allen geraden Permutationen von n Elementen bestehende Untergruppe A_n von S_n heißt alternierende Gruppe von n Elementen.

Eine Gruppe, deren Elemente Permutationen einer Menge sind, und deren Operation die Permutationsmultiplikation ist, nennt man Permutationsgruppe. Ohne Beweis formulieren wir nun den

2.8.8. Satz von Cayley: Jede Gruppe ist isomorph zu einer Permutationsgruppe.

Die symmetrische Gruppe S_3 (Operationstafel siehe 2.4) besitzt die folgenden Untergruppen: Die sogenannten trivialen Untergruppen S_3 selbst und $\{e\}$, sowie $G_1 = \{e, c\}$, $G_2 = \{e, d\}$, $G_3 = \{e, f\}$ und $G_4 = \{e, a, b\}$.

Diese Untergruppen sind bezüglich der mengentheoretischen Inklusion geordnet. Das entsprechende Hasse-Diagramm hat die Gestalt (s. S. 108):

Man kann also vom Verband der Untergruppen einer Gruppe sprechen.

Sei $\{U_i\}$ eine Menge von Untergruppen einer Gruppe G, dann ist $\bigcap_i U_i$ ebenfalls Untergruppe von G. Eine entsprechende Aussage für die Vereinigung von Untergruppen ist im allgemeinen falsch. Denn: Sei U die Menge der geraden ganzen Zahlen und

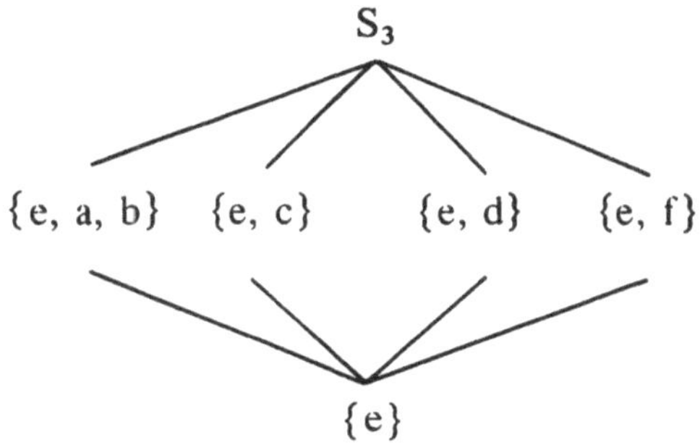

V die Menge aller durch 3 teilbaren ganzen Zahlen, dann bilden beide Mengen Untergruppen der Gruppe (**Z**, +), U ∪ V jedoch nicht.

Die Untergruppendiagramme der Gruppen V bzw. D_4 haben die folgende Gestalt:

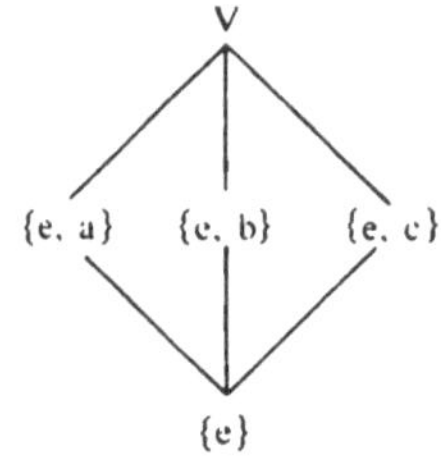

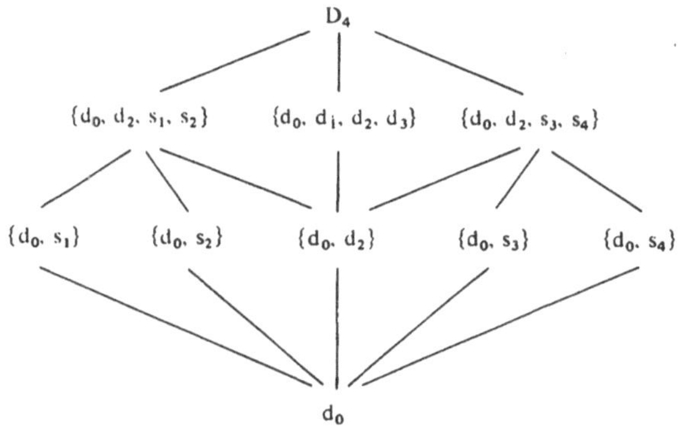

Mit Hilfe von Untergruppen einer Gruppe G ist es möglich, Äquivalenzrelationen auf G zu definieren, die zu einer Zerlegung der Gruppe in paarweise disjunkte Äquivalenzklassen führen.

2.8.9. Satz: Sei G eine Gruppe und U eine Untergruppe von G und die Relation π auf G sei definiert durch: $x \pi y :\Leftrightarrow$ $\Leftrightarrow x^{-1} y \in U$ für alle $x, y \in G$. Dann ist π eine Äquivalenzrelation auf G.

Der Beweis wird durch direktes Nachprüfen der drei Axiome einer Äquivalenzrelation geführt.

2.8.10. Definition: Sei G eine Gruppe, A und B Teilmengen von G. Dann heißt $AB = \{ab \mid a \in A, b \in B\}$ das Komplexprodukt von A und B.

Besteht A nur aus einem Element $\{a\}$, so schreibt man statt $\{a\}$ B kurz aB und ebenso Ab, falls B nur eine einelementige Menge $\{b\}$ ist.

2.8.11. Definition: Sei G eine Gruppe, U eine Untergruppe, $a \in G$ sei fest gewählt. Dann hat die bezüglich U zum Element a gehörende Äquivalenzklasse die Form $\{x \mid x \in G, a \pi x\} =$ $= \{x \mid x \in G, a^{-1} x \in U\} = \{x \mid x \in G, x \in aU\} = aU$, und man nennt sie die Linksnebenklasse von a nach U.

Die Linksnebenklassen selbst sind keine Untergruppen, ausgenommen den Fall aU mit a = e. Entsprechend den Linksnebenklassen kann man die Klassen der Form Ua betrachten und nennt diese Rechtsnebenklassen von a nach U. Ist G eine abelsche Gruppe, dann ist aU = Ua.

2.8.12. Definition: Die Quotientenmenge G/π von G nach der im Satz 2.8.9 definierten Äquivalenzrelation π ist die Menge aller Linksnebenklassen von G nach U und wird mit $G/U =$ $= \{aU \mid a \in G\}$ bezeichnet und Linksnebenklassenzerlegung von G nach U genannt.

Betrachten wir $(\mathbf{Z}, +)$ und eine ganze Zahl $a \neq 0$, dann bildet die Menge $a\mathbf{Z} = \{0, \pm a, \pm 2a, \ldots\}$ eine Untergruppe der

Gruppe ($\mathbf{Z}$, +). Es gibt genau $|a|$ Rechtsnebenklassen bezüglich dieser Untergruppe $a\mathbf{Z}$, nämlich die Mengen $a\mathbf{Z}$, $a\mathbf{Z} + 1, \ldots,$ $a\mathbf{Z} + (|a| - 1)$.

Als weiteres Beispiel betrachten wir $G = S_3$, und $U = \{e, (23)\}$ sei die Untergruppe von S_3, die aus der identischen Permutation und aus der Transposition (23) besteht. Eine Linksnebenklasse von S_3 nach U ist die Menge $(123)U = \{(123), (12)\}$. Die Linksnebenklassenzerlegung von $S_3 = \{e, (23), (12), (13), (123), (132)\}$ nach $U = \{e, (23)\}$ ist gegeben durch:

$$\{e, (23)\}, \{(123), (12)\}, \{(132), (13)\}.$$

Ist G eine endliche Gruppe, dann kann man zeigen, daß je zwei Linksnebenklassen nach der Untergruppe U gleichviele Elemente besitzen. Ein entsprechender Satz gilt natürlich auch für Rechtsnebenklassen. Für beliebige Gruppen gilt

2.8.13. Satz: Sei G eine Gruppe und U eine Untergruppe von G. Dann gibt es zu zwei Linksnebenklassen aU und bU eine bijektive Funktion $i: aU \to bU$, d. h. daß zwei Linksnebenklassen gleichmächtig sind.

2.8.14. Definition: Existieren nur endlich viele voneinander verschiedene Links- (bzw. Rechts-)Nebenklassen, so heißt diese Anzahl der verschiedenen Links- (bzw. Rechts-)Nebenklassen einer Gruppe G nach einer Untergruppe U der Index von G nach U und wird mit $[G : U]$ bezeichnet. Die Zahl $[G : e]$ nennt man die Ordnung der endlichen Gruppen G, in Zeichen: $|G|$.

Man überlegt sich leicht, daß gilt: Ist die Anzahl der Linksnebenklassen von G nach U endlich, so auch die Anzahl der Rechtsnebenklassen und die beiden Anzahlen stimmen überein.

In unserem Beispiel der Linksnebenklassenzerlegung der S_3 nach U ist also der Index von S_3 nach U gleich $[S_3 : U] = 3$.

Aus den vorangehenden Betrachtungen ergibt sich der

2.8.15. Satz von Lagrange: Ist G eine endliche Gruppe und U eine Untergruppe von G, dann gilt: $|G| = [G : U] \cdot |U|$.

Die Ordnung einer Untergruppe einer endlichen Gruppe ist also stets ein Teiler der Gruppenordnung. Die Ordnung jedes Elements einer endlichen Gruppe teilt die Gruppenordnung.

Eine Gruppe G, deren Ordnung eine Primzahl ist, hat außer den beiden trivialen Untergruppen keine weiteren Untergruppen.

Falls G ein Modul und U ein Untermodul davon ist, ist jede Links- auch Rechtsnebenklasse und umgekehrt und man verwendet den gemeinsamen Namen Restklasse. Eine Restklasse von G modulo U (kurz: G mod U) ist eine Menge a + U. Ein Vertretersystem der Restklassenzerlegung von G mod U heißt auch Restsystem von G mod U.

Sei $G = (\mathbf{Z}, +)$ und $U = \{x \mid 3 \text{ teilt } x\}$, dann hat die Restklassenzerlegung von G mod U die Form

$$0 + U, \quad 1 + U, \quad 2 + U$$

und ein Restsystem ist etwa 0, 1, 2.

Die Kongruenzrelationen spielen als die, mit der auf einer Menge vorgegebenen algebraischen Struktur verträglichen Äquivalenzrelationen eine erhebliche Rolle. Mit ihrer Hilfe kann man, wie wir schon bemerkt haben, neue Algebren aus vorgegebenen konstruieren. Dabei wenden wir uns zunächst dem Studium der Kongruenzrelationen auf Gruppen zu und betrachten später solche auf Ringen.

2.8.16. Satz: Sei G eine Gruppe, π eine Kongruenzrelation auf G und e das Einselement von G. Dann ist die Menge $N = \{x \mid x \in G, x\,\pi\,e\}$ eine Untergruppe von G, wobei $xNx^{-1} \subset N$ für alle $x \in G$ ist. Außerdem gilt $x\,\pi\,y \Leftrightarrow x^{-1}y \in N$ für alle $x, y \in G$.

Beweis: Um zu zeigen, daß N Untergruppe von G ist, verwenden wir das Kriterium des Satzes 2.8.3. N ist nichtleer, denn wegen $e\,\pi\,e$ ist $e \in N$. Mit $x, y \in N$ ist auch $xy \in N$, denn: $x\,\pi\,e, y\,\pi\,e \Rightarrow xy\,\pi\,e$. Ist $y \in N$, dann ist auch $y^{-1} \in N$, denn: $y\,\pi\,e \Rightarrow y^{-1}y\,\pi\,y^{-1}e \Rightarrow e\,\pi\,y^{-1} \Rightarrow y^{-1}\,\pi\,e$. Die Behauptung $xNx^{-1} \subset N$ ist richtig, denn:

Sei $x \in G$, $n \in N$, dann gilt: $n \pi e \Rightarrow n x^{-1} \pi x^{-1} \Rightarrow$
$\Rightarrow x n x^{-1} \pi x x^{-1}$, also $x n x^{-1} \pi e$, d.h. $x n x^{-1} \in N$ und da $n \in N$ beliebig gewählt wurde, gilt die Behauptung.

2.8.17. Definition: Sei G eine Gruppe. Eine Untergruppe N von G heißt Normalteiler von G, wenn für alle Elemente $x \in G$ gilt:

$$x N x^{-1} \subset N .$$

Zur Definition des Normalteilers verwendet man oft auch folgende, untereinander äquivalente Beziehungen:

(1)	$x N x^{-1} \subset N$	für alle $x \in G$,
(2)	$x N x^{-1} = N$	für alle $x \in G$,
(3)	$x^{-1} N x = N$	für alle $x \in G$,
(4)	$x N = N x$	für alle $x \in G$.

Die Normalteiler sind also jene wichtigen Untergruppen einer Gruppe, die die Eigenschaft haben, daß die entsprechenden Links- und Rechtsnebenklassenzerlegungen übereinstimmen. Nennt man einen Automorphismus f_a einer Gruppe G einen inneren Automorphismus von G für $a \in G$, wenn $f_a(x) = a x a^{-1}$, $x \in G$, dann kann man sagen: Eine Untergruppe N einer Gruppe G heißt Normalteiler oder invariante Untergruppe, wenn jeder innere Automorphismus von G die Untergruppe N in sich überführt.

Ist e Einselement von G, dann sind $\{e\}$ und G selbst Normalteiler von G. Hat G nur diese beiden Normalteiler, so heißt G einfache Gruppe. Ein bekanntes Beispiel einer einfachen Gruppe ist die alternierende Gruppe A_n, für $n \neq 4$.

Offensichtlich ist jede Untergruppe einer abelschen Gruppe ein Normalteiler. Jede Untergruppe N einer Gruppe mit $[G : N] = 2$ ist Normalteiler von G, denn in diesem Fall sind die Links- und Rechtsnebenklassenzerlegung gleich.

B e i s p i e l

Betrachten wir zunächst die Menge aller zweizeiligen quadratischen Matrizen mit rationalen Zahlen als Elementen. Sei G die Menge derjenigen Matrizen, deren Determinante ungleich Null ist, dann ist (G, ·) eine Gruppe bezüglich Multiplikation von Matrizen. Die Menge N aller Matrizen mit Determinante 1 ist ein Normalteiler von G, denn (N, ·) ist Untergruppe, und es gilt: Für A ∈ N und S ∈ G gilt $|SAS^{-1}| = 1$, also $SAS^{-1} \in N$. Dies gilt für jedes A ∈ N und S ∈ G, also ist $SNS^{-1} \subset N$.

Sei G eine Gruppe und N die Menge aller Normalteiler von G. Durch die Operationen

$$N_1 \sqcap N_2 := N_1 \cap N_2 \quad \text{und}$$
$$N_1 \sqcup N_2 := N_1 N_2 = \{ab \mid a \in N_1, b \in N_2\},$$

$N_1, N_2 \in N$, wird auf N eine Verbandsstruktur definiert.

Für die S_3 hat das dem Normalteilerverband entsprechende Hasse-Diagramm die Gestalt

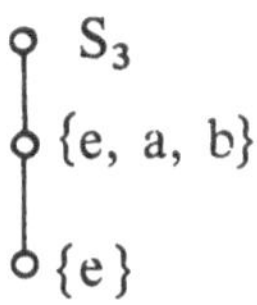

Für die Gruppen D_4 bzw. Q ist es von der Form:

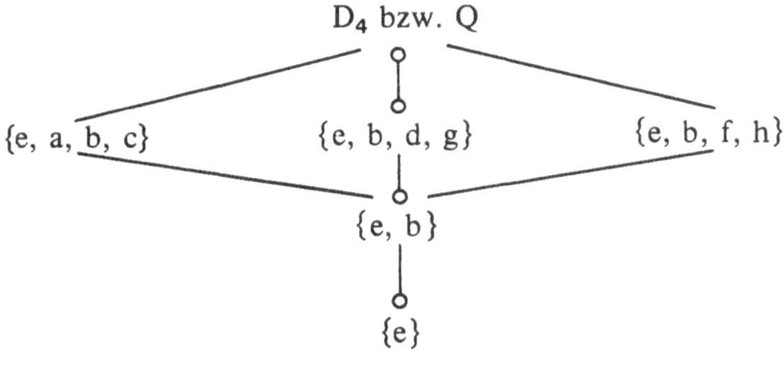

Satz 2.8.16 stellt eine eineindeutige Beziehung zwischen den Normalteilern N von G und den Kongruenzrelationen π auf G dar. Für die Faktorgruppe G/π schreiben wir daher G/N und definieren

2.8.18. Definition: Sei G eine Gruppe und N ein Normalteiler von G. Die Menge G/N der Nebenklassen von G nach N ist mit der Operation $([x], [y]) \mapsto [xy]$ eine Gruppe, genannt Quotienten- oder Faktorgruppe von G nach N.

Beispiele

Betrachten wir die additive Gruppe der ganzen Zahlen. Sei $n \in \mathbf{N}$, dann ist $n\mathbf{Z}$ ein Normalteiler von $\mathbf{Z}$, da $\mathbf{Z}$ abelsch ist. Die Menge $\mathbf{Z}_n = \mathbf{Z}/n\mathbf{Z} = \{[0], \ldots, [n-1]\}$ bildet eine Gruppe bezüglich Restklassenaddition.

Als zweites Beispiel bestimmen wir die Faktorgruppe der Gruppe aller zweizeiligen quadratischen Matrizen mit Determinante $\neq 0$, $(G, \cdot)$, nach dem Normalteiler $(N, \cdot)$ derjenigen dieser Matrizen mit Determinante 1. Die Nebenklasse SN besteht aus allen Elementen mit Determinante $|S|$. Die Funktion $f: G/N \to \{\mathbf{Q} \setminus \{0\}\}$, $(SN) \mapsto |S|$, ist ein Isomorphismus von der Faktorgruppe G/N auf $\{\mathbf{Q} \setminus \{0\}\}$.

Haben wir bisher als strukturierte Teilmengen von Gruppen die Untergruppen und Normalteiler betrachtet, so soll nun die gleiche Problemstellung für Ringe betrachtet werden. Besonders wichtig sind dabei diejenigen Unterringe, die den Normalteilern bei Gruppen entsprechen, nämlich die sogenannten Ideale eines Ringes.

Sei $R = (R, +, \cdot)$ ein Ring.

Jeder Ring mit mindestens zwei Elementen besitzt mindestens die beiden Unterringe $\{0\}$ und R, die man daher auch uneigentliche Unterringe von R nennt. Ist S Unterring von R und $S \neq R$, so heißt S echter Unterring von R.

2.8.19. Definition: Sei R ein Ring. Ein Unterring I von R heißt

a) Linksideal von R, wenn für alle $r \in R$ gilt: $rI \subset I$,

b) Rechtsideal von R, wenn für alle $r \in R$ gilt: $I r \subset I$,

c) Ideal von R, wenn I Links- und Rechtsideal von R ist.

Äquivalent zu dieser Definition ist die folgende Definition eines Ideals, die sich auch für Rechts- und Linksideal geben ließe. Diese fallen in kommutativen Ringen zusammen.

2.8.20. Definition: Eine nichtleere Teilmenge I eines Ringes R heißt Ideal von R, wenn gilt:

(1) für alle $a, b \in R$ mit $a, b \in I$ folgt: $a - b \in I$,

(2) für alle $a \in I$ und $r \in R$ gilt: $ra \in I$, $ar \in I$.

Beispiele:

Im Ring $(\mathbf{Z}, +, \cdot)$ sind die Unterringe $n\mathbf{Z} = \{0, \pm n, \pm 2n, \ldots\}$ Ideale.

Im Ring der zweizeiligen quadratischen Matrizen mit reellen Elementen und Matrizenaddition und Multiplikation als Verknüpfungen ist $I_1 = \left\{\begin{pmatrix} a & 0 \\ c & 0 \end{pmatrix} \middle| \, a, c \in \mathbf{R}\right\}$ ein Linksideal und

$$I_2 = \left\{\begin{pmatrix} a & -b \\ 0 & 0 \end{pmatrix} \middle| \, a, b \in \mathbf{R}\right\} \text{ ein Rechtsideal.}$$

Ein Ideal I ist genau dann echt im assoziativ-kommutativen Ring R mit Einselement e enthalten, wenn e nicht in I liegt. Denn ist $e \in I$, dann gilt also wegen $R \subset RI \subset I$ weiter $R = I$. Ist umgekehrt $R = I$, dann ist $e \in I$.

Sind I und J Ideale eines assoziativ-kommutativen Ringes R mit Einselement, dann sind auch Durchschnitt $I \cap J$, die Summe $I + J = \{a + b \mid a \in I, b \in J\}$ und das Produkt $IJ = \{\Sigma\, a_i b_i \mid a_i \in I, b_i \in J\}$, wobei es sich um eine Menge von jeweils endlichen Summen handelt, Ideale von R. Die Vereinigung zweier Ideale ergibt im allgemeinen nicht wieder ein Ideal.

Wenn wir den Begriff des Ideals analog zum Begriff des Normalteilers mit Hilfe einer Kongruenzrelation einführen wollen, dann geht man so vor:

Sei π Kongruenzrelation auf R. Dann betrachten wir also $I = \{x \mid x \in R, x \pi 0\}$, d.h. die Klasse der zu 0 äquivalenten Elemente bei der der Relation π entsprechenden Klasseneinteilung. Man kann zeigen, daß die Menge I ein Unterring von R ist, für den gilt: $rI \subset I$ und $Ir \subset I$ für $r \in R$. I ist also ein Ideal.

Die Klassen der Klasseneinteilung bei π sind gerade die Restklassen der Restklassenzerlegung des Moduls (R, +) nach dem Untermodul (I, +). Der Faktorring (oder Restklassenring) von R nach π besteht also gerade aus den Restklassen von (R, +) nach (I, +).

Die Operationen im Faktorring sind Addition und Multiplikation, definiert durch

$$[a] + [b] = [a + b] \quad \text{und} \quad [a][b] = [ab] ,$$

d.h. $$(a + I) + (b + I) = (a + b) + I \quad \text{und}$$

$$(a + I)(b + I) = ab + I .$$

Man erhält also jede Kongruenzrelation π aus der Restklassenzerlegung von (R, +) nach (I, +), wo I ein geeignet gewähltes Ideal von R ist.

Umgekehrt ist für ein beliebiges Ideal I von R die der Restklassenzerlegung von (R, +) nach (I, +) entsprechende Äquivalenzrelation eine Kongruenzrelation. Verschiedenen Idealen von R entsprechen verschiedene Kongruenzrelationen von R. Somit stehen Ideale und Kongruenzrelationen von R in einer eineindeutigen Beziehung zueinander. Entspricht der Kongruenzrelation π das Ideal I, so schreibt man statt R/π auch R/I.

Als Beispiel sei der assoziativ-kommutative Ring R mit Einselement durch die Operationstafeln gegeben:

+	0	1	2	3	4	5	6	7
0	0	1	2	3	4	5	6	7
1	1	2	3	0	5	6	7	4
2	2	3	0	1	6	7	4	5
3	3	0	1	2	7	4	5	6
4	4	5	6	7	0	1	2	3
5	5	6	7	4	1	2	3	0
6	6	7	4	5	2	3	0	1
7	7	4	5	6	3	0	1	2

·	0	1	2	3	4	5	6	7
0	0	0	0	0	0	0	0	0
1	0	1	2	3	4	5	6	7
2	0	2	0	2	0	2	0	2
3	0	3	2	1	4	7	6	5
4	0	4	0	4	2	6	2	6
5	0	5	2	7	6	3	4	1
6	0	6	0	6	2	4	2	4
7	0	7	2	5	6	1	4	3

Dieser Ring enthält die Ideale $I_1 = R$, $I_2 = \{0, 2, 4, 6\}$, $I_3 = \{0, 2\}$, $I_4 = \{0\}$.

Definiert man auf der Menge der Ideale Summe + und Produkt ·, so ergeben sich die Operationstafeln

+	I_1	I_2	I_3	I_4
I_1	I_1	I_1	I_1	I_1
I_2	I_1	I_2	I_2	I_2
I_3	I_1	I_2	I_3	I_3
I_4	I_1	I_2	I_3	I_4

·	I_1	I_2	I_3	I_4
I_1	I_1	I_2	I_3	I_4
I_2	I_2	I_3	I_4	I_4
I_3	I_3	I_4	I_4	I_4
I_4	I_4	I_4	I_4	I_4

Für den Quotientenring R/I_3 zum Beispiel erhält man die folgenden Operationstafeln für die entsprechenden Klassen:

+	0	1	4	5
0	0	1	4	5
1	1	0	5	4
4	4	5	0	1
5	5	4	1	0

·	0	1	4	5
0	0	0	0	0
1	0	1	4	5
4	0	4	0	4
5	0	5	4	1

Aus der Definition der einfachen Algebra folgt:

2.8.21. Satz: Ein Ring R ist genau dann einfach, wenn er außer dem Nullideal $\{0\}$ und dem Einheitsideal R keine weiteren Ideale besitzt.

Der Allrelation auf R entspricht nämlich als Ideal der ganze Ring R, genannt Einheitsideal. Der identischen Kongruenzrelation entspricht das Ideal $\{0\}$ von R, genannt Nullideal.

Man kann beweisen, daß ein assoziativ-kommutativer Ring R mit Einselement und $|R| \neq 1$ dann und nur dann einfach ist, wenn er ein Körper ist.

Wir wenden uns nun der Charakterisierung jener Ideal $I \neq R$ eines assoziativ-kommutativen Ringes R mit Einselement zu, so daß der Faktorring R/I ein Integritätsbereich ist. Dies ist genau dann der Fall, wenn aus $(a + I)(b + I) = I$ entweder $a + I = I$ oder $b + I = I$ folgt. Das aber ist gerade die Eigenschaft der

Nullteilerfreiheit von R/I, da ja die Klasse I die Rolle des Nullelements von R/I spielt. Für welche Ideale I ist nun der Faktorring R/I ein Integritätsbereich, für welche ein Körper? Zur Beantwortung führen wir zunächst folgende Definition ein.

2.8.22. Definition: Ein Ideal $I \neq R$ eines assoziativ-kommutativen Ringes R mit Einselement heißt Primideal, wenn aus $ab \in I$ entweder $a \in I$ oder $b \in I$, für alle $a, b \in R$, folgt.

2.8.23. Definition: Ein Ideal $M \neq R$ eines assoziativ-kommutativen Ringes R mit Einselement heißt maximales Ideal von R, wenn für jedes Ideal I von R aus $M \subset I$ stets $I = R$ oder $I = M$ folgt.

Ein maximales Ideal von R ist also ein maximales Element in der durch Inklusion geordneten Menge der Ideale $\neq R$ in R. Ist $a \in R$ und bezeichnen wir die Menge Ra mit (a), dann ist (a) ein Ideal in R.

2.8.24. Definition: Ein Ideal I eines assoziativ-kommutativen Ringes mit Einselement R heißt Hauptideal, wenn ein Element $a \in R$ mit $I = (a)$ existiert. (a) heißt das von dem Element a erzeugte Hauptideal.

Das Nullideal (0) und das Einheitsideal (1) sind Hauptideale. Ohne Beweis stellen wir nun einige Resultate für maximale Ideale und Primideale zusammen. Sei R ein assoziativ-kommutativer Ring mit Einselement.

a) Ein Ideal M von R ist genau dann maximales Ideal, wenn R/M ein Körper ist.

b) Ein Ideal I von R ist genau dann Primideal, wenn R/I ein Integritätsbereich ist.

c) Jedes maximale Ideal von R ist Primideal.

Einen assoziativ-kommutativen Ring R mit Einselement, der mindestens zwei Elemente enthält, haben wir Integritätsbereich genannt, wenn R nullteilerfrei ist. Äquivalent dazu ist die Bedingung: $x \neq 0, y \neq 0 \Rightarrow xy \neq 0, \forall x, y \in R$.

Mit den Integritätsbereichen wurde also eine gewisse Klasse von Ringen (nullteilerfreie assoziativ-kommutative Ringe mit Einselement) ausgesondert. Setzt man zusätzliche Bedingungen für die Ideale eines Ringes voraus, so erhält man eine weitere wichtige Klasse von Ringen durch die

2.8.25. Definition: Sei R ein Integritätsbereich. Ist jedes Ideal I von R ein Hauptideal, so heißt R Hauptidealring.

Man kann zeigen, daß der Polynomring Q [x] Integritätsbereich und sogar Hauptidealring ist. Auch der Integritätsbereich **Z** ist ein Beispiel für einen Hauptidealring.

Sei R Integritätsbereich. Das Element a heißt durch b teilbar, wenn es ein $c \in R$ gibt, so daß gilt: $a = bc$. Unter einer Einheit von I versteht man einen Teiler des Einselementes. Zwei Elemente a, b heißen assoziiert, wenn es eine Einheit ϵ gibt, so daß gilt: $a = b\epsilon$. In **Z** zum Beispiel sind -4 und $+4$ zueinander assoziiert. Die Einheiten und die assoziierten Elemente von a bezeichnet man als die trivialen Teiler von a. Ein Element $p \in R$ heißt Primelement, wenn es keine Einheit ist und nur die trivialen Teiler besitzt. Die Primelemente in **Z** sind die Zahlen $\pm p$, p Primzahl. Alle diese Begriffe stellen eine Verallgemeinerung der entsprechenden Tatsachen in **Z** dar. Ein wichtiger Satz, auf den wir im Kapitel über Körper nochmals eingehen werden, besagt, daß der Restklassenring eines Hauptidealrings R mod (p), $p \neq 0$ aus R, genau dann ein Körper ist, wenn p ein Primelement von R ist.

Als Anwendung dieses Satzes auf den Integritätsbereich **Z** erhalten wir, daß **Z**/(n) genau dann ein Körper ist, wenn n eine Primzahl ist. Die Körper **Z**/(p), p Primzahl, bestehen aus den Restklassen [0], [1], . . . , [p − 1], enthalten also p Elemente. Dies ist das erste Beispiel für einen Körper mit endlich vielen Elementen. Auf die sogenannten endlichen Körper werden wir ausführlich im Kapitel 5 eingehen.

Aus jedem Integritätsbereich R läßt sich auf folgende Weise ein Körper erzeugen:

2.8.26. Satz und Definition: Man definiert auf $R \times (R \setminus \{0\})$ eine Äquivalenzrelation π durch $(a, b)\, \pi\, (c, d) \Leftrightarrow ad = $
$= bc$, $\forall a, c \in R$ und $b, d \in R \setminus \{0\}$. Die Äquivalenzklasse von

$(a, b) \in R \times (R \setminus \{0\})$ sei mit $a/b = [(a, b)]$ bezeichnet und die durch π erzeugte Quotientenmenge nennen wir $Q(R) = (R \times (R \setminus \{0\}))/\pi = \{a/b \mid a \in R, b \in R \setminus \{0\}\}$. Definiert man auf $Q(R)$ zwei innere binäre Operationen + und · analog zur Addition und Multiplikation von Brüchen durch

$$\frac{a}{b} + \frac{a'}{b'} = \frac{ab' + ba'}{bb'}, \qquad \frac{a}{b} \cdot \frac{a'}{b'} = \frac{aa'}{bb'},$$

so ist $(Q(R), +, \cdot)$ ein Körper, den man den zu R gehörenden Quotientenkörper nennt.

Spezielle Beispiele:

$$Q(\mathbf{Z}) = \mathbf{Q}; Q(K[x]) = K(x) = \left\{\frac{f(x)}{g(x)} \,\middle|\, f(x), g(x) \in K[x], g \neq 0\right\}$$

nennt man den Körper der rationalen Funktionen mit Koeffizienten aus dem Körper K.

2.8.27. Definition: Ein Körper P heißt Primkörper, wenn er außer sich selbst keine Unterkörper besitzt.

Einen Überblick über sämtliche verschiedenen Primkörper verschafft uns der

2.8.28. Satz: Der Primkörper eines jeden Körpers ist entweder zum Körper der rationalen Zahlen **Q** oder zum Restklassenring $\mathbf{Z}_p$, p Primzahl, isomorph.

Jeder Körper enthält genau einen Primkörper P als Unterkörper, den man dann „den Primkörper von K“ nennt.

2.8.29. Definition: Die Charakteristik eines Körpers K sei 0, wenn sein Primkörper isomorph zum Körper der rationalen Zahlen ist, sie sei p, wenn sein Primkörper isomorph zum Körper $\mathbf{Z}_p = \mathbf{Z}/(p)$ ist.

Die Körper **R** und **Z** haben die Charakteristik 0, da sie **Q** enthalten. Weitere Beispiele für Körper der Charakteristik p werden wir im Kapitel 5 kennenlernen.

2.8.30. Definition: Ein Unterverband U eines Verbandes $(V, \cup, \cap)$ ist eine Teilmenge $U \subset V$, so daß $x \cap y \in U$, $x \cup y \in U$ für alle $x, y \in U$.

Es ist zum Beispiel der Verband aller Normalteiler einer Gruppe G ein Unterverband des Verbandes aller Untergruppen von G.

Eine nichtleere Teilmenge U eines A-Moduls M haben wir Untermodul genannt, wenn U bezüglich der auf M definierten inneren und äußeren Operationen ein A-Modul ist. Der Nullmodul $\{0\}$ und M selbst sind Untermoduln von M. Analog zu den Untergruppen bzw. Unterringen kann man zeigen, daß mit zwei Untermoduln U und V eines A-Moduls M auch $U \cap V$ und $U + V$ ebenfalls Untermoduln von M sind, während hingegen die Vereinigung $U \cup V$ im allgemeinen keinen Untermodul ergibt. Faßt man einen assoziativ-kommutativen Ring R mit Einselement als R-Modul auf, so sind die Ideale von R gerade die Untermoduln des R-Moduls R.

Ist M ein A-Modul und U ein Untermodul von M. Dann ist U als Untergruppe von M Normalteiler, man kann daher die Faktorgruppe M/U bilden, deren Elemente [x] die Restklassen von M modulo U sind und nach der Regel $[x] + [y] = [x + y]$ verknüpft werden. Definiert man nun eine äußere Verknüpfung in M/U durch die Zuordnung $(a, [x]) \mapsto [ax]$ für alle $a \in A$ und $[x] \in M/U$, dann ist, wie man leicht nachprüft, M/U wieder ein A-Modul, genannt der Quotienten- oder Faktormodul von M nach U.

ÜBUNGSAUFGABEN

66. Man zeige: Jede unendliche zyklische Gruppe hat genau zwei Erzeugendenelemente: Ein Erzeugendenelement und das dazu inverse.

67. Sei G eine Gruppe und $a \in G$. Man zeige, daß $H_a := \{x \mid x \in G, xa = ax\}$ eine Untergruppe von G ist. H_a heißt „Normalisator von a".

68. Sei G eine abelsche Gruppe mit dem Einselement e. Ist $H = \{x \mid x \in G, x^n = e \text{ für ein } n \in \mathbf{N}\}$ Untergruppe von G?

69. Sei G eine Gruppe, H eine Untergruppe von G und K eine Untergruppe von H. Man zeige: $[G:K] = [G:H]\,[H:K]$.

70. Sei H eine Untergruppe der Gruppe G und $x \in G$. Man zeige, daß $x^{-1}Hx = \{x^{-1}hx \mid x \in H\}$ eine Untergruppe von G ist.

71. Man bestimme für alle nichttrivialen Untergruppen der nichtabelschen endlichen Gruppen, deren Operationstafeln in 2.8 angegeben sind, die Links- und Rechtsnebenklassenzerlegung.

72. Bestimme alle Untergruppen der Quaternionengruppe und zeichne das Hasse-Diagramm der zugehörigen Halbordnung.

73. Sei G eine Gruppe, U eine Untergruppe und N ein Normalteiler von G. Man zeige: a) $U \cdot N = N \cdot U$, b) $U \cdot N$ ist Untergruppe von G, c) Ist U Normalteiler von G, so ist $U \cdot N$ ein Normalteiler von G.

74. Man gebe ein Beispiel für einen assoziativen Ring R mit Einselement e an, der einen Unterring R′ mit Einselement $e' \neq e$ besitzt.

75. Sei R ein assoziativer Ring und $a \in R$. Man zeige, daß die Teilmenge $\{r \in R \mid ar = ra\}$ einen Unterring von R bildet.

76. Sei R ein Ring und I ein Ideal von R. Man zeige, daß $\{r \in R \mid ra - ar \in I,\ a \in I\}$ ein Unterring von R ist.

77. Sei M eine Menge und R ein assoziativer Ring. Man zeige, daß die Menge Abb (M, R) bezüglich punktweiser Addition und Multiplikation einen Ring bildet und daß für eine Teilmenge N von M die Menge $\{f \in \text{Abb}\,(M, R) \mid f(x) = 0,\ x \in N\}$ ein Ideal in Abb (M, R) ist.

78. Man zeige, daß der Ring aller zweizeiligen quadratischen Matrizen mit rationalen Zahlen als Elementen einfach ist.

79. Sei M ein unitärer R-Modul und seien N_i, $i = 1, \ldots, k$, R-Untermoduln von M. Man zeige, daß die Komplexsumme $N = N_1 + \ldots + N_k$ ein R-Untermodul von M und gleich dem Durchschnitt aller R-Untermoduln von M ist, die $N_1, \ldots, N_k$ umfassen.

80. Sei K ein Körper und $R \neq \{0\}$ ein Unterring von K. Man zeige, daß $L = \{ab^{-1} \mid a, b \in R, b \neq 0\}$ der kleinste R umfassende Unterkörper von K ist.

2.9. Homomorphe Bilder

Die strukturverträglichen Funktionen sind beim Studium von algebraischen Strukturen von großer Bedeutung. Wir werden sie nun am Beispiel der Halbgruppen, Gruppen, Ringe, Verbände und Operatormoduln untersuchen.

2.9.1. Satz: Sei H eine Halbgruppe, M eine Algebra mit einer multiplikativen Operation und $f \in \text{Hom}(H, M)$. Dann ist auch das Bild $f(H)$ eine Halbgruppe.

Zum Beweis hat man nur nachzuprüfen, daß mit je zwei Elementen auch ihr Produkt in $f(H)$ liegt und daß für die Elemente von $f(H)$ das Assoziativgesetz gilt.

2.9.2. Satz: Sind H und H′ Halbgruppen und $f \in \text{Hom}(H, H')$, dann ist $f(H)$ eine Unterhalbgruppe von H′ und $f^{-1}(U')$ ist eine Unterhalbgruppe von H, wenn U′ eine Unterhalbgruppe von H′ ist.

Beweis: Es bleibt nur zu zeigen, daß mit $a, b \in f^{-1}(U')$ auch $ab \in f^{-1}(U')$ gilt. Dies gilt aber wegen $f(ab) = f(a)\,f(b) \in U'$.

Insbesondere bei Gruppen spielen Homomorphismus und Isomorphismus eine große Rolle. Wir geben zunächst einige Beispiele: Sei G eine Gruppe.

Die Abbildung $f_a : G \to G$, $x \mapsto axa^{-1}$ ist für alle Elemente $a \in G$ ein Isomorphismus, genauer: Automorphismus. Man nennt die Automorphismen f_a innere Automorphismen der Gruppe.

Die Funktion $\exp : \mathbf{R} \to \mathbf{R}^+$, $x \mapsto e^x$, von $(\mathbf{R}, +)$ auf die Gruppe der von Null verschiedenen positiven reellen Zahlen $(\mathbf{R}^+, \cdot)$ ist ein Isomorphismus.

Die Logarithmusfunktion $\log : \mathbf{R}^+ \to \mathbf{R}$, $x \mapsto \log x$, ist ein Isomorphismus von $(\mathbf{R}^+, \cdot)$ auf $(\mathbf{R}, +)$.

Um zu zeigen, daß zwei Gruppen G und G' isomorph sind, hat man eine Funktion von G nach G' anzugeben und zu zeigen, daß diese Funktion bijektiv und ein Homomorphismus ist.

So kann man zum Beispiel auch zeigen, daß jede unendliche zyklische Gruppe G isomorph zur Gruppe $(\mathbf{Z}, +)$ ist. Man prüft nach, daß $f : G = \{a^n \mid n \in \mathbf{Z}\} \to \mathbf{Z}$, $a^n \mapsto n$, ein Isomorphismus ist.

2.9.3. Definition: Seien G und G' Gruppen, $f \in \mathrm{Hom}(G, G')$, e' sei das Einselement von G'. Dann nennt man die Menge aller der Elemente von G, die auf e' abgebildet werden, den Kern von f und schreibt: $\mathrm{Kern}\, f = \{x \mid x \in G, f(x) = e'\} = f^{-1}(\{e'\})$.

Im nachfolgenden Satz sind die wichtigsten Eigenschaften von Homomorphismen von Gruppen zusammengefaßt. Sie zeigen vor allem die strukturerhaltende Eigenschaft von Homomorphismen.

2.9.4. Satz: Seien G und G' Gruppen mit den Einselementen e bzw. e', U Untergruppe von G und U' Untergruppe von G', $f \in \mathrm{Hom}(G, G')$. Dann gilt:

a) $f(e) = e'$, $f(x^{-1}) = (f(x))^{-1}$ für alle $x \in G$.

b) $f^{-1}(U')$ ist Untergruppe von G und f(U) ist Untergruppe von G'; insbesondere ist f(G) Untergruppe von G' und Kern f Untergruppe von G.

c) Ist N Normalteiler von G, so ist f(N) Normalteiler von f(G). Ist N' Normalteiler von G, so ist $f^{-1}(N')$ Normalteiler von G. Kern f ist Normalteiler von G.

Ungenau ausgedrückt könnte man diesen Satz mit den Worten zusammenfassen, daß unter einem Homomorphismus einer Untergruppe wieder eine Untergruppe und einem Normalteiler ein Normalteiler entspricht. Insbesondere sei noch auf den Unterschied der Resultate bei abelschen Gruppen hingewiesen. Ist nämlich G' eine abelsche Gruppe, dann ist die Untergruppe f(G) ein Normalteiler in G' und somit kann man die Quotientengruppe G'/f(G) bilden.

Bei abelschen Gruppen fallen bekanntlich Untergruppen und Normalteiler zusammen, was zur Folge hat, daß sich in diesem Fall Untergruppen und Quotientengruppen bijektiv entsprechen.

2.9.5. Satz: Ist N Normalteiler einer Gruppe G, so ist die natürliche Funktion $\nu : G \to G/N$, $x \mapsto xN$, $x \in G$, ein Homomorphismus.

Diese Behauptung folgt unmittelbar aus der Definition der Nebenklassenmultiplikation, denn: $\nu(xy) = xyN = (xN)(yN) = \nu(x)\nu(y)$.

Wir können nun den allgemeinen Homomorphiesatz auf Gruppen spezialisieren. Es gilt also

2.9.6. Homomorphiesatz für Gruppen: Seien G und G′ Gruppen, $f \in \mathrm{Hom}(G, G')$. Dann ist f(G) eine Gruppe, und es existiert genau ein Isomorphismus g von G/Kern f nach f(G), der das Diagramm kommutativ macht:

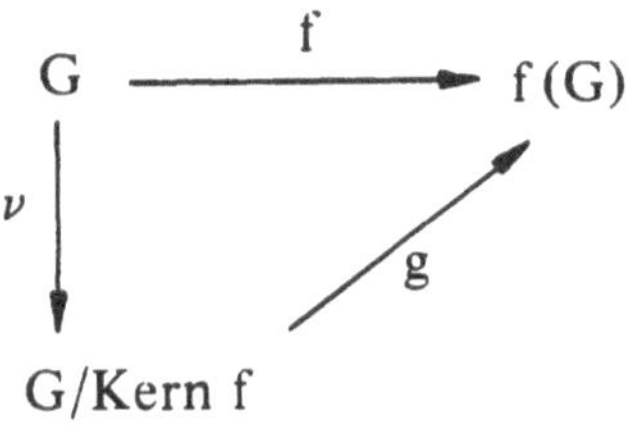

Der Homomorphiesatz bedeutet also, daß für einen Homomorphismus f einer Gruppe G in G′, das Bild f(G) genau gleich G/Kern f ist und daß sich f von der natürlichen Abbildung nur durch einen Isomorphismus unterscheidet. Homomorphismen und Faktorgruppen entsprechen einander damit in natürlicher Weise. Für jede Faktorgruppe G/N existiert ein Homomorphismus $\nu : G \to G/N$ mit Kern N und umgekehrt ist für jeden Homomorphismus $f : G \to G'$ das Bild von f notwendig bis auf Isomorphie gleich G/Kern f.

B e i s p i e l :

Bezeichne $\mathbf{C}^*$ die Menge der von Null verschiedenen komplexen Zahlen, dann ist $f: (\mathbf{R}, +) \to (\mathbf{C}^*, \cdot)$, $x \mapsto \cos x + i \sin x$, ein Homomorphismus. Da $\cos x + i \sin x = 1$ genau dann, wenn $x = 2\pi n$, n ganzzahlig, ist Kern $f = \langle 2\pi \rangle$, also die von 2π erzeugte zyklische Gruppe. Der Homomorphiesatz besagt nun, daß $\mathbf{R}/\langle 2\pi \rangle$ isomorph zu $f(\mathbf{R})$ ist. $\mathbf{R}/\langle 2\pi \rangle$ ist die multiplikative Gruppe der komplexen Zahlen mit Absolutbetrag 1.

Jedes homomorphe Bild einer zyklischen Gruppe ist eine zyklische Gruppe. Als homomorphe Bilder der zyklischen Gruppe $\mathbf{Z}_6$ treten die Gruppen $\mathbf{Z}_1$, $\mathbf{Z}_2$, $\mathbf{Z}_3$ und $\mathbf{Z}_6$ auf.
In Ergänzung zu Satz 2.9.4 kann man zeigen, daß durch $f \in \mathrm{Hom}(G, G')$ eine bijektive Funktion g von der Menge der Normalteiler von G, die Kern f umfassen, nach der Menge der Normalteiler von G' vermittelt wird, durch $g(N) = f(N)$.

B e i s p i e l :

Hat man das Problem, einen Endomorphismus f von D_4 mit Kern $f = \{e, b\}$ zu bestimmen und die durch f vermittelte Zuordnung zwischen den Untergruppen und Normalteilern von D_4, welche Kern f umfassen, einerseits und den Untergruppen und Normalteilern von $f(D_4)$ andererseits aufzustellen, so gilt die im folgenden dargestellte Zuordnung (s. S. 127):
$f: D_4 \to D_4$ sei der Endomorphismus, für den gilt:

$$d_0 \mapsto d_0\,,\quad d_1 \mapsto d_2\,,\quad d_2 \mapsto d_0\,,\quad d_3 \mapsto d_2\,,$$
$$s_1 \mapsto s_1\,,\quad s_2 \mapsto s_1\,,\quad s_3 \mapsto s_4\,,\quad s_4 \mapsto s_4\,.$$

B e i s p i e l :

Sämtliche Kongruenzrelationen auf der Gruppe S_3 findet man über ihre Klasseneinteilung, welche ja die Nebenklassenzerlegungen nach Normalteilern von S_3 sind. Für S_3 sind die entsprechenden Klasseneinteilungen:

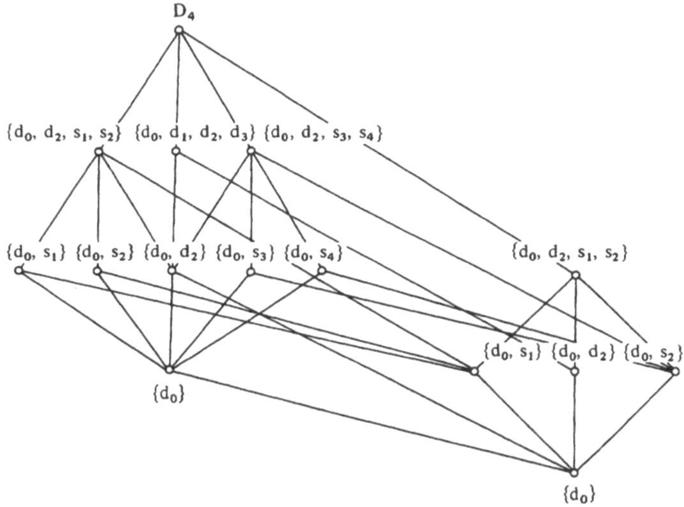

$$\{\{e\}, \{a\}, \{b\}, \{c\}, \{d\}, \{f\}\},$$
$$\{\{e, a, b\}, \{c, d, f\}\quad,$$
$$\{\{e, a, b, c, d, f\}\}.$$

Wenden wir uns nun den homomorphen Bildern von Ringen zu und seien die in diesem Abschnitt verwendeten Ringe alle assoziativ.

2.9.7. Definition: Seien R und R′ Ringe, 0′ sei das Nullelement von R′ und f ∈ Hom(R, R′). Unter dem Kern des Homomorphismus f versteht man die Menge

$$\text{Kern } f = f^{-1}(\{0'\}) = \{a \in R \mid f(a) = 0'\}.$$

2.9.8. Satz: Seien R und R′ Ringe, S Unterring von R und S′ Unterring von R′ und f ∈ Hom (R, R′), 0 bzw. 0′ das Nullelement von R bzw. R′.

Dann gilt:

a) $f(0) = 0'$, $f(-a) = -(f(a))$, $\forall\, a \in R$.

b) $f(S)$ ist Unterring von R', $f^{-1}(S')$ ist Unterring von R.

c) Sind I bzw. I' Ideale in R bzw. R', dann ist $f^{-1}(I')$ ein Ideal von R und f(I) ein Ideal von f(R). Insbesondere ist aber Kern f ein Ideal von R.

Bei einem Homomorphismus entsprechen also grob gesagt Unterringen wieder Unterringe und Idealen wieder Ideale.

Auch der Homomorphiesatz läßt sich auf Ringe spezialisieren. Zunächst zeigt man noch, daß die natürliche Funktion $\nu : R \to R/I$, $\nu(a) = a + I$ für alle $a \in R$, I Ideal, ein Homomorphismus ist. Denn (R, +) ist eine Gruppe mit dem Normalteiler (I, +), und es gilt $\nu(a + b) = \nu(a) + \nu(b)$, $\nu(ab) = $ $= ab + I = (a + I)(b + I) = \nu(a)\nu(b)$.

2.9.9. Homomorphiesatz für Ringe: Seien R und R' Ringe, $f \in \text{Hom}(R, R')$. Dann existiert genau ein Isomorphismus g von R/Kern f nach f(R), so daß das folgende Diagramm kommutativ ist:

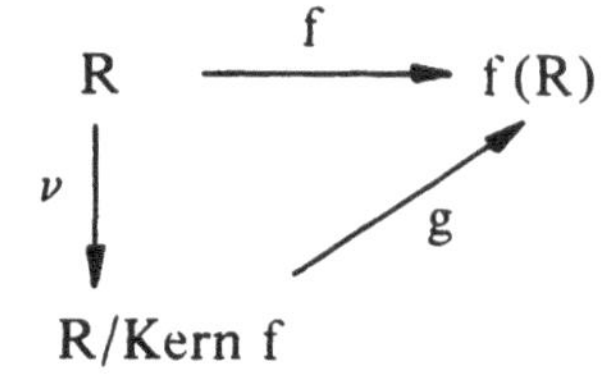

Man kann leicht zeigen, daß homomorphe Bilder von assoziativen Ringen oder assoziativ-kommutativen Ringen oder Ringen mit Einselement oder Verbänden oder Booleschen Algebren wieder assoziative Ringe . . . usw. sind. Abschließend gehen wir auf die homomorphen Bilder von Operatormoduln noch näher ein.

Eine Funktion f haben wir A-Homomorphismus des A-Moduls M nach dem A-Modul N genannt, wenn f mit den (inneren und äußeren) Operationen verträglich ist. Da einige der folgenden Eigenschaften schon für Gruppen besprochen wurden, wird dann jeweils noch die Verträglichkeit mit der äußeren Operation zu prüfen sein.

Beispiele für A-Homomorphismen sind die Nullfunktion $0: M \to N$ definiert durch $0(x) = 0$ für alle $x \in M$, oder die Identität $i_a : M \to M$. Die Funktion $f_a : M \to M$, $x \mapsto ax$ für alle $x \in M$ ist für alle $a \in A$, wobei A assoziativ-kommutativer Ring mit Einselement ist, ein nichttrivialer A-Homomorphismus. Man prüft leicht nach, daß gilt: $f_a(x + y) = f_a(x) + f_a(y)$ und $f_a(bx) = bf_a(x)$ für alle $b \in A$ und alle $x, y \in M$.

Entsprechend wie bei den Gruppen definiert man

2.9.10. Definition: Seien M und N A-Moduln, $f \in \mathrm{Hom}_A(M, N)$. Unter dem Kern der Funktion f versteht man die Menge

$$\mathrm{Kern}\, f = \{x \mid x \in M, f(x) = 0\} = f^{-1}(\{0\}) .$$

2.9.11. Satz: Seien M und N A-Moduln, $f \in \mathrm{Hom}_A(M, N)$.

a) Ist U ein Untermodul von M, dann ist f(U) ein Untermodul von N. Ist V ein Untermodul von N, dann ist $f^{-1}(V)$ ein Untermodul von M.

b) Kern f ist Untermodul von M, f(M) ist Untermodul von N.

c) Ist U Untermodul von M, so ist die natürliche Abbildung $\nu : M \to M/U$ ein A-Homomorphismus.

Auch für A-Moduln kann man einen Homomorphiesatz beweisen:

2.9.12. Homomorphiesatz für A-Moduln: Seien M, N, A-Moduln und $f \in \mathrm{Hom}_A(M, N)$. Dann existiert genau ein A-Isomorphismus $g : M/\mathrm{Kern}\, f \to N$, so daß das Diagramm kommutativ ist:

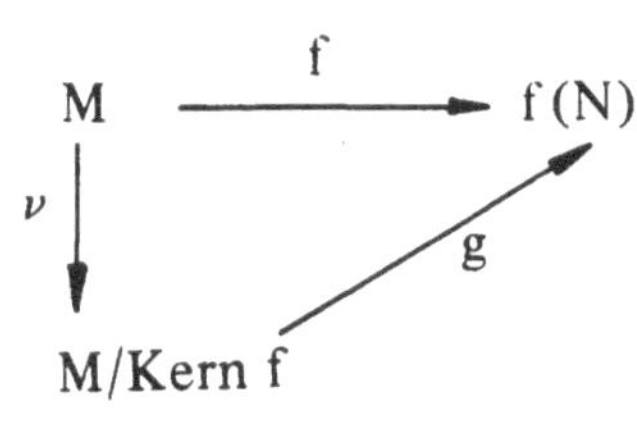

Jeder A-Homomorphismus ergibt sich also als Komposition eines natürlichen Homomorphismus und eines Isomorphismus, es wird also das Studium der A-Homomorphismen auf dasjenige der natürlichen Homomorphismen zurückgeführt. Dabei gibt es genau so viele natürliche Homomorphismen wie es Untermoduln U von M gibt.

ÜBUNGSAUFGABEN

81. Sei $(G, \cdot)$ eine Gruppe. Auf G definiere man eine binäre Operation $*$ durch $a * b := b \cdot a$ und zeige, daß $(G, *)$ isomorph zu $(G, \cdot)$ ist.
82. Man zeige, daß die Kleinsche Vierergruppe zu einer Untergruppe der S_4 isomorph ist. Ist die Kleinsche Vierergruppe zur Z_4 isomorph?
83. Sei G eine abelsche Gruppe der Ordnung n und $r \in \mathbf{N}$. Man zeige: Die Funktion $f: G \to G$, $a \mapsto a^r$, ist ein Endomorphismus von G. Für welche r ist f Automorphismus?
84. Man bestimme alle Endomorphismen f der Kleinschen Vierergruppe V und bestimme zu jedem f Kern und f(V).
85. Man zeige: a) Sind G und H zwei endliche zyklische Gruppen, dann gilt $G \cong H$ genau dann, wenn $|G| = |H|$.

    b) Ist $n \in \mathbf{N}$, so gibt es bis auf Isomorphie genau eine zyklische Gruppe der Ordnung n.

    c) Jede unendliche zyklische Gruppe ist isomorph zur additiven Gruppe der ganzen Zahlen.
86. Sei G die Gruppe aller zweizeiligen quadratischen Matrizen mit rationalen Zahlen als Koeffizienten und Determinante $\neq 0$. Sei N die Menge aller dieser Matrizen mit Determinante 1. Man zeige mit Hilfe des Homomorphiesatzes: $G/N \cong (\mathbf{Q} \setminus \{0\}, \cdot)$.
87. Sei G eine Gruppe und $N = \{n \mid n \in G, nx = xn \text{ für alle } x \in G\}$. Man zeige:

    a) Die Menge aller inneren Automorphismen von G ist bezüglich der Komposition eine Gruppe.

    b) N ist Normalteiler von G.

c) Die Gruppe der inneren Automorphismen ist isomorph zu G/N.

88. Sei G die Menge aller durch $f(x) = ax + b$, $a, b \in \mathbf{R}$, $a \neq 0$, definierten Abbildungen f von **R** in **R**. Sei U die Menge aller $f \in G$ mit $a = 1$ und V die Menge aller $f \in G$ mit $b = 0$. Man zeige:

    a) G ist Gruppe und U und V sind Untergruppen von G.

    b) U ist Normalteiler von G, V ist kein Normalteiler von G.

    c) $(V, \cdot) \cong (\mathbf{R} \setminus \{0\}, \cdot)$.

89. Seien K und L Körper und $f \in \operatorname{Hom}(K, L)$. Man zeige, daß f ein Isomorphismus ist, oder alle Elemente von K auf 0 abbildet.

90. Gegeben sei der Ring $(P(M), +, \cdot)$ mit $A + B := (A \cup B) \setminus (A \cap B)$, $A \cdot B := A \cap B$, $A, B \in P(M)$ und $N \subset M$. Man zeige, daß $f: P(M) \to P(M)$ mit $A \mapsto A \cap N$ ein Homomorphismus ist und berechne Kern f.

91. Sei R ein assoziativ-kommutativer Ring und M ein R-Modul. Man zeige, daß $f_r: M \to M$, $x \mapsto rx$, $x \in M$, für jedes $r \in R$ ein Element von $\operatorname{Hom}_R(M, M)$ ist und daß die Funktion $r \mapsto f_r$ von R nach $\operatorname{Hom}_R(M, M)$ ein (Ring-) Homomorphismus ist.

92. Man zeige: a) $(n) = \{kn \mid k \in \mathbf{Z}, n \in \mathbf{N}\}$ ist ein Ideal in **Z**.

    b) $f: \mathbf{Z} \to (n)$, $x \mapsto nx$, ist ein **Z**-Isomorphismus aber für $n \neq \pm 1$ kein (Ring-)Isomorphismus.

93. Man zeige, daß der Körper der komplexen Zahlen isomorph zu $\mathbf{R}[x]/(x^2 + 1)$ ist, wobei $(x^2 + 1)$ das durch $x^2 + 1$ erzeugte Hauptideal ist.

94. Man zeige, daß die Ideale (1) und (2) in **Z** als **Z**-Moduln isomorph sind, als Ringe jedoch nicht isomorph sind.

2.10. Direkte Produkte

In diesem Paragraphen wird eine weitere konstruktive Methode angegeben, um aus gegebenen Algebren neue Algebren zu erhalten.

2.10.1. Definition: Das (äußere) direkte Produkt von n Algebren $M_1, M_2, \ldots, M_n$ mit je k binären Operationen $\Diamond_j$, $j = 1, 2, \ldots, k$, ist die Menge

$$M = \mathop{\times}_{i=1}^{n} M_i = M_1 \times M_2 \times \ldots \times M_n =$$
$$= \{ (a_1, \ldots, a_n) \mid a_i \in M_i,\ i = 1, 2, \ldots, n \}$$

mit den Verknüpfungen

$$(a_1, \ldots, a_n) \Diamond_j (b_1, \ldots, b_n) =$$
$$= (a_1 \Diamond_j b_1, \ldots, a_n \Diamond_j b_n)$$

für $j = 1, 2, \ldots, k$ und $a_i, b_i \in M_i$, $i = 1, 2, \ldots, n$.
Man prüft nach, daß das direkte Produkt abgesehen von Isomorphie von der Reihenfolge seiner Faktoren unabhängig ist.

2.10.2. Satz: Das direkte Produkt von Halbgruppen, Gruppen, Moduln, (assoziativen, kommutativen) Ringen (mit Einselement), Verbänden, Boolschen Algebren sind wieder Halbgruppen, Gruppen, . . . , usw.

Zum Beweis hat man nachzuprüfen, daß die Operationen $\Diamond_j$ auch auf $M = M_1 \times \ldots \times M_n$ die Eigenschaften besitzen, die ihnen auf den einzelnen M_i zukommen. Für das direkte Produkt von Halbgruppen zum Beispiel ist zu zeigen, daß das Assoziativgesetz auf M gilt, beim direkten Produkt von Gruppen hat man die Existenz eines Einselements zu jedem $(a_1, \ldots, a_n) \in M$ zu zeigen, usw.

Wird eine der Operationen $\Diamond_j$ additiv geschrieben, so sagt man statt „direktes Produkt" $\mathop{\times}_{i=1}^{n} M_i$ auch direkte Summe und schreibt $\sum_{i=1}^{n} M_i$. Insbesondere gilt dies bei Moduln und Ringen.

Es ist zu beachten, daß die direkte Summe von Integritätsbereichen im allgemeinen kein Integritätsbereich ist, da sie Nullteiler enthält. So ist zum Beispiel $(0, 1)(1, 0) = (0, 0)$. Auch für Operatormoduln kann man eine äußere Summe definieren.

2.10.3. Definition: Seien M_i, i = 1, . . . , n, A-Moduln. Bildet man die äußere Summe $M = \sum_{i=1}^{n} M_i$ der M_i als Moduln und definiert eine äußere Verknüpfung mit A durch

$$r(a_1, \ldots, a_n) = (ra_1, \ldots, ra_n), \quad r \in A,$$

dann ist M mit dieser Operation wieder ein A-Modul, genannt die direkte Summe der A-Moduln M_i.

Man sieht leicht ein, daß M genau $r_1 r_2 \ldots r_n$ Elemente enthält, wenn M_i genau r_i Elemente besitzt.

Beispiele:

Die Gruppe $\mathbf{Z}_2 \times \mathbf{Z}_3$ hat 6 Elemente (0, 0), (0, 1), (0, 2), (1, 0), (1, 1) und (1, 2). Sie ist eine zyklische Gruppe mit (1, 1) als Erzeugendenelement, denn man berechnet (1, 1) = (1, 1), (1, 1) + (1, 1) = 2 (1, 1) = (0, 2), usw. und erkennt, daß man auf diese Weise alle Elemente von $\mathbf{Z}_2 \times \mathbf{Z}_3$ erhält. Da es (bis auf Isomorphie) genau eine zyklische Gruppe von gegebener Ordnung gibt, gilt: $\mathbf{Z}_2 \times \mathbf{Z}_3 \cong \mathbf{Z}_6$.

Allgemein gilt sogar: $\mathbf{Z}_m \times \mathbf{Z}_n$ ist genau dann zyklisch, wenn m und n teilerfremd sind.

$\mathbf{Z}_2 \times \mathbf{Z}_2$ zum Beispiel ist nicht zyklisch, daher muß gelten: $\mathbf{Z}_2 \times \mathbf{Z}_2 \cong V$, der Kleinschen Vierergruppe.

Als Beispiel einer direkten Summe von Ringen geben wir $\mathbf{Z} + \mathbf{Q}$.

2.10.4. Definition: Gegeben sei eine Gruppe G mit den Untergruppen U_i, i = 1, 2, . . . , n. G heißt (inneres) direktes Produkt der Untergruppen U_i, wenn die Funktion $f : \mathop{\times}_{i=1}^{n} U_i \to G$, $f(a_1, \ldots, a_n) = a_1 \ldots a_n$, ein Isomorphismus von $\mathop{\times}_{i=1}^{n} U_i$ auf G ist.

Insbesondere ist also das innere direkte Produkt von Untergruppen isomorph zum äußeren direkten Produkt dieser Untergruppen.

Als Beispiel betrachten wir die Gruppe G = V (Operationstafel 2.8) mit den Untergruppen $U_1 = \{e, a\}$ und $U_2 = \{e, b\}$. Die Operationstafel für $U_1 \times U_2 = \{(e, e), (e, b), (a, e), (a, b)\}$ ist dann gegeben durch:

	(e, e)	(e, b)	(a, e)	(a, b)
(e, e)	(e, e)	(e, b)	(a, e)	(a, b)
(e, b)	(e, b)	(e, e)	(a, b)	(a, e)
(a, e)	(a, e)	(a, b)	(e, e)	(e, b)
(a, b)	(a, b)	(a, e)	(e, b)	(e, e)

Der Isomorphismus $f: U_1 \times U_2 \to V$ ist definiert, durch die Zuordnung $(e, e) \mapsto e$, $(e, b) \mapsto b$, $(a, e) \mapsto a$, $(a, b) \mapsto c$.

In ähnlicher Weise kann man eine innere direkte Summe auch für Unterringe eines Ringes bzw. für Untermoduln eines A-Moduls definieren.

2.10.5. Definition: Der Ring R heißt die (innere) direkte Summe der Unterringe $R_1, \ldots, R_n$, wenn die Funktion $f: \sum_{i=1}^{n} R_i \to R$, mit $f(a_1, \ldots, a_n) = a_1 + \ldots + a_n$, ein Isomorphismus von $\sum_{i=1}^{n} R_i$ auf R ist.

Insbesondere ist also die innere direkte Summe von Unterringen isomorph zur direkten Summe dieser Unterringe.

Eine notwendige und hinreichende Bedingung dafür, daß eine Gruppe inneres direktes Produkt von Untergruppen ist, liefert der

2.10.6. Satz: Eine Gruppe G ist genau dann inneres direktes Produkt ihrer Untergruppen U_i, $i = 1, \ldots, n$, wenn gilt:

(1) Jedes $a \in G$ läßt sich eindeutig in der Form $a = a_1 \ldots a_n$ darstellen, $a_i \in U_i$, $i = 1, \ldots, n$.

(2) Für $a_i \in U_i$, $a_j \in U_j$ mit $i \neq j$ gilt stets: $a_i a_j = a_j a_i$.

Man kann beweisen, daß zu diesen beiden Bedingungen die folgenden äquivalent sind:

(1′) $G = U_1 U_2, \ldots, U_n$ (Komplexprodukt).

(2′) Für $i = 1, 2, \ldots, n$ gilt: $U_i \cap U_1 U_2 \ldots U_{i-1} \times \times U_{i+1} \ldots U_n = \{e\}$.

(3′) $U_1, U_2, \ldots, U_n$ sind Normalteiler von G.

Auch für Ringe läßt sich eine ähnliche Charakterisierung für die innere direkte Summe angeben. Im Fall von Operatormoduln gilt

2.10.7. Definition: Ein A-Modul M heißt (innere) direkte Summe seiner Untermoduln $M_1, M_2, \ldots, M_n$, wenn die Funktion $f : \sum_{i=1}^{n} M_i \to M$, $f(m_1, \ldots, m_n) = m_1 + \ldots + m_n$ ein A-Isomorphismus von $\sum_{i=1}^{n} M_i$ auf M ist.

2.10.8. Satz: M ist genau dann die innere direkte Summe der Untermoduln M_i, $i = 1, 2, \ldots, n$, wenn sich jedes $m \in M$ eindeutig darstellen läßt in der Form $m = m_1 + \ldots + m_n$, $m_i \in M_i$, $i = 1, 2, \ldots, n$.

Äquivalent dazu ist: M ist genau dann innere direkte Summe der M_i, wenn gilt:

(1) $M = \sum_{i=1}^{n} M_i$,

(2) $(M_1 + M_2 + \ldots + M_i) \cap M_{i+1} = \emptyset$ für $1 \leqslant i \leqslant n-1$.

Wir beschließen dieses Kapitel mit einem Nachtrag zu den Operationstafeln von endlichen Gruppen von kleiner Ordnung.

An endlichen Gruppen der Ordnung 8 haben wir bisher die zyklische Gruppe $\mathbf{Z}_8$ und die beiden nichtabelschen Gruppen D_4 (Diedergruppe der Ordnung 8) und Q (Quaternionengruppe) kennengelernt. Mit Hilfe der direkten Produktbildung erhält man zwei weitere abelsche Gruppen der Ordnung 8, nämlich die nichtzyklischen Gruppen $\mathbf{Z}_2 \times \mathbf{Z}_4$ und $\mathbf{Z}_2 \times \mathbf{Z}_2 \times \mathbf{Z}_2$.

Abschließend sei eine Zusammenstellung der Anzahl sämtlicher nichtisomorphen Gruppen kleiner Ordnung angegeben:

Ordnung	1	2	3	4	5	6	7	8	9	10
Anzahl	1	1	1	2	1	2	1	5	2	2

Ordnung	11	12	13	14	15	16	17	18	19	20
Anzahl	1	5	1	2	1	14	1	5	1	5

ÜBUNGSAUFGABEN

95. Man zeige: Jeder Normalteiler eines (direkten) Faktors einer Gruppe G ist auch Normalteiler von G.
96. Sei G eine Gruppe und $G = A \times B$ eine Darstellung von G als (inneres) direktes Produkt. Man zeige: $G/A \cong B$ und $G/B \cong A$.
97. Man stelle den Restklassenring $\mathbf{Z}/(6)$ als (nichttriviale) direkte Summe dar.
98. Für $(a, b) \in \mathbf{Z} \times \mathbf{Z}$ sei $((a, b)) := \{(ka, lb) \mid k, l \in \mathbf{Z}\}$.
    a) Man zeige, daß $((a, b))$ ein Ideal in $\mathbf{Z} \times \mathbf{Z}$ ist.
    b) Man gebe einen (Ring-)Isomorphismus von $((1, 0))$ auf $((0, 1))$ an.
    c) Man prüfe nach, ob dieser Isomorphismus ein Isomorphismus bleibt, wenn man $((1, 0))$ und $((0, 1))$ als Untermodul des $\mathbf{Z} \times \mathbf{Z}$-Moduls $\mathbf{Z} \times \mathbf{Z}$ auffaßt.
99. Man bestimme alle Untergruppen von $\mathbf{Z}_2 \times \mathbf{Z}_2 \times \mathbf{Z}_2$ und zeichne dafür ein entsprechendes Hasse-Diagramm.
100. Man bestimme die 8 Elemente von $\mathbf{Z}_2 \times \mathbf{Z}_4$ und berechne die Ordnung eines jeden Elements. Ist diese Gruppe zyklisch?

3. Halbgruppen

Der Begriff „Halbgruppe“ ist erstmals 1904 im Algebra-Lehrbuch von Seguier zu finden. Eine der ersten Forschungsarbeiten über Halbgruppen stammt von L. E. Dickson und die breitere Forschung setzte 1928 mit Suschkewitsch ein. Von da an nahmen die Halbgruppen sowohl in der theoretischen Forschung als auch besonders im letzten Jahrzehnt in den praktischen Anwendungen eine stürmische Entwicklung. Ihre bedeutendsten Anwendungen sind u.a. in der Automatentheorie, bei genetischen Problemen in der Biologie sowie in der Theorie der formalen Sprachen und in Anwendungsgebieten der Funktionalanalysis zu finden. Aus welchem Grunde wurden die Halbgruppen, die ja eine wesentlich allgemeinere algebraische Struktur als die Gruppen besitzen, zeitlich erst um mehr als 100 Jahre nach dem Beginn des Studiums der Gruppen untersucht? Die Anfangsgrundlagen der Gruppentheorie waren deshalb schon im 19. Jahrhundert entwickelt, weil da hauptsächlich invertierbare, also umkehrbare Transformationen studiert wurden, die damals schon in verschiedenen mathematischen und auch nichtmathematischen Wissenszweigen auftraten. Mit der Weiterentwicklung der Mathematik wurde im Lauf der Zeit neben dem Studium der invertierbaren Transformationen in der Gruppentheorie auch das Studium von Transformationen ganz allgemein von Bedeutung. Die entsprechende algebraische Theorie ist in der elementaren Halbgruppentheorie zusammengefaßt. Die grundlegende Bedeutung der Halbgruppentheorie besteht also darin, daß sie das abstrakte Studium von allgemeinen Transformationen ist. In der Regel verstehen wir im folgenden unter Halbgruppen endliche Halbgruppen.

3.1. Spezielle Halbgruppen

Neben den Beispielen von Halbgruppen, die wir im Abschnitt 2 kennengelernt haben, sollen nun einige derjenigen speziellen Halbgruppen erläutert werden, welche in den Anwendungen wichtig sind. Wir wiederholen, daß die Menge Abb (M, M) aller Abbildungen einer nichtleeren Menge M in sich selbst bezüglich Komposition eine Halbgruppe, genannt volle Transformationshalbgruppe oder symmetrische Halbgruppe auf der Menge M, bildet. Daß die Halbgruppentheorie als algebraische Abbildungstheorie darstellbar ist, zeigt der folgende

3.1.1. Satz: Jedes Monoid H ist einer Transformationshalbgruppe isomorph.

Beweis: Man betrachte die Menge $K = \{\tau_h \mid h \in H\}$ aller Funktionen, die definiert sind durch $\tau_h(x) = hx$, $x \in H$. Man nennt τ_h Linkstranslationen. K ist eine Halbgruppe, denn seien $x, y \in H$ und $xy = z$, dann gilt für beliebiges $h \in H$:

$$(\tau_x \circ \tau_y)(h) = \tau_x(\tau_y(h)) = \tau_x(yh) = xyh = zh = \tau_z(h),$$

also $\tau_x \circ \tau_y = \tau_z$, womit gezeigt ist, daß K bezüglich Komposition abgeschlossen ist. H ist isomorph zu K, denn man prüft leicht nach, daß die Funktion $f : G \to K$, $h \mapsto \tau_h$ injektiv, surjektiv und ein Homomorphismus ist.

Die Voraussetzung, daß H ein Einselement besitzt, ist im Beweis wichtig, denn sonst wäre f nicht notwendig injektiv. Andererseits kann man jedoch jede Halbgruppe G zu einem Monoid machen, so daß dieser Satz ganz allgemein für Halbgruppen gilt: Setzt man nämlich $G^1 := G \cup \{e\}$ und $he = eh$ sowie $ee = e$ für jedes $h \in G$, so ist G^1 eine Halbgruppe mit Einselement.

Neben den Transformationshalbgruppen sind noch die sogenannten freien Halbgruppen von Bedeutung.

3.1.2. Definition: Eine freie Halbgruppe auf einer gegebenen Menge M ist eine Halbgruppe F_M mit einer Funktion $f : M \to F_M$ derart, daß für jede Funktion $g : M \to H$ von M in eine beliebige Halbgruppe H genau ein Homomorphismus $h : F_M \to H$ existiert, der das folgende Diagramm kommutativ macht:

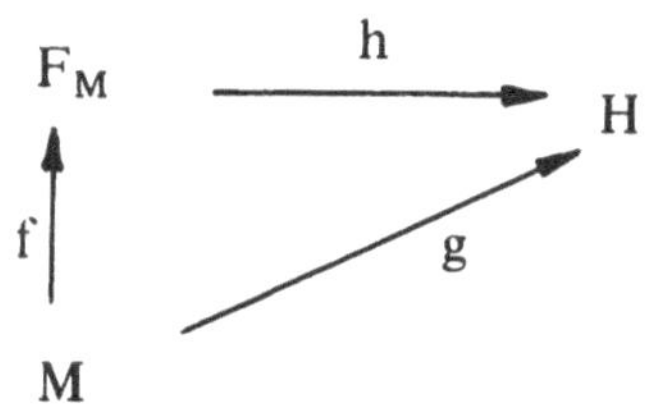

Die Halbgruppe F_M wird deshalb freie Halbgruppe über M genannt, weil jede Funktion g von M in eine beliebige Halbgruppe H eine einzige Erweiterung g^* zu einem Homomorphismus von F_M in H besitzt.

3.1.3. Satz: Zu jeder Menge M gibt es eine freie Halbgruppe W(M), Worthalbgruppe über M genannt.

Wir weisen dies durch Konstruktion der freien Halbgruppe W(M) nach. Dazu bezeichnet man die Menge M auch als „Alphabet" und die Elemente von M als „Buchstaben". Ein „Wort" über M ist eine geordnete endliche Folge von Elementen aus M, wobei Wiederholungen von Elementen in einer Folge erlaubt sind. Zum Beispiel ist $(x_1, \ldots, x_m)$, $x_1, \ldots, x_m \in M$, ein Wort der Länge m. W(M) sei die Menge aller Worte über M. Um W(M) zu einer Halbgruppe zu machen, definiert man eine Operation auf W(M) dadurch, daß man je zwei Worten $(x_1, \ldots, x_m)$ und $(y_1, \ldots, y_n)$ aus W(M) das Wort $(x_1, \ldots, x_m, y_1, \ldots, y_n)$ zuordnet:

$$(x_1, \ldots, x_m)(y_1, \ldots, y_n) =$$
$$= (x_1, \ldots, x_m, y_1, \ldots, y_n) .$$

Diese Operation, oft Konkatenation von $(x_1, \ldots, x_m)$ und $(y_1, \ldots, y_n)$ genannt, ist assoziativ, also ist W(M) eine Halbgruppe, die sogenannte Worthalbgruppe über M. Nimmt man an, daß eine Worthalbgruppe ein Einselement enthält, so faßt man dieses als das leere Wort auf, d.h.: als das Wort, das die „Länge" Null hat und keine Buchstaben enthält.

Wir wollen noch nachweisen, daß W(M) eine freie Halbgruppe ist und betrachten dazu die Funktion $f: M \to W(M)$, $x \mapsto (x)$, für alle $x \in M$. Das Bild von x unter f ist also das Wort von W(M), das nur den Buchstaben x enthält. Ist $g: M \to H$ eine Funktion von M in eine beliebige Halbgruppe, dann definieren wir die Funktion $h: W(M) \to H$ durch

$$h(x_1, \ldots, x_m) = g(x_1) \ldots g(x_m) .$$

Die Funktion h ist, wie man leicht nachrechnet, ein Homomorphismus und wegen $h(f(x)) = h((x)) = g(x)$ ist $h \circ f = g$ und das Diagramm kommutativ:

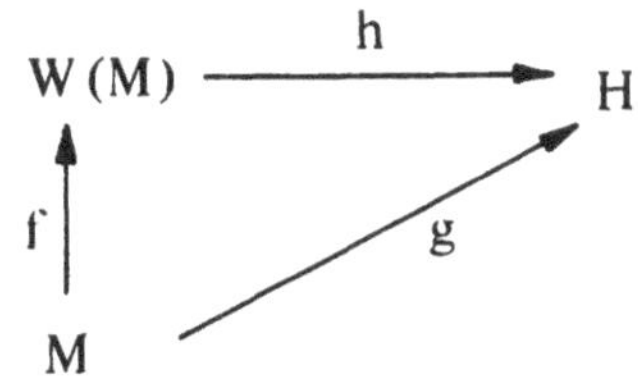

Man überlegt sich sofort, daß der Homomorphismus h eindeutig bestimmt ist.

Sind F_M mit der Funktion $f: M \to F_M$ und F_M^* mit der Funktion $f^*: M \to F_M^*$ freie Halbgruppen auf derselben Menge M, so sind F_M und F_M^* isomorph. Jede Menge M definiert also, abgesehen von Isomorphie, genau eine freie Halbgruppe. Man kann M als Teilmenge von W(M) auffassen, die W(M) erzeugt. Jede Funktion g von M in eine beliebige Halbgruppe H besitzt dann eine Erweiterung zu genau einem Homomorphismus h von W(M) in H, der definiert ist durch: $h(x_1 \ldots x_m) = g(x_1) \ldots g(x_m)$.

Definiert man in einem Monoid M die Potenzen eines Elementes $a \in M$ durch die Rekursion $a^e = e$, $a^1 = a, \ldots a^{n+1} = a^n a$, so nennt man das Monoid zyklisch, wenn es aus den Potenzen a^n eines seiner Elemente a besteht, d. h. a erzeugt M, in Zeichen: $\langle a \rangle = M$. Da in einem zyklischen Monoid die Gleichung $a^m a^n = a^{m+n}$ für alle natürlichen Exponenten einschließlich 0 gilt, ist jedes zyklische Monoid kommutativ.

Man kann jedem zyklischen Monoid ein graphisches Bild (einen sogenannten gerichteten Graphen) zuordnen. Unter einem gerichteten Graphen versteht man ein Tripel G = [K, A, f] aus einer Menge K von Knoten, einer Menge A von gerichteten Kanten und einer Funktion $f: A \to K \times K$, die jeder gerichteten Kante ein geordnetes Paar von Knoten (die Endpunkte der Kante) zuordnet. Jedes zyklische Monoid läßt sich durch einen Graphen darstellen, der aus einem linearen Stück der Länge m und einem Zyklus (oder einer Schleife) der Länge n besteht.

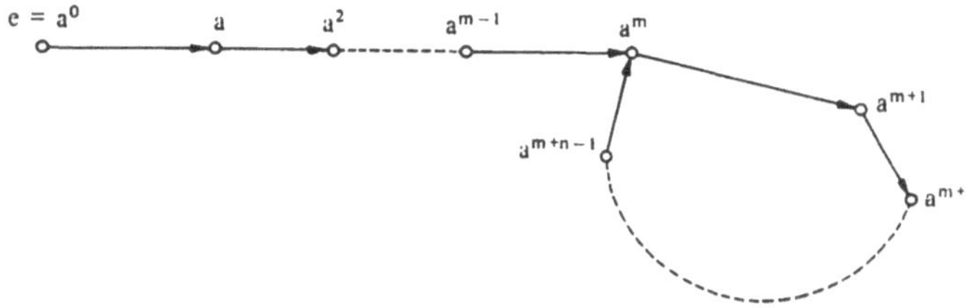

Für jedes Element x des Monoids M bedeutet die Multiplikation mit dem erzeugenden Element a im zugeordneten Graphen einen Übergang zum nächsten Knoten. Multipliziert man $x \in M$ mit a^k, so bedeutet das im Graphen, daß man um k Knoten weitergehen muß. Man kehrt beim Weiterrücken genau dann wieder zum Ausgangsknoten zurück, wenn die Schleife einmal oder mehrmals durchlaufen wird. Für das zyklische Monoid M mit m + n Elementen und einem Zyklus der Länge n bedeutet dies, daß

$a^i a^k = a^i$ genau dann gilt, wenn $m \leqslant i < m + n$ und n ein Teiler von k ist.

Setzt man i = k und wählt für k diejenige der ganzen Zahlen $m, m + 1, m + 2, \ldots, m + n - 1$, die durch n teilbar ist, so erhält man $a^k a^k = a^k$. Das bedeutet, daß jedes endliche zyklische Monoid M im Fall $m \neq 0$ genau ein vom Einselement verschiedenes Element besitzt, das idempotent ist. Ist m = 0, so ist e das einzige idempotente Element, und genau in diesem Fall ist M auch eine Gruppe.

Als Beispiel wählen wir die Funktion f von der Menge $\{0, 1, 2, 3\}$ in sich, deren Zuordnungen durch den folgenden Graphen dargestellt sind:

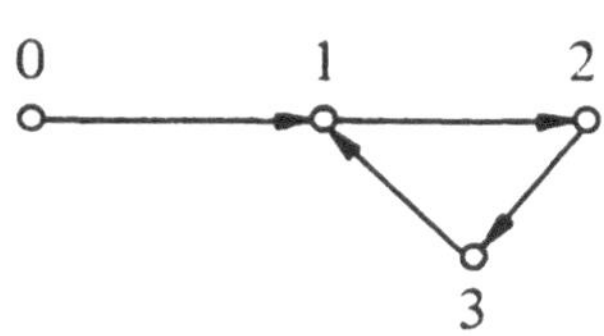

Die Potenzen $f^0 = e$, $f^1 = f$, $f^2 = f \circ f$, $f^3 = f^2 \circ f$ von f sind alle voneinander verschieden. Es ist jedoch $f^4 = f$. Die Operationstafel für das zyklische Monoid der Potenzen von f ist daher

$\circ$	e	f	f^2	f^3
e	e	f	f^2	f^3
f	f	f^2	f^3	f
f^2	f^2	f^3	f	f^2
f^3	f^3	f	f^2	f^3

Eine Verbindung zur Verbandstheorie stellen Halbverbände dar.

3.1.4. Definition: Ein Halbverband ist eine Menge mit einer idempotenten, kommutativen und assoziativen binären Operationen.

Ein Halbverband ist somit eine kommutative Halbgruppe H, deren sämtliche Elemente die Beziehung $a^2 = a$, $a \in H$, erfüllen. Wichtige Eigenschaften von Halbverbänden treten im Zusammenhang mit der Teilbarkeitsrelation auf. Man prüft leicht nach, daß jeder Halbverband bezüglich der Teilbarkeitsrelation eine geordnete Menge ist und ab ist das kleinste gemeinsame Vielfache von a und b bezüglich dieser Relation. Umgekehrt ist jede geordnete Menge $(M, \leqslant)$, in der zu je zwei Elementen a und b stets eine größte untere Schranke existiert, ein Halbverband, in dem „a teilt b" genau dann gilt, wenn $a \geqslant b$ in M. Wir wissen, daß ein Verband eine geordnete Menge ist, in der zu je zwei Elementen a, b ein Supremum $a \cup b$ und ein Infimum $a \cap b$ existieren. Damit ist also ein Verband sowohl bezüglich der Operation $\cap$ als auch bezüglich $\cup$ ein Halbverband.

3.2. Beispiele aus der Biologie

Auch auf die Gefahr hin, gröbster Simplifizierung eines Gebietes, zu dem schon eine umfangreiche Literatur existiert, bezichtigt zu werden, sollen nun ein paar Anwendungsbeispiele der Halbgruppentheorie in der Biologie, insbesondere in der

Genetik, diskutiert werden. Zunächst jedoch werden die wesentlichsten biologischen Begriffe dafür zusammengestellt.
In jeder Zelle eines biologischen Organismus gibt es viele die Vererbung bestimmende und genetische Informationen übertragende Anlagen. Diese werden Gene genannt. Stellt man sich die Frage, nach welchen Formalitäten die genetische Information von den Eltern-Individuen auf die Individuen der nachfolgenden Generation übertragen wird, so stellt die sogenannte Desoxyribonukleinsäure (kurz: DNS) die materielle Grundlage der Informationsübermittlung dar. In ihr ist jegliche Information „niedergeschrieben" und zwar in verschlüsselter Form als Code. Alle lebenden Zellen tragen die gesamte Information codiert in sich und ein Gen ist so etwas ähnliches wie eine Lochkarte. Dieser Code ist von großartiger Einfachheit: Mit nur 4 verschiedenen Zeichen, die durch 4 verschiedene organische Stoffe dargestellt werden, ist die gesamte Information dargestellt. Die DNS liegt in der Zelle nicht zusammengeknäuelt vor, sondern ist in mehrere Portionen, die man als Chromosomen bezeichnet, aufgeteilt. Viele Pflanzen, fast alle Tiere und natürlich auch der Mensch sind Diplonten: Die befruchtete Eizelle liefert nach der Teilung ausschließlich diploide Zellen, das sind solche mit doppeltem Chromosomensatz. In der diploiden Zelle haben wir also jedes Chromosom zweifach und damit jedes Gen „doppelt". Solche Gen-Ausfertigungen nennt man Allele. An der Ausbildung von Merkmalen sind beide Allele, je ein mütterliches und väterliches Allel beteiligt. Setzt sich eines gegenüber dem anderen durch, so nennt man es dominant und das andere rezessiv. Liegt das Merkmal nach der Kreuzung zwischen den beiden Allelen, so bezeichnet man das Verhalten der Allele als intermediär. Die zur Verschmelzung fähigen Geschlechtszellen, die meist kleine Verschiedenheiten im Erbgut haben, sind die Gameten, das Kopulationsprodukt, also die befruchtete Eizelle heißt Zygote. Eine Gamete enthält eine von jeder der unterscheidbaren Chromosomenarten und daher auch nur ein Gen eines jeden Typs.
Es habe nun ein Gen n Allele, welche durch die Elemente der folgenden Menge dargestellt seien: $\{a_1, \ldots, a_n\}$. Da jede Zelle

jeweils Paare von Allelen besitzt, deuten wir dies durch die ungeordneten Paare $\{a_i, a_j\}$ an und sagen, daß sie vom Genotyp $\{a_i, a_j\}$ sei. Ein Organismus ist homozygot, wenn beide Gene durch dasselbe Allel $\{a_i, a_i\}$ dargestellt werden; sind die Allele verschieden, so ist der Organismus heterozygot. Da die beobachtbaren Charakteristika eines Organismus nicht immer auf die speziellen vorhandenen Genen hinweisen, unterscheidet man zwischen dem Phänotyp und dem Genotyp (genetische Komposition) eines Organismus. Im heterozygotischen Genotyp $\{a_i, a_j\}$ kann der Phänotyp entweder dem homozygotischen Genotyp $\{a_i, a_i\}$ oder $\{a_j, a_j\}$ entsprechen.

3.2.1. B e i s p i e l :

Es wird nun auf den algebraischen Gesichtspunkt bei der Kreuzung zweier (ungekoppelter) Gene diploider Organismen mit je zwei dominant/rezessiven Allelen eingegangen.

Bei Rindern habe das Gen x ein Allel für schwarze Fellfarbe und eines für rotbraune Fellfarbe, das Gen y habe ein Allel für Ganzfarbigkeit und eines für Scheckung. Das Allel für schwarze Fellfarbe ist dominant über dasjenige für rotbraune Fellfarbe, das Allel für die Ganzfarbigkeit ist dominant über das Allel für Scheckung. Eine „Operationstafel", die alle möglichen Kreuzungen enthält, ist von der Gestalt

♀ \ ♂	a sG	b sS	c rG	d rS
a = sG	sG	sG	sG	sG
b = sS	sG	sG	sG	sS
c = rG	sG	sG	rG	rG
d = rS	sG	sS	rG	rS

s = Schwarze, r = rotbraune Fellfarbe; G = Ganzfarbigkeit, S = Schekkung

In der durch diese Operationstafel dargestellten Funktion ist M x M der Genotyp und f(M x M) der Phänotyp aller möglichen Kreuzungen.

Zum Nachweis, daß diese Kreuzungstafel die Struktur einer Halbgruppe H besitzt, verwenden wir den Assoziativitätstest von F. W. Light, der die im allgemeinen sehr langwierige Untersuchung der Assoziativität einer binären Operation auf einer endlichen Menge beträchtlich erleichtert.

3.2.2. Light-Test: Der Grundgedanke dieses Tests beruht auf der Tatsache, daß nur die Menge der H erzeugenden Elemente auf Assoziativität hin untersucht werden muß. Sei A eine nichtleere Teilmenge von H, dann ist die Menge aller Elemente $x = a_1 \ldots a_n$, $a_1, \ldots, a_n \in A$ und $n = 1, 2, \ldots$ eine Unterhalbgruppe $\langle A \rangle$ von H. A heißt erzeugende Menge von $\langle A \rangle =$
$= \{a_1 \ldots a_n \mid a_i \in A, i = 1, \ldots, n; n = 1, 2, \ldots\} =$
$= A \cup A \cdot A \cup A \cdot A \cdot A \cup \ldots$.
Sind nämlich zwei Elemente a und b aus H mit allen Elementen von H assoziativ, so gilt dasselbe auch für deren Produkt. Denn aus $(xa)y = x(ay)$, $(xb)y = x(by)$ folgt $(x(ab))y =$
$= ((xa)b)y = (xa)(by) = x(a(by)) = x((ab)y)$ für alle $x, y \in H$. Sei in $H = \{a, b, \ldots\}$ eine Operation gegeben durch die Tafel

	a	b	...
a	aa	ab	...
b	ba	bb	...
⋮	⋮	⋮	

und sei $A = \{h_1, h_2, \ldots, h_n\}$ ein Erzeugendensystem von H, also $\langle A \rangle = H$. Für jedes Element $h_i \in A$ bildet man die folgenden beiden Operationstafeln:

h_i	a	b	...
ah_i	$(ah_i)a$	$(ah_i)b$	...
bh_i	$(bh_i)a$	$(bh_i)b$	...
⋮	⋮	⋮	

h_i	h_ia	h_ib	...
a	$a(h_ia)$	$a(h_ib)$	...
b	$b(h_ia)$	$b(h_ib)$	...
⋮	⋮	⋮	

Anstelle der linken (bzw. horizontalen) Indexspalte in der gegebenen Operationstafel nimmt man also die h_i-Spalte (bzw. h_i-Zeile) der gegebenen Operationstafel. Stimmen die beiden so bestimmten Tafeln überein, so gilt $(xh_i)y = x(h_i y)$ für alle $x, y \in H$. Liegt diese Übereinstimmung bei allen Tafeln für die erzeugenden Elemente $h_i \in A$ vor, so ist die Operation in H assoziativ. Stimmen die Tafeln an wenigstens einer Stelle nicht überein, so ist die Operation nicht assoziativ.

Ist zum Beispiel in der Menge $H = \{a, b, c\}$ die folgende Operation definiert

	a	b	c
a	b	c	b
b	c	b	c
c	b	c	a

so bildet H mit dieser Operation keine Halbgruppe. Die erzeugende Menge besteht nur aus dem Element a, denn $aa = b$ und $a(aa) = c$. Die entsprechenden Light-Tafeln sind jedoch voneinander verschieden:

a			
b	c	b	c
c	b	c	a
b	c	b	c

a	b	c	b
	c	b	c
	b	c	b
	c	a	c

Kehren wir wieder zum Kreuzungs-Beispiel zurück und betrachten die Menge $H = \{sG, sS, rG, rS\} = \{a, b, c, d\}$, so erkennen wir die Menge $A = \{b, c, d\}$ als erzeugende Menge von H. Für das Erzeugendenelement b berechnet man die beiden Light-Tafeln

b				
a	a	a	a	a
b	a	b	a	b
a	a	a	a	a
b	a	b	a	b

b	a	b	a	b
	a	a	a	a
	a	b	a	b
	a	a	a	a
	a	b	a	b

Ebensoleicht erkennt man, daß die Light-Tafeln für die restlichen beiden Erzeugendenelemente c bzw. d jeweils übereinstimmen, so daß die Kreuzungstafel die Struktur einer Halbgruppe besitzt.

3.2.3. Beispiel

Es wird die algebraische Formulierung des sogenannten DNS-Protein-Codierungsproblems skizziert, wobei vor allem quantitative Gesichtspunkte des Mechanismus der Codierung von Protein-Molekülen durch die DNS im Vordergrund stehen. Hauptfragen dieses Problemkreises sind etwa: Wie viele verschiedene Codes zwischen Protein und DNS sind a priori überhaupt möglich? Ist der statistische Charakter eines solchen Codes von spezieller Art, nämlich ergodisch? Gibt es in der Natur überhaupt mehr als einen DNS-Protein-Code?

Ein beliebiges DNS-Molekül ist ein Polymer von vier verschiedenen Grundsubstanzen, den sog. Nukleotiden. Die Protein- oder Polypeptidketten hingegen kann man als ein Polymer von 20 verschiedenen Grundsubstanzen (Aminosäuren) betrachten. Das DNS-Molekül besteht aus zwei komplementären Strängen, von denen ein jeder aus einer Folge von Nukleotiden besteht. Es wird nun allgemein angenommen, daß die Folge der Nukleotide in einem DNS-Molekül eindeutig die Folge der Aminosäuren in einer Polypeptidkette bestimmt. Damit besteht das DNS-Protein-Codierungsproblem darin, zu entscheiden, auf welche Art diese Beziehung zwischen den Folgen von Nukleotiden und den Folgen von Aminosäuren hergestellt werden kann. Wir fassen die Gesamtheit aller möglichen Nukleotidketten (also alle möglichen DNS-Moleküle) als freies Monoid M_4 auf vier Erzeugenden (welche den einzelnen Nukleotiden entsprechen) auf, und ebenso die Gesamtheit der Polypeptidkette als das freie Monoid M_{20} auf 20 (den grundlegenden Aminosäure entsprechenden) Erzeugenden. Das biologische Problem, jedem Polypeptid ein DNS-Molekül, welches es codiert, zuzuordnen, reduziert sich damit auf die Konstruktion von Monomorphismen von der freien Worthalbgruppe M_{20} in die freie Worthalbgruppe M_4.

Die Annahme, daß der DNS-Codierungsprozeß äquivalent ist zur Wahl von Monomorphismen zwischen den geeigneten freien Monoiden ermöglicht eine verallgemeinerte ein Gen- und Enzym-Hypothese. Denn ist einmal ein Code (also ein Monomorphismus) festgelegt, dann entsprechen verschiedenen Polypeptiden auch verschiedene DNS-Moleküle. Die angegebene algebraische Formulierung des DNS-Protein-Codierungsproblems ist eine genaue Übertragung der biochemischen Situation in die algebraische Sprache, so daß wichtige algebraische Hilfsmittel und Methoden zur Anwendung kommen können.

Wir zeigen dies im folgenden und beantworten eine der zu Beginn dieses Abschnittes zitierten Fragen dahingehend, daß es abzählbar unendlich viele DNS-Protein-Codes gibt, die a priori möglich sind, d. h. daß unendlich viele verschiedene Monomorphismen existieren, die die freie Worthalbgruppe M_{20} in die freie Worthalbgruppe M_4 einbetten. Gleichzeitig werden in der Beweisskizze dieses Satzes einige grundlegende allgemeine Sätze über freie Halbgruppen bzw. Gruppen angegeben. Analog zum Begriff der freien Halbgruppe wird der Begriff der freien Gruppe eingeführt. Seien S und S' endliche Mengen und $i : S \to S'$ eine injektive Abbildung. M bezeichne das von der Menge $S \cup S'$ erzeugte freie Monoid. Auf M führt man eine Äquivalenzrelation ρ_i derart ein, daß zwei Wörter von M äquivalent sind, wenn das eine durch Elimination von Faktoren der Form $a\,i(a)$ oder $i(a)\,a$ aus dem anderen hervorgeht. ($i(a)$ soll also a^{-1} entsprechen.) Man prüft leicht nach, daß M/ρ_i eine Gruppe ist, die wir die von der Menge S erzeugte freie Gruppe G nennen. Ein bekannter Satz von Nielsen-Schreier besagt, daß jede Untergruppe einer freien Gruppe selbst frei ist und von einer geeigneten Teilmenge der Gruppe erzeugt wird. Die Theorie der freien Gruppen hängt mit der Theorie der freien Monoide folgendermaßen zusammen: Sei $G = M/\rho_i$ eine freie Gruppe, sei M ein freies Monoid und ρ_i eine geeignete Äquivalenzrelation auf M. Ist H Untergruppe von G, dann gibt es eine freie Unterhalbgruppe N von M, so daß $H = N/\rho_i$. Weiters gilt, daß die freie Gruppe auf zwei Elementen die freie Gruppe auf n Erzeugendenelementen als Untergruppe enthält, $n \in \mathbf{N}$.

Mit diesen Voraussetzungen kann der Beweis, daß es unendlich viele verschiedene Monomorphismen von M_{20} in M_4 gibt, leicht geführt werden. Denn die freie Gruppe G_2 auf 2 Erzeugenden kann als Quotientenhalbgruppe des freien Monoids M_4 aufgefaßt werden. G_2 enthält die freie Gruppe G_n als Untergruppe, $n \in \mathbf{N}$. Zu jeder solchen freien Untergruppe existiert eine freie Unterhalbgruppe von M_4, so daß es abzählbar unendlich viele verschiedene Möglichkeiten gibt, M_{20} als Unterhalbgruppe von M_4 einzubetten. Als schärferes Resultat gilt: Jedes freie Monoid M_n, $n \in \mathbf{N}$, kann als Teilmonoid des freien Monoids M_2 eingebettet werden.

Zum Abschluß dieses Beispiels wird die Definition eines ergodischen Codes gegeben und auf unser Problem bezogen. Einen Code nennt man ergodisch, wenn jedes Codewort von hinreichender Länge dieselbe Verhältniszahl eines jeden Buchstaben des Alphabets besitzt, wie die Zahl der Buchstaben, die in den über einen langen Zeitraum gesandten Codewörtern auftritt. Die Häufigkeit einiger Buchstaben des deutschen Alphabets, etwa a und z, betragen zum Beispiel 30 % und 1 %. Ein Code, der auf diesem Alphabet basiert, wäre dann ergodisch, wenn der Buchstabe a 30mal in jeder Nachricht von 100 Buchstaben aufschiene und z nur 1mal. Betrachten wir nun die freie Worthalbgruppe M_n auf n Elementen. Die Länge $l(w)$ eines Wortes w sei die Anzahl seiner Buchstaben. $l : M_n \to \mathbf{Z}^+$, $w \mapsto l(w)$, ist ein Homomorphismus. Einen Code nennen wir ergodisch, wenn für jedes hinreichend lange Wort w der Länge $l(w)$ gilt: $l_i(w)/l(w) = p_i$, $i = 1, \ldots, n$, wobei $l_i(w)$ die Zahl bezeichnet, wie oft a_i in w auftritt, und p_i die Häufigkeit des Buchstabens a_i im Alphabet bezeichnet. Die Bedeutung ergodischer Codes liegt darin, daß fast alle wichtigen Codes von diesem Typ sind. Für den DNS-Protein-Code ist die Frage der Ergodizität noch nicht vollständig gelöst.

3.3. Halbautomaten

Das Ziel der folgenden Paragraphen ist es, die Grundzüge des algebraischen Zugangs zur Automatentheorie darzustellen und dabei insbesondere auf die Beziehungen zwischen dem Automatenbegriff und dem Halbgruppenbegriff näher einzugehen. Das Hauptanliegen der algebraischen Automatentheorie ist die vollständige Bestimmung der Beziehungen zwischen dem Eingabe-Ausgabe-Verhalten eines endlichen Automaten und den Änderungen seiner inneren Zustände. Allen Automaten ist gemeinsam, daß zur Beschreibung ihres Verhaltens die Begriffe Eingabe (Input), Ausgabe (Output), Zustand und diskrete Zeit wesentlich sind. Wie jedes mathematische Modell hat sich auch das mathematische Modell „Automat" durch Abstraktion bei Untersuchungen konkreter Systeme herausgebildet.

Der Wechselautomat, zum Beispiel, dient dazu, Geldstücke zu wechseln, etwa eine Münze in mehrere Münzen. Es sollen zu einem gewissen diskreten Zeitpunkt t zwei Eingabemöglichkeiten x_1, x_2 bestehen, nämlich eine Münze in den Automaten einzuwerfen oder nicht. An Ausgabemöglichkeiten y_1, y_2, y_3 soll es drei geben: Der Automat gibt die eingeworfene Münze aus, er wechselt die Münze auf kleinere oder er gibt nichts aus. y_1 tritt ein, wenn im Automaten keine Wechselmünzen vorhanden sind, y_2 ist das gewünschte Ergebnis und y_3 tritt ein, wenn nichts eingeworfen wurde. Mit Hilfe des Begriffes „Zustand z(t)" wird beschrieben, ob und in welcher Menge zum Zeitpunkt t Wechselmünzen im Automaten vorhanden sind. Die Arbeitsweise des Wechselautomaten läßt sich dann zum Beispiel mit Hilfe zweier Tabellen beschreiben. Die eine gibt an, in welchem Folgezustand $z(t + 1)$ ein Zustand $z(t)$ durch die Eingabe x_1 bzw. x_2 überführt wird. Die andere gibt an, welche Ausgabe y_1, y_2 oder y_3 zum Zeitpunkt t auftritt, wenn sich der Automa im Zustand $z(t)$ befindet und die Eingabe x_1 bzw. x_2 anliegt.

Das Automatenmodell stellt also eine Idealisierung von konkreten Automaten dar, bei der nur das Übergangsverhalten von inneren Zuständen als Reaktion auf mögliche Eingabesignale erfaßt wird. Es wird zum Beispiel davon abgesehen, daß schlecht synchronisierte Signale falsche Zustandsüberführung bewirken können. Verallgemeinerungen dieser Problemstellung treten unter anderem bei der Konstruktion von Vorrichtungen wie

z. B. Verkaufsautomaten, Zahlmaschinen, Telefonschaltzentralen, Computern auf. Im folgenden werden die Kernstrukturen von Automaten, die Halbautomaten, untersucht und vor allem wird gezeigt, wie fundamental die Bedeutung der Halbgruppentheorie für die mathematische Behandlung der Automaten ist. Wir beschränken uns dabei auf das Studium von endlichen Automaten in dem Sinne, daß der Automat aus einer endlichen Menge von Elementen besteht, von denen sich jedes zu einem bestimmten Zeitpunkt nur in einem aus einer endlichen Anzahl von Zuständen befindet. Ein Automat arbeitet deterministisch, wenn bei vollständig gegebener Information über die Anfangszustände seiner Elemente und aller Eingangsgrößen der nächste Zustand von jedem Element und die Ausgabe eindeutig festgelegt sind.

3.3.1. Definition: Ein Halbautomat ist ein Tripel $A = (S, X, \delta)$, wobei S eine nichtleere endliche Menge von Zustandsgrößen, X (Eingabealphabet) eine nichtleere endliche Menge von Eingabesignalen oder Eingabegrößen und δ eine Funktion (Zustandsüberführungsfunktion) von $S \times X$ in S ist.

Es gibt verschiedene Möglichkeiten zur Beschreibung der Wirkungsweise eines Halbautomaten. Im sogenannten Zustandsgraphen repräsentiert jeder Eckpunkt (Knoten) einen Zustand. Wird ein Zustand s durch ein Eingabesignal $x \in X$ in den Zustand s' überführt, d. h. ist $\delta(s, x) = s'$, so wird dies im Graphen durch einen vom Knoten s zum Knoten s' gerichteten Pfeil dargestellt, der die Markierung x trägt. Die Zahl der Pfeile, die von einem Eckpunkt ausgehen, entspricht eineindeutig den Eingangsgrößen.

B e i s p i e l :

$$A = (\{s_1, s_2, s_3\}, \{x_1, x_2\}, \delta) .$$ (siehe Abb. S. 152)

Eine andere Beschreibungsmöglichkeit ist gegeben durch Angabe der Funktionstafel des Automaten. Im obigen Beispiel ist

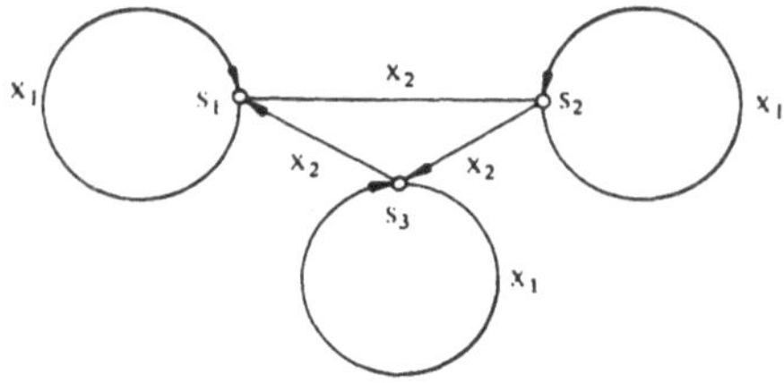

die Überführungstabelle von der Form:

δ	x_1	x_2
s_1	s_1	s_2
s_2	s_2	s_3
s_3	s_3	s_1

Aus der Definition des Halbautomaten geht hervor, daß man ihn auch als eine endliche Algebra S auffassen kann, wobei jedem Element von X eine unäre Operation auf S entspricht, so daß sich algebraische Methoden bei der Behandlung von Halbautomaten als sehr nützlich erweisen.

Wir untersuchen nun die Art der Zustandsüberführung, indem wir alle durch die einzelnen Eingangsgrößen induzierten Überführungen betrachten, d. h. die von den einzelnen Eingangsgrößen bewirkten Funktionen der Menge S der Zustände in sich. Diese Funktionen sind von grundlegender Bedeutung und sind von der zweistelligen Zustandsüberführungsfunktion δ wohl zu unterscheiden. Um das Verhalten des Halbautomaten bei einer Folge von Eingangsgrößen untersuchen zu können, wird die Funktion δ erweitert zu

$$\delta : S \times W(X) \to S ,$$

wobei W(X) die von X erzeugte freie Worthalbgruppe mit Einselement Λ ist und für alle Elemente $x_1, \ldots, x_n \in X$ gilt:

$$\delta(s, \Lambda) = s ,$$
$$\delta(s, x_1 x_2 \ldots x_n) = \delta(\delta(s, x_1 x_2 \ldots x_{n-1}), x_n) .$$

$x_1 x_2 \ldots x_n = x'$ symbolisiert dabei das Wort $x' = (x_1, \ldots, x_n) \in$ $\in W(X)$. Jeder Eingangsgröße $x' \in W(X)$ ordnet man die Funktion

$$f_{x'} : S \to S, \quad s \mapsto \delta(s, x')$$

zu. Die den einzelnen Eingabesignalen x' entsprechenden Funktionen $f_{x'}$ kann man durch Komposition miteinander verknüpfen, und es gilt

$$(f_{x'_1} \circ f_{x'_2})(s) = f_{x'_1}(f_{x'_2}(s)) = f_{x'_1 x'_2}(s) ,$$

wobei $x'_1 x'_2$ das Wort $x_1 \ldots x_n y_1 \ldots y_m \in W(X)$ bedeutet. Die Menge $\{ f_{x'} \mid x' \in W(X) \}$ mit der Komposition als Operation ist eine Halbgruppe mit Einselement f_Λ (Identitätsfunktion). Sie wird erzeugt durch die Menge $\{ f_x \mid x \in X \} \cup \{ f_\Lambda \}$ gemäß

$$f_{x'} = f_{x_1 x_2 \ldots x_n} = f_{x_1} \circ f_{x_2} \circ \ldots \circ f_{x_n} .$$

3.3.2. Definition: Die Halbgruppe $(M, \circ)$, $M = \{ f_{x'} \mid x' \in W(X)\}$, heißt Halbgruppe des Halbautomaten $A = (S, X, \delta)$.

Diese Halbgruppe stellt den Zusammenhang zwischen Algebra und Automatentheorie her und alle grundlegenden Eigenschaften der Automaten spiegeln sich in ihr wieder. Man verwendet sie zum Beispiel bei der Bildung einer Normalform von Halbautomaten; gewisse Methoden der Halbgruppen-Zerlegung führen zur Zerlegung von Halbautomaten (und Automaten) in Komponenten, die durch Serien-Parallel-Schaltungen verknüpft sind; die Dekomposition von Halbgruppen ermöglicht die Definition irreduzibler Automaten, aus denen sich alle Automaten zusammensetzen lassen usw.

Führen wir auf der Worthalbgruppe $W(X)$ eine Kongruenzrelation π durch die Festsetzung $x'_1 \,\pi\, x'_2 \Leftrightarrow f_{x'_1} = f_{x'_2}$ ein, so können wir die Quotientenmenge

$$W(X)/\pi = \{ [x'] \mid x' \in W(X) \}$$

bilden. Auf dieser Quotientenmenge wird in bekannter Weise durch $[x'_1][x'_2] = [x'_1 x'_2]$ eine assoziative Operation erklärt, so daß wir von der Faktorhalbgruppe $W(X)/\pi$ mit Einselement

[Λ] sprechen können. Wir wissen, daß $W(X)/\pi$ ein homomorphes Bild von $W(X)$ ist. $W(X)/\pi$ ist isomorph zur Halbgruppe M, denn die Funktion

$$\varphi : W(X)/\pi \to M, [x'] \mapsto f_{x'}$$

ist, wie man sofort nachprüft, ein Isomorphismus. Damit erhalten wir folgende Zuordnungen zwischen den einzelnen Halbgruppen:

$$W(X) \xrightarrow[\text{homomorph}]{} W(X)/\pi \xleftrightarrow[\text{isomorph}]{} M \,.$$

Die Halbgruppe M des Halbautomaten $A = (\{s_1, s_2, s_3\}, \{x_1, x_2\}, \delta)$ von oben berechnet man folgendermaßen: M wird erzeugt von $\{f_{x_1}, f_{x_2}\}$, wobei $x_1 = \Lambda$, denn es gilt:

$f_x(s)$	f_{x_1}	f_{x_2}	$f_{x_2x_2}$	$f_{x_2x_2x_2} = f_{x_1}$
s_1	s_1	s_2	s_3	s_1
s_2	s_2	s_3	s_1	s_2
s_3	s_3	s_1	s_2	s_3

Die Operationstafeln der Halbgruppen M bzw. $W(X)/\pi$ sind gegeben durch:

	f_{x_1}	f_{x_2}	$f_{x_1x_2}$
f_{x_1}	f_{x_1}	f_{x_2}	$f_{x_2x_2}$
f_{x_2}	f_{x_2}	$f_{x_2x_2}$	f_{x_1}
$f_{x_2x_2}$	$f_{x_2x_2}$	f_{x_1}	f_{x_2}

	$[x_1]$	$[x_2]$	$[x_2x_2]$
$[x_1]$	$[x_1]$	$[x_2]$	$[x_2x_2]$
$[x_2]$	$[x_2]$	$[x_2x_2]$	$[x_1]$
$[x_2x_2]$	$[x_2x_2]$	$[x_1]$	$[x_2]$

Es wird nun gezeigt, daß es mindestens ebensoviele Halbautomaten wie endliche Halbgruppen mit Einselement gibt.

3.3.3. Satz: Zu jedem endlichen Monoid gibt es einen Halbautomaten, dessen Halbgruppe zu dem gegebenen Monoid isomorph ist.

Wir beweisen diesen Satz, indem wir zu gegebenem Monoid H mit Einselement e den entsprechenden Halbautomaten konstruieren. Für den gesuchten Halbautomaten $A = (S, X, \delta)$ nehme man für die Zustandsmenge S die Menge H, für $X = \{x_h \mid h \in H\}$ und δ sei die Funktion

$$\delta : H \times X \to H, \quad (h_1, x_{h_2}) \mapsto h_1 h_2, \quad h_1, h_2 \in H .$$

Wie man leicht nachrechnet, bildet die Menge $M = \{ f_{x_h} \mid h \in H\}$, mit $f_{x_h} : H \to H$, $h_1 \mapsto \delta(h_1, x_h) = h_1 h$, bezüglich Komposition eine Halbgruppe mit Einselement f_{x_e} (Identitätsabbildung).

Damit ist also M die Halbgruppe des Automaten A. Sie ist isomorph zu H, denn die Funktion

$$\varphi : H \to M, \quad h \mapsto f_{x_h}$$

ist surjektiv, und auch injektiv, denn für $h_1 \neq h_2 \in H$ folgt aus

$$f_{x_{h_1}}(e) = \delta(e, x_{h_1}) = e\,h_1 = h_1 ,$$

$$f_{x_{h_2}}(e) = \delta(e, x_{h_2}) = e\,h_2 = h_2$$

sofort $f_{x_{h_1}} = f_{x_{h_2}}$. Die Homomorphie-Eigenschaft von φ folgt sofort aus derjenigen der Funktion f_{x_h}:

$$\varphi(h_1) \circ \varphi(h_2) = f_{x_{h_1}} \circ f_{x_{h_2}} = f_{x_{h_1} x_{h_2}} = f_{x_{h_1 h_2}} = \\ = \varphi(h_1 h_2) .$$

Wie in der Theorie allgemeiner algebraischer Strukturen kann man nun nach den Teilhalbautomaten und den homomorphen Bildern eines Halbautomaten fragen.

3.3.4. Definition: Ein Halbautomat $B = (S^B, X, \delta^B)$ heißt Teilhalbautomat eines Halbautomaten $A = (S^A, X, \delta^A)$, wenn gilt: $S^B \subset S^A$ und die Einschränkung von δ^A auf $S^B \times X$ ist gleich δ^B, in Zeichen: $\delta^B = \delta^A \mid S^B \times X$.

3.3.5. Definition: Der Halbautomat $B = (S^B, X^B, \delta^B)$ heißt ein homomorphes Bild des Halbautomaten $A = (S^A, X^A, \delta^A)$, wenn es zwei surjektive Funktionen $\varphi : S^A \to S^B$, $\psi : X^A \to X^B$ gibt derart, daß

$$\varphi(\delta^A(s, x)) = \delta^B(\varphi(s), \psi(x)) \quad \text{für alle } s \in S^A,\ x \in X^A$$

Sind die Funktionen φ und ψ bijektiv, so heißt B isomorphes Bild von A.

Es ist bekannt, daß jede Funktion auf ihrem Definitionsbereich eine Äquivalenzrelation induziert. Ist also der Halbautomat $B = (S^B, X^B, \delta^B)$ ein homomorphes Bild des Halbautomaten $A = (S^A, X^A, \delta^A)$, dann induziert die Funktion $\varphi : S^A \to S^B$ in S^A eine Äquivalenzrelation π, die durch

$$s_1 \pi s_2 \Leftrightarrow \varphi(s_1) = \varphi(s_2), \quad \forall\ s_1, s_2 \in S$$

bestimmt ist. Für $(s_1, s_2) \in \pi$ und alle $x \in X$ gilt

$$\delta^B(\varphi(s_1), \psi(x)) = \delta^B(\varphi(s_2), \psi(x)) ,$$

also

$$\varphi(\delta^A(s_1, x)) = \varphi(\delta^A(s_2, x)) ,$$

woraus

$$(\delta^A(s_1, x), \delta^A(s_2, x)) \in \pi$$

folgt.

Jede derartige Funktion φ von S^A in S^B induziert eine Klasseneinteilung π von S^A. Damit kann man in eindeutiger Weise einen Quotienten-Halbautomaten definieren, dessen Zustände die Äquivalenzklassen von S^A bezüglich π sind.

3.3.6. Definition: Der Halbautomat $B = (S^B, X^B, \delta^B)$ sei ein homomorphes Bild des Halbautomaten $A = (S^A, X^A, \delta^A)$. Dann heißt

$$A/\pi = (S^A/\pi, X^A, \delta^\pi)$$

mit

$$\delta^\pi([s], x) = [\delta(s, x)], \quad s \in S^A, \quad x \in X^A,$$

der Quotienten-Halbautomat von A bezüglich π.

Mit Hilfe der surjektiven Funktion $\varphi' : S^A \to S^A/\pi$, $s \mapsto [s]$, und der bijektiven Funktion $\psi' : X \to X$, $x \mapsto x$, erkennt man, daß der Quotientenhalbautomat A/π ein homomorphes Bild des Halbautomaten A ist, denn es gilt:

$$\varphi'(\delta(s, x)) = [\delta(s, x)] = \delta^\pi([s], x) = \\ = \delta^\pi(\varphi'(s), \psi'(x)) .$$

Daß der Halbautomat $B = (S^B, X^B, \delta^B)$ ein homomorphes Bild des Quotientenhalbautomaten A/π ist, zeigt man mit Hilfe der Bijektion $\varphi'' : S^A/\pi \to S^B$, $[s] \mapsto \varphi(s)$, und der surjektiven Funktion $\psi'' : X^A \to X^B$, $x \mapsto \psi(x)$.

Alle Aussagen, die im ersten Kapitel bezüglich Klasseneinteilungen gemacht wurden, treffen auch auf Halbautomaten zu. So zum Beispiel existieren zwei Klasseneinteilungen in jedem Halbautomaten A: Die identische Partition, in der jeder Zustand von S^A eine Klasse bildet und die der Allrelation entsprechende Partition, in der alle Elemente von S^A eine Klasse bilden und der Quotienten-Halbautomat nur einen Zustand besitzt.

Als Beispiel wird nun gezeigt, daß der Halbautomat $B = (\{s_1^B, s_2^B\}, \{x^B\}, \delta^B)$, der gegeben ist durch

δ^B	x^B
s_1^B	s_1^B
s_2^B	s_1^B

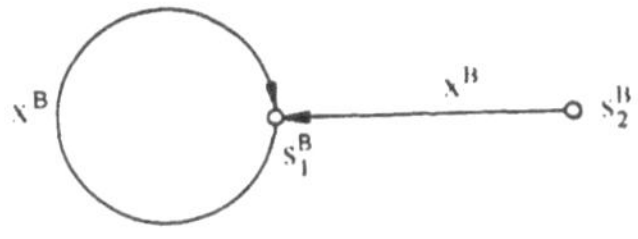

ein homomorphes Bild des Halbautomaten $A = (\{s_1^A, s_2^A, s_3^A\}, \{x^A\}, \delta^A)$

δ^A	x^A
s_1^A	s_1^A
s_2^A	s_1^A
s_3^A	s_1^A

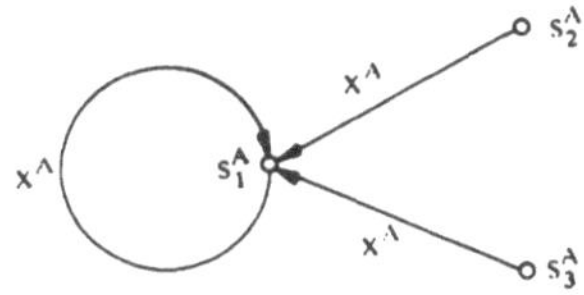

ist. Die entsprechenden Funktionen φ und ψ sind nämlich

$$\varphi : s_1^A \mapsto s_1^B,\quad s_2^A \mapsto s_2^B,\quad s_3^A \mapsto s_2^B$$

und

$$\psi : x^A \mapsto x^B\ .$$

Die den Halbautomaten zugehörigen Halbgruppen M^A bzw. M^B sind sogar isomorph:

M^A	f_Λ	f_{x^A}
f_Λ	f_Λ	f_{x^A}
f_{x^A}	f_{x^A}	f_{x^A}

M^B	f_Λ	f_{x^B}
f_Λ	f_Λ	f_{x^B}
f_{x^B}	f_{x^B}	f_{x^B}

3.3.7. Satz: Sei B ein Teilhalbautomat eines Halbautomaten A. Dann ist die Halbgruppe M^B von B ein homomorphes Bild der Halbgruppe M^A von A.

Zum Beweis dieser Behauptung zeigen wir, daß die Funktion $\varphi : M^A \to M^B$, $f^A_{x'} \mapsto f^B_{x'}$, ein Homomorphismus ist. Es gilt:

$$\varphi\left(f^A_{x'_1} \circ f^A_{x'_2}\right) = \varphi\left(f^A_{x'_1 x'_2}\right) = f^B_{x'_1 x'_2} = f^B_{x'_1} \circ f^B_{x'_2} =$$
$$= \varphi\left(f^A_{x'_1}\right) \circ \varphi\left(f^A_{x'_2}\right).$$

3.3.8. Satz: Wenn der Halbautomat $B = (S^B, X^B, \delta^B)$ ein homomorphes Bild des Halbautomaten $A = (S^A, X^A, \delta^A)$ ist, so ist die Halbgruppe M^B von B ein homomorphes Bild der Halbgruppe M^A von A.

Beweis: Wir zeigen, daß die Abbildung $\eta : M^A \to B^B$, $f_x \mapsto f_{\psi(x)}$, ein Homomorphismus von M^A auf M^B ist.

Die Abbildung η ist wohlbestimmt, denn auf Grund der Definition der freien Halbgruppe kann ψ eindeutig zu einem Homomorphismus von $W(X^A)$ in $W(X^B)$ durch $\psi(x') =$
$= \psi(x_1 x_2 \ldots x_n) = \psi(x)\, \psi(x_2) \ldots \psi(x_n)$ fortgesetzt werden.
η ist surjektiv, da jedes Element von M^B ein Kompositum aus

Funktionen $f_{x_i^B}$, $x_i^B \in X^B$, also ein Bild einer Funktion aus M^A ist. Die Homomorphie-Eigenschaft von η wird nachgewiesen durch:

$$\eta\left(f_{x_1'} \circ f_{x_2'}\right) = \eta\left(f_{x_1' x_2'}\right) = f_{\psi(x_1' x_2')} = f_{\psi(x_1')\psi(x_2')} =$$
$$= f_{\psi(x_1')} \circ f_{\psi(x_2')} = \eta\left(f_{x_1'}\right) \circ \eta\left(f_{x_2'}\right).$$

Im folgenden sei kurz auf ein Kernstück der Automatentheorie, nämlich auf die Zerlegungstheorie von Krohn und Rhodes hingewiesen.

Wir haben festgestellt, daß die Halbgruppe eines Halbautomaten die Menge der von den Eingangsgrößen bewirkten Funktionen von der Menge der Zustände in sich ist. Sie ist isomorph zur Quotientenhalbgruppe $W(X)$ nach einer geeigneten Kongruenzrelation. Die Wörter x' in jeder Klasse erzeugen die zu dieser Klasse gehörige sogenannte Zustandsfunktion $f_{x'}$. Man unterscheidet zwei Arten solcher Zustandsfunktionen: Permutationen, also bijektive Abbildungen der Zustandsmenge S auf sich und Kontraktionen, die zwei verschiedene Zustände in einen Zustand überführen. Besteht die Halbgruppe eines Halbautomaten nur aus Permutationen, so ist diese Halbgruppe eine Gruppe. Es sind dabei nur transitive Permutationen zugelassen, das sind solche, bei denen jeder Zustand von jedem anderen Zustand aus erreichbar ist. Zu gegebener endlicher Gruppe G kann man einen Halbautomaten mit G als Gruppe konstruieren, indem man die Nebenklassenzerlegung nach einer Untergruppe von G bildet. Jeder Nebenklasse entspricht dann ein Zustand des zu konstruierenden Halbautomaten und die Zustandsüberführungsfunktion ist durch die Operation der Gruppenelemente auf den Nebenklassen definiert. Die Untergruppe darf keine nicht-trivialen Normalteiler von G besitzen. Ist die Halbgruppe eines Automaten keine Gruppe, dann muß mindestens eine der Zustandsfunktionen f_x eine Kontraktion sein. Spezielle Kontraktionen sind die sogenannten „Fixierungen" (englisch: „resets"), die alle Zustände in ein und denselben Zustand überführen. $f_x : S \to S$ mit $s \mapsto \delta(s, x)$, $x \in X$, ist eine konstante

Funktion. Anders ausgedrückt kann man eine Fixierung als Rechts-Einselement in der Halbgruppe M des Halbautomaten A = (S, X, δ) auffassen, denn es gilt: $f_x h = f_x$ für alle $h \in M$ und $h f_x = g_x$, wobei $g_x \in M$ ebenfalls eine Fixierung ist.

3.3.9. Definition: Ein Halbautomat, dessen Halbgruppe entweder aus Permutationen oder Fixierungen besteht, wird Permutations-Fixierungs-Halbautomat genannt (kurz: P-F-Halbautomat).

Ein Halbautomat, dessen Halbgruppe aus Fixierungen und Identitäten besteht, wird F-I-Halbautomat genannt.

Der einfachste F-I-Halbautomat besitzt zwei Zustände und seine Halbgruppe besteht aus drei Elementen, $M = \{f_0, f_1, \text{id}\}$, wobei f_0 bzw. f_1 diejenige Funktion ist, die jedem Zustand den Zustand 0 bzw. 1 zuordnet.

Ein Hauptverdienst der Zerlegungstheorie von Krohn und Rhodes besteht in dem Nachweis, daß man bei geeigneter Zerlegung eines beliebigen Halbautomaten zu Komponenten gelangt, die entweder Halbautomaten mit zugehöriger Gruppe (als Halbgruppe des Halbautomaten) sind oder zu elementaren Typen von Halbautomaten mit Kontraktionshalbgruppen gehören. Was bei einer solchen Zerlegung tatsächlich zerlegt wird, ist die Bewegung der Zustände. Die aus der Zerlegung resultierenden Halbautomaten werden durch eine Serien-Parallel-Schaltung verknüpft. Zur Formulierung dieses Satzes benötigen wir noch einige Begriffe.

3.3.10. Definition: Der Halbautomat $A = (S^A, X, \delta^A)$ überdeckt den Halbautomaten $B = (S^B, X, \delta^B)$, wenn B ein homomorphes Bild eines Teilhalbautomaten A* von A ist.

Es ist zu beachten, daß die Halbautomaten A und B dieselbe Menge X von Eingangselementen besitzen. Die Bedeutung des Überdeckungsbegriffes liegt darin, daß der Halbautomat A zumindest dasselbe wie der Halbautomat B leistet. Der gesuchte Homomorphismus ist die surjektive Funktion

$$\varphi : S^{A^*} \to S^B$$

mit $\psi: X \to X$, $x \mapsto x$ (Identität) und $\varphi(\delta^{A^*}(s, x)) =$
$= \delta^B(\varphi(s), x)$.

Als Folgerung des Satzes 3.3.7 folgt: Überdeckt der Halbautomat A den Halbautomaten B, so ist die Halbgruppe von B ein homomorphes Bild einer Teilhalbgruppe der Halbgruppe von A.

3.3.11. Definition: Gegeben seien die beiden Halbautomaten $A_1 = (S_1, X_1, \delta_1)$ und $A_2 = (S_2, X_2, \delta_2)$.

Die Parallelschaltung (oder direktes Produkt) von A_1 und A_2 für $X_1 = X_2 = X$ ist der Halbautomat

$$A_1 /\!/ A_2 = (S_1 \times S_2, X, \delta)$$

mit $\delta((s_1, s_2), x) = (\delta_1(s_1, x), \delta_2(s_2, x))$ für $s_1 \in S_1$, $s_2 \in S_2$, $x \in X$.

Die Serienschaltung von A_1 und A_2 für $S_1 \times X_1 = X_2$ ist der Halbautomat

$$A_1 \# A_2 = (S_1 \times S_2, X_1, \delta)$$

mit $\delta((s_1, s_2), x_1) = (\delta_1(s_1, x_1), \delta_2(s_2(s_1, x_1)))$ für $s_1 \in S_1$, $s_2 \in S_2$ und $x_1 \in X_1$.

3.3.12. Satz: (Krohn und Rhodes): Jeder Halbautomat kann überdeckt werden von einer Serien-Parallelschaltung von Halbautomaten, die zu zwei einfachen Typen gehören:

(1) F-I-Halbautomaten mit zwei Zuständen.

(2) Halbautomaten, deren Halbgruppen einfache Gruppen und homomorphe Bilder von Untergruppen der Halbgruppe des gegebenen Halbautomaten sind.

Teilt man die Menge aller endlichen Halbgruppen in verschiedene Klassen ein, so kann man für die entsprechenden Halbautomaten auf verschiedene Arten eine Zerlegung erklären. Dazu führen wir zunächst einen wichtigen Begriff der Halbgruppentheorie ein, nämlich die Ideale von Halbgruppen.

Aus der Ringtheorie sind Ideale bereits als additive Untergruppen des Ringes mit dem Ring selbst als Operatorenbereich bekannt.

3.3.13. Definition: Eine nichtleere Teilmenge $I \subset H$ einer Halbgruppe H heißt Linksideal (Rechtsideal) von H, wenn $HI \subset I$, $(IH \subset I)$ gilt. Ist I gleichzeitig Links- und Rechtsideal, so heißt I ein (zweiseitiges) Ideal.

Linksideale sind also Teilmengen, die bezüglich Linksmultiplikation mit Elementen aus H abgeschlossen sind. Es gilt daher auch $II \subset I$ und damit sind (Links-, Rechts-)Ideale auch Unterhalbgruppen.

3.3.14. Definition: Ein Linksideal (Rechtsideal, Ideal) $I \subset H$ heißt minimal, wenn für jedes Linksideal (Rechtsideal, Ideal) J gilt: aus $J \subset I$ folgt $J = I$.

Die Existenz von minimalen Idealen ist im allgemeinen keineswegs gesichert. Die Ideale in der Halbgruppe (N, +) zum Beispiel sind

$$\{I_n = \ m \in \mathbf{N} \mid n \leqslant m\},$$

die eine absteigende, nicht abbrechende Kette
$\ldots \supset T_i \supset T_{i+1} \supset \ldots$ bilden und daher kein minimales Ideal besitzen. Andererseits haben endliche Halbgruppen stets minimale Ideale, da sich aus Endlichkeitsgründen keine nichtabbrechenden Idealketten bilden lassen.

3.3.15. Definition: Eine Halbgruppe H heißt links-(rechts-)einfach, wenn sie keine anderen Links-(Rechts-)Ideale außer H selber besitzt.

Die Menge der Links-Ideale, der Rechts-Ideale und der Ideale einer Halbgruppe H sind gegenüber den Operationen der Vereinigung und des nichtleeren Durchschnitts abgeschlossen. Hat jede nichtleere Menge M von Links-Idealen (Rechts-Idealen, Idealen) ein minimales Element, also ein Links-Ideal (Rechts-Ideal, Ideal), das kein Element von M echt umfaßt, so kann man die Vereinigung aller minimalen Links-Ideale (Rechts-Ideale, Ideale) betrachten. Diese Vereinigung aller minimalen Links-Ideale stimmt mit der Vereinigung aller minimalen Rechts-Ideale überein und ist das kleinste zweiseitige Ideal von H. Man nennt dieses Ideal auch Kern K der Halbgruppe H. Dieses

Ideal K besitzt eine besonders übersichtliche Struktur, die sich auch bei der Dekomposition von Halbautomaten auswirkt. Ohne Beweis sei die folgende, von Suschkewitsch erstmals für endliche Halbgruppen bewiesene Aussage zitiert: Jede endliche Halbgruppe H hat einen Kern K, der Vereinigung aller minimalen Links-Ideale und auch Vereinigung aller minimalen Rechts-Ideale von H ist. Der Durchschnitt eines minimalen Links-Ideals mit einem minimalen Rechts-Ideal ist eine Untergruppe von H.

Wir kommen nun auf die bereits erwähnte Einteilung der Menge der endlichen Halbgruppen in verschiedene Klassen zurück und zeigen, daß es drei verschiedene Klassen gibt.

3.3.16. Satz: Sei H eine endliche Halbgruppe. Dann tritt stets einer der drei folgenden Fälle ein:

a) H ist links-einfach.

b) H ist zyklisch.

c) H besitzt ein echtes Linksideal $I \subset H$ und eine echte Unterhalbgruppe $U \subset H$, so daß $H = I \cup U$.

Beweis: Wir können voraussetzen, daß H nicht links-einfach ist, denn sonst träfe a) zu. H ist endlich, daher enthält H ein maximales Links-Ideal $L \neq H$. Ist $a \in H \setminus L$, dann gilt: $H = L \cup H_1 a$. Als weitere Voraussetzung können wir $H_1 a = H$ nehmen, denn für $H_1 a \neq H$ läge der Fall c) mit $I = L$ und $U = H_1 a$ vor. Ist $a \notin Ha$, so gilt $H = Ha \cup \{a, a^2, \ldots\}$. Im Fall $H = \{a, a^2, \ldots\}$ liegt b) vor, andernfalls c) mit $I = Ha$ und $U = \{a, a^2, \ldots .\}$. Damit ist $a \in Ha$, also $a = ha$ für ein gewisses $h \in H$, Voraussetzung.

Setzen wir definitionsgemäß $K = \{k \in H \mid ka \in L\}$, so gilt $K \neq 0$ wegen $L \subset Ha = H$. K ist Links-Ideal von H, und wegen $h \notin K$ gilt $K \neq H$. Aus der Maximalität von L folgt entweder $K \cup L = L$ oder $K \cup L = H$. Die letzte Beziehung kommt nicht in Frage, weil hier der Fall c) vorliegt. Es kann also $K \cup L = L$, d.h. $K \subset L$ vorausgesetzt werden. Aus $xa \in L$ folgt $x \in L$ für jedes $a \in H \setminus L$. Daher ist $H \setminus L$ Unterhalbgruppe von H und es liegt wiederum der Fall c) vor. Damit ist gezeigt, daß für eine beliebige Halbgruppe H genau einer der drei Fälle a), b) oder c) zutrifft.

Mit Hilfe dieses Satzes werden nun einige Dekompositionsmethoden von Halbautomaten beschrieben.

a) Ist die Halbgruppe eines Halbautomaten zyklisch, so kann die Zustandsmenge in zwei Teilklassen unterteilt werden, in eine kontrahierende Teilmenge und in zyklische Permutationen. Die Zustandsüberführungsfunktion für die zyklische Halbgruppe $H = \{a, a^2, a^3\}$ kann dann zum Beispiel dargestellt werden durch:

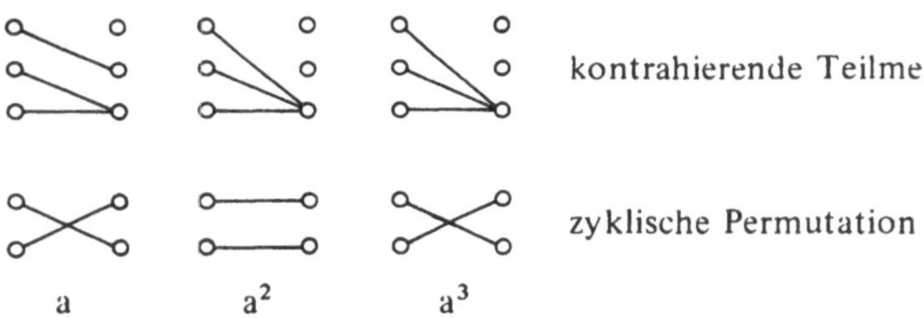

b) Handelt es sich bei der Halbgruppe des Halbautomaten um eine links-einfache Halbgruppe, so hat sie die Form: (Gruppe) × × (Halbgruppe) von Links-Einselementen. Der entsprechende Halbautomat läßt sich als Parallelschaltung von Halbautomaten mit Halbgruppen, die Gruppen bzw. Halbgruppen von Links-Einselementen sind, aufbauen.

c) Die noch verbleibende Klasse von Halbgruppen von Halbautomaten besteht aus denjenigen Halbgruppen, für die gilt: $M = I \cup U$, I echtes Links-Ideal von M, U echte Unterhalbgruppe von M. Jede Zustandsfunktion $f \in M$ des Halbautomaten wird durch $f = gh$ parametrisiert, wobei gilt: $g \in I'$, I' ist das um die Identitätsfunktion erweiterte Ideal I, $h \in U'$, U' ist die um eine spezielle Zustandsfunktion erweiterte Unterhalbgruppe U. Bei der entsprechenden Halbautomatenzerlegung wird der zu M gehörige Halbautomat in die I' bzw. U' entsprechenden Komponenten zerlegt.

3.4. Automaten

In vielen Fällen dienen die Halbautomaten als Grundlage für einen Automaten mit gewissen Eigenschaften insofern, als man den Halbautomaten durch Hinzunahme einer Menge von Ausgangsgrößen (Outputs) zu einem Automaten erweitern kann.

3.4.1. Definition: Ein (determinierter, endlicher) Automat ist ein Quintupel

$$(S, X, Y, \delta, \lambda) ,$$

wobei

S eine nichtleere endliche Menge von Zustandsgrößen,
X eine nichtleere endliche Menge von Eingangsgrößen,
Y eine nichtleere endliche Menge von Ausgangsgrößen,
$\delta : S \times X \to S$ eine Zustandsüberführungsfunktion,
$\lambda : S \times X \to Y$ eine Ausgangsfunktion (Ergebnisfunktion)
ist.

Ist noch ein Anfangs- oder Initialzustand s_0 vorgegeben, so heißt der Automat $(S, X, Y, \delta, \lambda, s_0)$ initial.

Je nach der Beschaffenheit der Ausgangsfunktion unterscheidet man verschiedene Typen von endlichen Automaten:

Hängt das Ausgabesignal (die Ausgangsgröße, der Output) sowohl vom Zustand als auch von der Eingangsgröße ab, ist also $\lambda(s, x)$ von s und x abhängig, so heißt der Automat MEALY-Automat.

MOORE-Automaten nennt man diejenigen Automaten, bei denen die Ausgabefunktion nur vom Zustand abhängt, d. h. $\lambda(s, x) = \lambda(s)$.

Ein MOORE-Automat ist also ein spezieller MEALY-Automat. Verschiedene Eigenschaften eines Automaten, die in seiner Definition enthalten sind, werden folgendermaßen bezeichnet:

Man nennt einen Automaten deterministisch, wenn der Zustand $\delta(s, x)$ und das Ausgangssignal $\lambda(s, x)$ durch s und x bereits bestimmt sind. Ein Automat heißt vollständig, wenn zu jedem

Zustand $s \in S$ und jeder Eingangsgröße $x \in X$ der nächste Zustand $\delta(s, x)$ und der Output $\lambda(s, x)$ existieren. Der Automat ist sequentiell, wenn die Eingangsgrößen diskret, also nicht stetig, auf die Zustandsmenge einwirken. Im folgenden handle es sich um Automaten mit diesen Eigenschaften.

Wenden wir uns nun den verschiedenen Darstellungsmöglichkeiten von endlichen Automaten zu. (Wir halten uns dabei an D. J. Schadach, s. Literaturhinweise.) Da es sich um endliche Automaten handelt, Eingangs-, Ausgangs- und Zustandsalphabet also endlich sind, kann man die Überführungsfunktion δ und die Ergebnisfunktion λ in Form von Tabellen aufschreiben. Für $S = \{s_1, \ldots, s_n\}$, $X = \{x_1, \ldots, x_n\}$ sind diese Tabellen gegeben durch:

δ	x_1	...	x_n
s_1	$\delta(s_1, x_1)$	...	$\delta(s_1, x_n)$
$\vdots$	$\vdots$		$\vdots$
s_m	$\delta(s_m, x_1)$	...	$\delta(s_m, x_n)$

λ	x_1	...	x_n
s_1	$\lambda(s_1, x_1)$	...	$\lambda(s_1, x_n)$
$\vdots$	$\vdots$		$\vdots$
s_m	$\lambda(s_m, x_1)$	...	$\lambda(s_m, x_n)$

Als Beispiel dazu betrachten wir eine binäre Addiermaschine. Dem Automaten werden zwei Zahlen in binärer Form nach wachsender Stellenzahl eingegeben. Der Ausgang des Automaten liefert die Summe in binärer Form ebenfalls nach wachsender Stellenzahl. Überführungs- und Ergebnisfunktion sind definiert durch

δ	00	01	10	11
s_1 = ohne Übertrag	s_1	s_1	s_1	s_2
s_2 = mit Übertrag	s_1	s_2	s_2	s_2

λ	00	01	10	11
s_1	0	1	1	0
s_2	1	0	0	1

Bei der Addition der Zahlen

$$14 = 0 \cdot 2^0 + 1 \cdot 2^1 + 1 \cdot 2^2 + 1 \cdot 2^3 \triangleq 1110$$
$$11 = 1 \cdot 2^0 + 1 \cdot 2^1 + 0 \cdot 2^2 + 1 \cdot 2^3 \triangleq 1011$$

in Binärform ergeben sich mit den

Eingangsgrößen:

$x_1 = 01$ $x_2 = 11$ $x_3 = 10$ $x_4 = 11$ $x_5 = 00$ $x_6 = 00$

Anfangszustand:

s_1

Zustandsgrößen:

s_1 s_2 s_2 s_2 s_1

die Ausgangsgrößen:

1 0 0 1 1

und damit als Summe in Binärform 11001.

Eine weitere Darstellungsmöglichkeit ist durch den Graphen eines Automaten gegeben. Die Zustandsgrößen des Automaten werden als Knoten des Graphen interpretiert. Die in jedem Knoten entspringenden gerichteten Kanten werden mit den Eingangsgrößen s_i markiert. Eine mit x_k markierte Kante mündet in den Knoten s_j genau dann, wenn $\delta(s_i, x_k) = s_j$ gilt. Der Zustand s_j ist also genau dann durch eine gerichtete, mit x_k markierte Kante von s_i nach s_j verbunden, wenn s_i durch x_k in s_j überführt wird. An der Einmündung einer mit x_k markierten Kante in den Knoten s_j wird noch die zu s_j und x_k gehörende Ausgangsgröße $\lambda(s_j, x_k) = y_l$ angegeben. Manchmal faßt man x_k und y_l zu einem Paar (x_k, y_l) zusammen.

Beispiel:

Eine Mausefalle kann entweder gespannt sein oder nicht. Dementsprechend wird sie durch die beiden Zustandsgrößen 1 und 0 charakterisiert. Ebenso bezeichnen wir die beiden möglichen Eingangsgrößen „Die Maus kommt in Reichweite der Falle" und „Die Maus kommt nicht in Reichweite der Falle" mit 1 und 0 und ebenso die beiden Ausgangsgrößen „Die Maus wird erschlagen", „Die Maus wird nicht erschlagen". Die Tabellen für die Funktionen δ und λ sind von der Form

δ	$x_1 = 1$	$x_2 = 0$
$s_1 = 1$	0	1
$s_2 = 2$	0	0

λ	$x_1 = 1$	$x_2 = 0$
$s_1 = 1$	1	0
$s_2 = 0$	0	0

Die Graphendarstellung des Automaten $(\{1,0\}, \{1,0\}, \{1,0\}, \delta, \lambda)$ hat das folgende Aussehen:

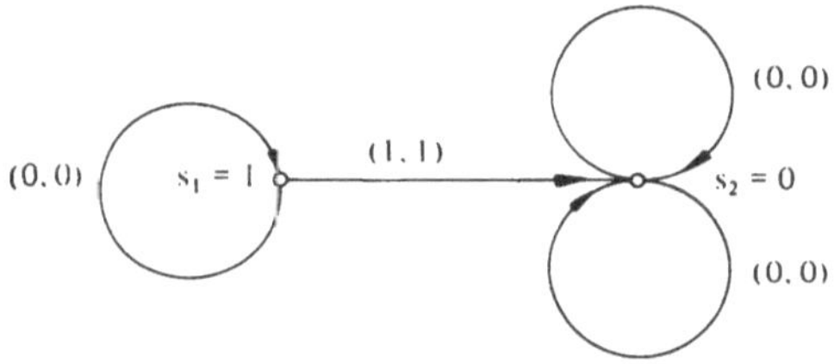

Das automatentheoretische Modell der Mausefalle läßt sich z. B. durch „Berücksichtigung des Specks" erweitern. Dabei unterscheidet man dann die 4 Zustandsgrößen:

s_1: kein Speck, Falle nicht gespannt,
s_2: kein Speck, Falle gespannt,
s_3: Speck, Falle nicht gespannt,
s_4: Speck, Falle gespannt.

Diese Erweiterung des automatentheoretischen Modells durch Berücksichtigung des Specks führt zu einem erhöhten Beschreibungsaufwand, der dem Leser überlassen sei.

Zwei in der Elektrotechnik wichtige Automaten sind der Schiebespeicher A und der Trigger-Flip-Flop B, die nur die zwei Zustände 0 und 1 annehmen, nur die Eingangsgrößen 0, 1 aufnehmen und nur die Ausgangsgrößen 0, 1 ausgeben können.

Die entsprechenden Tabellen sind:

δ^A	0	1
0	0	0
1	1	1

λ^A	0	1
0	0	1
1	0	1

δ^B	0	1
0	0	1
1	1	0

λ^B	0	1
0	0	1
1	0	1

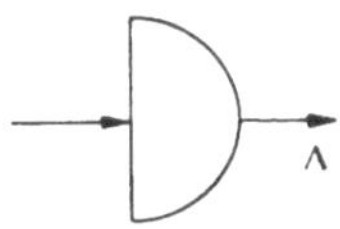

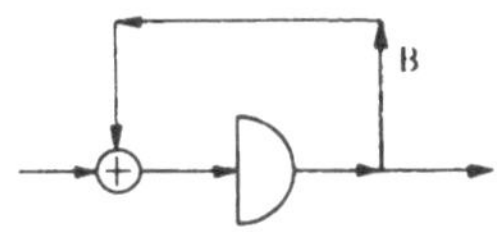

Schaltungen aus diesen Bauelementen sind getaktet, d. h. die diskreten Arbeitszeitpunkte der Schaltung sind vorgegeben. Für den Automaten A bedeutet das in den Tabellen beschriebene Verhalten, daß ein Input $x \in X$ in A einen Takt lang gespeichert und im nächsten Takt ausgegeben wird:

$$s(t+1) = x(t)\,, \quad y(t) = s(t) = x(t-1)\,.$$

Für B erhält man aus den Tabellen:

$$s(t+1) = s(t) + x(t)\,, \quad y(t) = s(t)\,,$$

wobei die Addition modulo 2 auszuführen ist. Die Arbeitsweise von A und B wird im Schaltbild veranschaulicht.

Wir können nun eine Realisierung des Mausefalle-Automaten aus diesen Bauelementen angeben. Der δ-Tabelle des Mausefalle-Automaten entnimmt man:

$$s(t+1) = \delta(s(t), x(t))\,;$$
$$\delta(1,1) = \delta(1,0) = \delta(0,0) = 0, \quad \delta(0,1) = 1\,,$$

d. h. $\quad s(t+1) = s(t) + x(t) \cdot s(t)$

und $\quad y(t) = \lambda(s(t), x(t))\,;$

$$\lambda(1,1) = 1, \quad \lambda(1,0) = \lambda(0,1) = \lambda(0,0) = 0\,,$$

d. h. $\quad y(t) = x(t) \cdot s(t)\,.$

Dies ergibt folgende Schaltung des Mausefalle-Automaten:

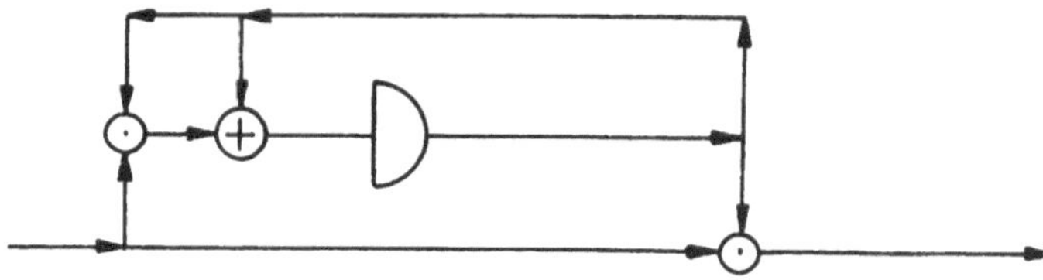

Ähnlich wie bei den Halbautomaten erweitert man auch bei Automaten die Funktionen δ und λ:

3.4.2. Definition: Seien W (X) und W (Y) die freien Worthalbgruppen mit Einselement Λ auf den Alphabeten X und Y. Es sei $s \in S$, $x \in X$ und $y \in Y$.

Die Überführungsfunktion $\delta : S \times X \to S$ wird erweitert zu $\delta : S \times W(X) \to S$ durch

$$\delta(s, \Lambda) = s\ ,$$
$$\delta(s, x_1 \ldots x_n) = \delta(\delta(s_1, x_1 \ldots x_{n-1}), x_n)\ .$$

Die Ausgangsfunktion $\lambda : S \times X \to Y$ wird erweitert zu $\lambda : S \times W(X) \to W(Y)$ durch

$$\lambda(s, \Lambda) = \Lambda\ ,$$
$$\lambda(s, x_1 \ldots x_n) = \lambda(s, x_1)\, \lambda(\delta(s, x_1), x_2 \ldots x_n)\ .$$

Insbesondere gilt also für $s = s_1$, $s_{i+1} = \delta(s_i, x_i)$, $i = 1, 2, \ldots, n-1$,

$$\delta(s, x_1 x_2) = \delta(\delta(s, x_1), x_2) = \delta(s_2, x_2)$$

und allgemein:

$$\delta(s, x_1 x_2 \ldots x_n) = \delta(s_n, x_n)\ .$$

Ebenso:

$$\lambda(s, x_1 x_2) = \lambda(s, x_1)\, \lambda(\delta(s, x_1), x_2) =$$
$$= \lambda(s, x_1) \cdot \lambda(s_2, x_2)\ ,$$

und allgemein:

$$\lambda(s_1, x_1 \dots x_n) = \lambda(s_1, x_1)\,\lambda(s_2, x_2) \dots \lambda(s_n, x_n)\,.$$

Viele Eigenschaften und Begriffe aus der Theorie der Halbautomaten lassen sich direkt auf Automaten übertragen. Wir weisen darauf hin, daß insbesondere die Sätze über Halbgruppen von Halbautomaten auch für Automaten ihre Gültigkeit behalten, wenn man die entsprechenden Definitionen modifiziert. Die Definition der Halbgruppe eines Automaten und die Zerlegungstheorie von Krohn und Rhodes läßt sich ohne Schwierigkeiten übernehmen.

Wir geben nun verschiedene Möglichkeiten an, aus gegebenen Automaten zusammengesetzte zu bilden.

3.4.3. Definition: Gegeben seien zwei Automaten $A_i = (S_i, X, Y, \delta_i, \lambda_i)$, $i = 1, 2$, mit gleichen Eingangsmengen X, gleichen Ausgangsmengen Y und elementfremden Zustandsmengen. Dann ist die direkte Summe von A_1 und A_2 definiert durch den Automaten $A = (S_1 \cup S_2, X, Y, \delta, \lambda)$ mit $\delta(s_i, x) = \delta_i(s_i, x)$ und $\lambda(s_i, x) = \lambda_i(s_i, x)$ für $x \in X$, $s_i \in S_i$, $i = 1, 2$.

3.4.4. Definition: Das direkte Produkt (Parallelschaltung) von zwei Automaten $A_i = (S_i, X_i, Y_i, \delta_i, \lambda_i)$, $i = 1, 2$, ist der Automat

$$A = (S_1 \times S_2, X_1 \times X_2, Y_1 \times Y_2, \delta, \lambda)$$

mit $\delta((s_1, s_2), (x_1, x_2)) = (\delta_1(s_1, x_1), \delta_2(s_2, x_2))$

und $\lambda((s_1, s_2), (x_1, x_2)) = (\lambda_1(s_1, x_1), \lambda_2(s_2, x_2))$,

$s_i \in S_i$, $x_i \in X_i$, $i = 1, 2$.

3.4.5. Definition: Die Serienschaltung von zwei Automaten $A_i = (S_i, X_i, Y_i, \delta_i, \lambda_i)$, $i = 1,2$, mit $Y_1 = X_2$ ist der Automat

$$A = (S_1 \times S_2, X_1, Y_2, \delta, \lambda)$$

mit $\delta((s_1, s_2), x_1) = (\delta_1(s_1, x_1), \delta_2(s_2, \lambda_1(s_1, x_1)))$

und $\lambda((s_1, s_2), x_1) = \lambda_2(s_2, \lambda_1(s_1, x_1))$

für $s_i \in S_i$, $x_1 \in X_1$ und $i = 1, 2$.

Bei der Modellierung konkreter Systeme spielt der Begriff der Homomorphie eine große Rolle, da man bei vielen Problemen oft ein homomorphes Abbild der Wirklichkeit erhalten möchte, das gewisse wesentliche Eigenschaften der Realität überträgt und andere unwesentliche nicht berücksichtigt.

3.4.6. Definition: Ein Automat $B = (S^B, X^B, Y^B, \delta^B, \lambda^B)$ ist ein homomorphes Bild des Automaten $A = (S^A, X^A, Y^A, \delta^A, \lambda^A)$, wenn drei surjektive Funktionen

$$\varphi_1 : S^A \to S^B, \quad \varphi_2 : X^A \to X^B, \quad \varphi_3 : Y^A \to Y^B$$

existieren, so daß für alle $s \in S^A$ und $x \in X^A$ stets gilt:

$$\varphi_1 (\delta^A (s, x)) = \delta^B (\varphi_1 (s), \varphi_2 (x)) ,$$
$$\varphi_3 (\lambda^A (s, x)) = \lambda^B (\varphi_1 (s), \varphi_2 (x)) .$$

Das Tripel $(\varphi_1, \varphi_2, \varphi_3)$ bezeichnet man als Homomorphismus von A auf B.

$(\varphi_1, \varphi_2, \varphi_3)$ heißt Isomorphismus von A auf B und B heißt isomorph zu A, wenn die Funktionen $\varphi_1, \varphi_2, \varphi_3$ bijektiv sind.

Wenden wir uns nun der mathematischen Präzisierung des Äquivalenzbegriffes von Automaten zu. Der Grundgedanke ist dabei zwei Automaten dann als äquivalent zu bezeichnen, wenn sie in gleicher Weise arbeiten, d. h. wenn dieselben Eingangsgrößen bei beiden Automaten dieselben Ausgangsgrößen ergeben.

3.4.7. Definition: Es seien $A = (S^A, X, Y, \delta^A, \lambda^A)$ und $B = (S^B, X, Y, \delta^B, \lambda^B)$ zwei Automaten mit denselben Eingangs- und Ausgangsgrößen. Ein Zustand $s^A \in S^A$ heißt äquivalent einem Zustand $s^B \in S^B$ (in Zeichen: $s^A \sim s^B$), wenn für alle Worte $(x_1, x_2, \ldots, x_n) \in W(X)$ stets gilt:

$$\lambda^A (s^A, x_1, x_2, \ldots, x_n) = \lambda^B (s^B, x_1, x_2, \ldots, x_n) .$$

Aus dieser Definition folgt, daß für die Zustände der Automaten A, B, C gilt:

$$s^A \sim s^A ; \quad s^A \sim s^B \Rightarrow s^B \sim s^A ;$$
$$s^A \sim s^B, \; s^B \sim s^C \Rightarrow s^A \sim s^C .$$

3.4.8. Definition: Zwei Automaten $A = (S^A, X, Y, \delta^A, \lambda^A)$ und $B = (S^B, X, Y, \delta^B, \lambda^B)$ mit denselben Eingangs- und Ausgangsalphabeten heißen äquivalent (in Zeichen: $A \sim B$), wenn zu jedem Zustand $s^A \in S^A$ ein äquivalenter Zustand $s^B \in S^B$ und zu jedem Zustand $s^B \in S^B$ ein äquivalenter Zustand $s^A \in S^A$ existiert.

Äquivalenz von Automaten ist reflexiv, symmetrisch und transitiv. Es ist nicht immer leicht die Äquivalenz zweier Zustände in endlich vielen Schritten nachzuprüfen, da es unendlich viele Elemente von $W(X)$ gibt. Ziel des folgenden ist es, ein Testverfahren zur Prüfung der Äquivalenz anzugeben. Gegeben sei der Automat $A = (S, X, Y, \delta, \lambda)$.

3.4.9. Definition: Zwei Zustände s und s' eines Automaten A heißen k-äquivalent (in Zeichen: $s \overset{k}{\sim} s'$), wenn für alle Wörter $(x_1, x_2, \ldots, x_k) \in W(X)$ der Länge $k > 0$ gilt:

$$\lambda(s, x_1, x_2, \ldots, x_k) = \lambda(s', x_1, x_2, \ldots, x_k)\,.$$

Die k-Äquivalenz ist reflexiv, symmetrisch und transitiv, wir können daher die Quotientenmenge $S/\underset{\sim}{k}$ der Zustandsmenge S bezüglich der k-Äquivalenz bilden. Es gilt das folgende Kriterium:

3.4.10. Satz: Zwei Zustände s und s' sind genau dann $(k + 1)$-äquivalent, wenn sie k-äquivalent sind und bei jeder Eingangsgröße aus X wieder in k-äquivalente Zustände übergehen; d.h.

$$s \overset{k+1}{\sim} s' \Leftrightarrow s \overset{k}{\sim} s',\quad \delta(s, x) \overset{k}{\sim} \delta(s', x),\quad x \in X\,.$$

Beweis: Voraussetzung sei $s \overset{k}{\sim} s'$ und $\delta(s, x) \overset{k}{\sim} (s', x)$ für alle $x \in X$. Nach Definition der Ausgabefunktion ist

$$\lambda(s, x_1, x_2, \ldots, x_{k+1}) = \\ = \lambda(s, x_1)\,\lambda(\delta(s, x_1), x_2, \ldots, x_{k+1})\,,$$

$$\lambda(s', x_1, x_2, \ldots, x_{k+1}) = \\ = \lambda(s', x_1)\,\lambda(\delta(s', x_1), x_2, \ldots, x_{k+1})\,.$$

Wegen der Voraussetzung gilt

$$\lambda(s, x_1) = \lambda(s', x_1)$$

und $$\lambda(\delta(s, x_1), x_2, \ldots, x_{k+1}) = \lambda(\delta(s', x_1), x_2, \ldots, x_{k+1}) .$$

Daraus folgt

$$\lambda(s, x_1, x_2, \ldots, x_{k+1}) = \lambda(s', x_1, x_2, \ldots, x_{k+1}) ,$$

also die (k + 1)-Äquivalenz von s und s'.
Setzt man umgekehrt diese (k + 1)-Äquivalenz voraus, so folgt daraus $s \overset{k}{\sim} s'$. Für alle $x \in X$ und alle $(x_1, x_2, \ldots, x_k) \in W(X)$ der Länge k gilt:

$$\lambda(s, x, x_1, x_2, \ldots, x_k) = \lambda(s', x, x_1, x_2, \ldots, x_k) .$$

Benützt man nun die Zerlegung von λ und die Voraussetzung $s \overset{k+1}{\sim} s'$, so folgt sofort die Behauptung $(s, x) \overset{k}{\sim} (s', x)$.

Bezeichnet man die Mächtigkeit der Quotientenmenge $S/\underset{\sim}{k}$ mit $|S/\underset{\sim}{k}|$, so gelten folgende Aussagen:

a) $|S/\underset{\sim}{k}| = |S/(k \underset{\sim}{+} 1)| \Rightarrow S/\underset{\sim}{k} = S/(k \underset{\sim}{+} 1)$,

b) $S/\underset{\sim}{k} = S/(k \underset{\sim}{+} 1) \Rightarrow S/\underset{\sim}{k} = S/\underset{\sim}{j}$ für alle $j \geqslant k$,

c) $|S/\underset{\sim}{1}| = 1 \Rightarrow S/\underset{\sim}{1} = S/\underset{\sim}{j}$ für alle $j \geqslant 1$,

d) Sei $|S| = m$ die Zahl der Zustandsgrößen.

$$|S| \geqslant 2 \Rightarrow S/(m \underset{\sim}{-} 1) = S/\underset{\sim}{m} .$$

Mit diesen Eigenschaften kann man die notwendige und hinreichende Länge eines Verfahrens zur Bestimmung der Äquivalenz in Automaten angeben.

3.4.11. Satz: Es sei $S/\underset{\sim}{k} = S/(k \underset{\sim}{+} 1)$. Dann gilt $s \sim s'$ genau dann, wenn $s \overset{k}{\sim} s'$.

Beweis: Aus der Äquivalenz folgt die k-Äquivalenz. Ist umgekehrt s k-äquivalent zu s', dann gilt $S/\underset{\sim}{k} = S/\underset{\sim}{j}$ für $j \geqslant k$, also

$s \overset{j}{\sim} s'$ und $\lambda(s, x_1, x_2, \ldots, x_j) = \lambda(s', x_1, x_2, \ldots, x_j)$ für alle $(x_1, x_2, \ldots, x_j) \in W(X)$, d.h. $s \sim s'$.

3.4.12. Satz: In einem Automaten mit $|S| = m \geqslant 2$ Zustandsgrößen und $s, s' \in S$ gilt $s \sim s'$ genau dann, wenn $s \overset{m-1}{\sim} s'$.

Aufgrund der Aussage d) von Satz 3.4.11 folgt die Behauptung. Die Zahl $m - 1$ stellt eine allgemeine untere Grenze zur Äquivalenzprüfung in einem Automaten dar. Zur Berechnung der Äquivalenzklassen auf der Zustandsmenge S nach der Äquivalenz $\sim$ in einem Automaten, also zur Bestimmung der Quotientenmenge

$$S/\!\sim\; = \{[s] \mid s \in S\}$$

geht man so vor:

Gegeben sei ein Automat $A = (S, X, Y, \delta, \lambda)$ und $|S| = m$ Zustandsgrößen.

a) Berechne $S/\underset{\sim}{1}$ aus S, also die Quotientenmenge der Zustandsmenge bezüglich 1-Äquivalenz.

b) Aus $S/\underset{\sim}{1}$ bilde man $S/\underset{\sim}{2}$, daraus $S/\underset{\sim}{3}, \ldots$ usw., schließlich $S/(\underset{\sim}{m-1})$ aus $S/(\underset{\sim}{m-2})$ mit Hilfe von Satz 3.4.10.

c) Wenn $S/\underset{\sim}{k} = S/(\underset{\sim}{k+1})$ für irgendein $k = 1, 2, \ldots, m-2$, dann gilt $S/\!\sim\; = S/\underset{\sim}{k}$.
Wenn $S/\underset{\sim}{k} \neq S/(\underset{\sim}{k+1})$ für alle $k = 1, 2, \ldots, m-2$, dann gilt $S/\!\sim\; = S/(\underset{\sim}{m-1})$.

Beispiel:

Die Überführungs- bzw. Ausgabefunktion des Automaten $A = (\{s_1, s_2, s_3, s_4, s_5, s_6, s_7\}, \{x_1, x_2\}, \{0, 1\}, \delta, \lambda)$ ist gegeben durch

δ	x_1	x_2
s_1	s_2	s_7
s_2	s_2	s_7
s_3	s_5	s_1
s_4	s_6	s_2
s_5	s_5	s_3
s_6	s_6	s_4
s_7	s_1	s_6

λ	x_1	x_2
s_1	0	0
s_2	0	0
s_3	0	0
s_4	0	0
s_5	1	0
s_6	1	0
s_7	0	1

Zur Berechnung von $S/\underset{\sim}{1}$ hat man zu prüfen, für welche s, s' gilt:

$$\lambda(s, x_i) = \lambda(s', x_i), \quad i = 1,2 .$$

Man errechnet $S/\underset{\sim}{1} = \{\{s_1, s_2, s_3, s_4\}, \{s_5, s_6\}, \{s_7\}\}$.

Zur Berechnung von $S/\underset{\sim}{2}$ hat man zu prüfen, für welche s, s' gilt:

$$\lambda(s, x_1, x_2) = \lambda(s', x_1, x_2) .$$

Dies ist gleichbedeutend mit:

$$\lambda(s, x_1)\,\lambda(\delta(s, x_1), x_2) = \lambda(s', x_1)\,\lambda(\delta(s', x_1), x_2) .$$

Es ergibt sich

$$S/\underset{\sim}{2} = \{\{s_1, s_2\}, \{s_3, s_4\}, \{s_5, s_6\}, \{s_7\}\}$$

und schließlich

$$S/\underset{\sim}{3} = \{\{s_1, s_2\}, \{s_3, s_4\}, \{s_5, s_6\}, \{s_7\}\} .$$

Wegen $S/\underset{\sim}{2} = S/\underset{\sim}{3}$ ist also $S/\underset{\sim}{2}$ die gesuchte Klasseneinteilung $S/\sim$.

Für die Prüfung der Äquivalenz zweier Automaten benötigt man

3.4.13. Satz: Es seien $A_i = (S_i, X, Y, \delta_i, \lambda_i)$, $i = 1,2$, zwei Automaten mit denselben Eingangs- und Ausgangsgrößen und mit $|S_i| = m_i$ Zustandsgrößen. Es sei $s_i \in S_i$, dann ist $s_1 \sim s_2$ genau dann, wenn $s_1 \overset{(m_1+m_2-1)}{\sim} s_2$.

Beweis: Es sei A die direkte Summe der beiden Automaten A_1 und A_2. Die δ- bzw. λ-Tabellen von A ergeben sich durch Aneinanderfügen der δ- bzw. λ-Tafeln der A_i. Der neue Automat besitzt $m_1 + m_2$ Zustandsgrößen. Die Anwendung des Satzes 3.4.12 für $s_1 \in S_1$ und $s_2 \in S_2$ liefert die Behauptung.

Die Zahl $m_1 + m_2 - 1$ kann im allgemeinen nicht reduziert werden und stellt eine untere Grenze für die Prüfung auf Äquivalenz dar.

Beispiel: Gegeben seien die Automaten $A_1 = (\{s_1, s_2\}, \{x_1, x_2\}, \{0, 1\}, \delta_1, \lambda_1)$ und $A_2 = (\{s_1^*, s_2^*, s_3^*\}, \{x_1, x_2\}, \{0, 1\}, \delta_2, \lambda_2)$,

δ_1	x_1	x_2
s_1	s_1	s_1
s_2	s_2	s_2

λ_1	x_1	x_2
s_1	0	0
s_2	0	1

δ_2	x_1	x_2
s_1^*	s_1^*	s_2^*
s_2^*	s_2^*	s_1^*
s_3^*	s_3^*	s_3^*

λ_2	x_1	x_2
s_1^*	0	0
s_2^*	0	0
s_3^*	0	1

Der Automat hat als direkte Summe von A_1 und A_2 die folgende Überführungs- bzw. Ausgabefunktion δ bzw. λ:

δ	x_1	x_2
s_1	s_1	s_1
s_2	s_2	s_2
s_1^*	s_1^*	s_2^*
s_2^*	s_2^*	s_1^*
s_3^*	s_3^*	s_3^*

λ	x_1	x_2
s_1	0	0
s_2	0	1
s_1^*	0	0
s_2^*	0	0
s_3^*	0	1

Zur Zustandsmenge $S = \{s_1, s_2, s_1^*, s_2^*, s_3^*\}$ von A berechnet man daraus:

$$S/\underline{1} = \{\{s_1, s_1^*, s_2^*\}, \{s_2, s_3^*\}\} ,$$

$$S/\underset{\sim}{2} = \{\{s_1, s_1^*, s_2^*\}, \{s_2, s_3^*\}\},$$
$$S/\underset{\sim}{1} = S/\underset{\sim}{2}, \text{ also } S/\sim\, = S/\underset{\sim}{1}.$$

Das heißt: $s_1 \sim s_1^*$, $s_2 \sim s_3^*$ und $s_1^* \sim s_1$, $s_2^* \sim s_1$, $s_3^* \sim s_2$, und damit gilt $A_1 \sim A_2$.

Nach Klärung des Äquivalenzbegriffes von Automaten wird nun ein Minimierungsproblem behandelt, das darin besteht, zu einem gegebenen Automaten A einen äquivalenten Automaten A_m mit minimaler Zustandszahl zu bestimmen. Die Bestimmung des Minimalautomaten nennt man auch Reduktion von A. Ein Automat ist genau dann minimal oder reduziert, wenn alle seine Zustände paarweise inäquivalent sind. Man formuliert dazu die

3.4.14. Definition: Ein Automat heißt Minimalautomat, wenn für seine Zustände gilt: $s \sim s' \Rightarrow s = s'$.

Das heißt also, daß die Äquivalenzklassen in der Quotientenmenge $S/\sim$ jeweils genau ein Element enthalten. Wir geben nun eine Methode zur Bestimmung des Minimalautomaten an. Die Existenz eines Minimalautomaten sichert der

3.4.15. Satz: Zu jedem Automaten gibt es einen bis auf Isomorphie eindeutig bestimmten äquivalenten Minimalautomaten.

Ohne näher auf den Beweis einzugehen, formulieren wir die daraus resultierende Konstruktionsmethode: Gegeben sei ein Automat $A = (S, X, Y, \delta, \lambda)$. Mit Hilfe des oben beschriebenen Verfahrens bilde man die Quotientenmenge $S/\sim$. Dann konstruiert man die Funktionen

$$\delta^*: S/\sim \times X \to S/\sim, \quad ([s], x) \mapsto [\delta(s, x)],$$
$$\lambda^*: S/\sim \times X \to Y, \quad ([s], x) \mapsto \lambda(s, x),$$

für alle $[s] \in S/\sim$ und $x \in X$. Der gesuchte Minimalautomat ist dann gegeben durch

$$A_m = (S/\sim, X, Y, \delta^*, \lambda^*).$$

Beispiel:

Gegeben sei $A = (\{s_1, s_2, s_3, s_4, s_5, s_6\}, \{x_1, x_2\}, \{0, 1\}, \delta, \lambda)$:

δ	x_1	x_2
s_1	s_3	s_4
s_2	s_3	s_4
s_3	s_1	s_2
s_4	s_2	s_1
s_5	s_3	s_6
s_6	s_6	s_1

λ	x_1	x_2
s_1	0	1
s_2	0	1
s_3	1	1
s_4	1	1
s_5	1	1
s_6	0	0

Man berechnet:

$$S/\underset{\sim}{1} = \{\{s_1, s_2\}, \{s_3, s_4, s_5\}, \{s_6\}\},$$
$$S/\underset{\sim}{2} = \{\{s_1, s_2\}, \{s_3, s_4\}, \{s_5\}, \{s_6\}\},$$
$$S/\underset{\sim}{3} = \{\{s_1, s_2\}, \{s_3, s_4\}, \{s_5\}, \{s_6\}\},$$
$$S/\underset{\sim}{2} = S/\underset{\sim}{3} = S/\sim .$$

Bezeichnet man die einzelnen Klassen mit $\{s_1, s_2\} = s_1^*$, $\{s_3, s_4\} = s_2^*$, $\{s_5\} = s_3^*$, $\{s_6\} = s_4^*$, so ist der Minimalautomat $A_m = (\{s_1^*, s_2^*, s_3^*, s_4^*\}, \{x_1, x_2\}, \{0, 1\}, \delta^*, \lambda^*)$ gegeben durch:

δ^*	x_1	x_2
s_1^*	s_2^*	s_2^*
s_2^*	s_1^*	s_1^*
s_3^*	s_2^*	s_4^*
s_4^*	s_4^*	s_1^*

λ^*	x_1	x_2
s_1^*	0	1
s_2^*	1	1
s_3^*	1	1
s_4^*	0	0

3.5. Formale Sprachen

Als formale Sprache bezeichnet man ganz allgemein eine Teilmenge L der Menge W(X) aller Wörter über einem endlichen Alphabet X zusammen mit einer Methode zur Beschreibung dieser Menge. Es gibt verschiedene Möglichkeiten zur Beschreibung dieser Menge:

(1) Mit einer Menge von vorgegebenen Regeln, Grammatik genannt, werden genau die Wörter von W(X) erzeugt, die zu L gehören.

(2) Hat man einen endlichen Automaten mit Anfangszustand (initialer Automat) gegeben, und gibt man ein Eingangswort x von W(X) ein, so liegt die durch dieses Wort erreichte Ausgangsgröße genau dann in einer ausgezeichneten Menge, wenn das Wort x zu L gehört. Man sagt dann, daß x von dem Automaten akzeptiert wird. Ist dies nicht der Fall, so bezeichnet man x als vom Automaten nicht akzeptiert. Eine wichtige Art, die von endlichen Automaten akzeptierten Wortmengen zu charakterisieren, führt auf die von Kleene eingeführten „regulären Mengen".

(3) Als dritte Möglichkeit sei eine algebraische Charakterisierung der Sprache L erwähnt. Gegeben seien ein System von Mengen (Basismengen genannt) und ein System von algebraischen Operationen. Jede Teilmenge von W(X), die durch endlichmalige Anwendung der Operationen aus Basismengen entsteht, wird als Sprache aufgefaßt. Zur Charakterisierung dieser Sprache fragt man nach der Existenz einer Grammatik für diese Sprache oder eines Automaten.

Es sei noch darauf hingewiesen, daß unser Begriff „Wort" dem Begriff „Satz" für natürliche Sprachen sehr gut entspricht. Das Hauptinteresse der Theorie der formalen Sprachen liegt aber nicht in der Formalisierung natürlicher Sprachen, sondern vor allem in der Modellbildung für Programmiersprachen. Die Arbeitsvorschriften, die man einer Maschine (einem Automaten, einem Computer) geben will, kann man nämlich nicht in einer der natürlichen Sprachen niederlegen. Es muß vielmehr die zu verwendende Sprache, die Programmiersprache, den Fähigkeiten der Maschine angepaßt werden. Die Sprache, mit deren Hilfe die Anweisungen für die Maschine gegeben werden, ist wegen der mangelnden Intelligenz der Maschine nach strengen Regeln zu bilden und auf die Fähigkeiten der Maschine auszurichten.

Im folgenden wird auf einige grundlegende Begriffe und auf den Zusammenhang zwischen Automaten und formalen Sprachen eingegangen, wobei verschiedene eingangs erwähnte Charakterisierungsmöglichkeiten von Sprachen erläutert werden.

3.5.1. Definition: Eine (allgemeine) Regelgrammatik ist ein Quadrupel $G = (V, X, R, s)$ mit

(1) V ist eine endliche nichtleere Menge: das vollständige Vokabular (Gesamtalphabet).

(2) $X \subset V$ ist die Menge der Basiszeichen, $V \setminus X$ ist die Menge der grammatikalischen Symbole oder (metalinguistischen) Variablen.

(3) R ist eine endliche Menge von geordneten Paaren (u, v) mit $u \in W(V \setminus X)$, $v \in W(V)$, wobei u mindestens eine Variable enthält. Das Paar (u, v) schreibt man als $u \to v$ und nennt es eine Produktion oder Regel.

(4) $s \in V \setminus X$ ist die Startvariable oder initiales Symbol.

Existieren in einer Grammatik G zu zwei Wörtern x und y über V weitere Wörter u, u_1, u_2 und v über V, so daß $(u, v) \in R$, $x = u_1 u u_2$ und $y = u_1 v u_2$ gilt, so schreiben wir $x \mapsto y$ und sagen: x erzeugt direkt y.

3.5.2. Definition: Die transitive Hülle von $\mapsto$ sei $\overset{t}{\mapsto}$, wobei $x \overset{t}{\mapsto} y$ mit $x, y \in W(V)$ genau dann gilt, wenn $x = y$ ist oder wenn eine Folge $y_1, y_2, \ldots, y_k$, $y_k \in W(V)$, $k \in \mathbf{N}$ mit

$$x = y_1 \mapsto y_2 \mapsto \ldots \mapsto y_k = y$$

existiert. Die Folge $y_1, y_2, \ldots, y_k$ heißt Ableitung oder Erzeugung von y aus x.

3.5.3. Definition: $L \subset W(X)$ ist genau dann eine Regelsprache, wenn es eine Regelgrammatik $G = (V, X, R, s)$ mit

$$L = L(G) = \{x \mid x \in W(X), \ s \overset{t}{\mapsto} x\}$$

gibt. Diese Menge aller Worte in $W(X)$, die s erzeugt, heißt die von G erzeugte Regelsprache.

B e i s p i e l :

$G = (V, X, R, s)$, $V = \{a, b, s\}$, $X = \{a, b\}$, $R = \{s \to asb, s \to a\}$. Es gilt z. B. $asssb \overset{t}{\mapsto} aaaab$ oder $s \overset{t}{\mapsto} aab$. Die Regelsprache ist gegeben durch $L(G) = \{a^{n+1} b^n \mid n \geq 1\}$.

Bei der Ableitung $x \to y$ kann die Wortlänge, d. h. die Anzahl $l(x)$ der Zeichen im Wort x, abnehmen, gleichbleiben oder zunehmen.

3.5.4. Definition: Eine Regelgrammatik G heißt kontext-sensitiv, wenn für jede Regel (u, v) von G stets $l(u) \leq l(v)$ gilt. L ist eine kontext-sensitive Sprache, wenn es eine kontext-sensitive Grammatik G mit $L = L(G)$ gibt.

Eine Regelgrammatik G heißt kontext-frei, wenn jede Regel (u, v) von G die Eigenschaft $l(u) = 1$ hat, d. h. jede Regel hat die Form $u \to v$, $u \in V \setminus X$, $v \in W(V)$. L ist eine kontext-freie Sprache genau dann, wenn es eine kontext-freie Grammatik G mit $L = L(G)$ gibt.

Eine kontext-freie Sprache kann auch das leere Wort Λ enthalten, eine kontext-sensitive Sprache jedoch nicht. Ist L eine kontext-freie Sprache, so ist $L \setminus \{\Lambda\}$ kontext-sensitiv. Ein Beispiel für eine kontext-freie Sprache ist $L(G) = \{a^n b^n \mid n \geq 1\}$ mit $X = \{a, b\}$, $V = \{a, b, s\}$, $R = \{s \to asb, s \to ab\}$.

Die Ableitung oder Erzeugung $x \mapsto y$ kann im allgemeinen auf mehreren Wegen durchgeführt werden. Man wird solche Wege als nicht wesentlich verschieden ansehen. Um auf diese Mehrdeutigkeit einzugehen, betrachten wir die Grammatik G mit $X = \{a, b, c, d\}$, $V = \{s, \alpha, \beta, \gamma, a, b, c, d\}$ und den Regeln $R = \{s \to a\alpha, \alpha \to \beta\alpha, \alpha \to \beta, \beta \to dc, \beta \to bb\gamma, \gamma \to cc\}$. Die Ableitung

$$s \mapsto a\alpha \mapsto a\beta\alpha \mapsto a\beta\beta \mapsto a\beta dc \mapsto abb\gamma dc \mapsto$$
$$\mapsto abbccdc$$

kann graphisch durch einen Strukturbaum oder Ableitungsbaum dargestellt werden. Einen Graphen, in dem in jeden Knoten eine Kante einmündet mit Ausnahme eines einzigen Knotens (Wurzel), in den keine Kante einmündet, nennt man Baum. Das erzeugte Wort kann an den Endknoten dieses Baumes von links im Uhrzeigersinn beginnend gelesen werden. Verschiedene Ableitungen haben denselben Baum. Diese Mannigfaltigkeit von Ableitungen für einen Baum vermeidet man, indem dem Baum die linksseitige Ableitung eineindeutig zugeordnet wird. In linksseitigen Ableitungen wird in jedem Schritt auf die am weitesten linksstehende metalinguische Variable eine Ersetzungsregel angewandt, was bei den kontext-freien Ersetzungen immer möglich ist.

Der Ableitungsbaum für obiges Beispiel hat die Gestalt:

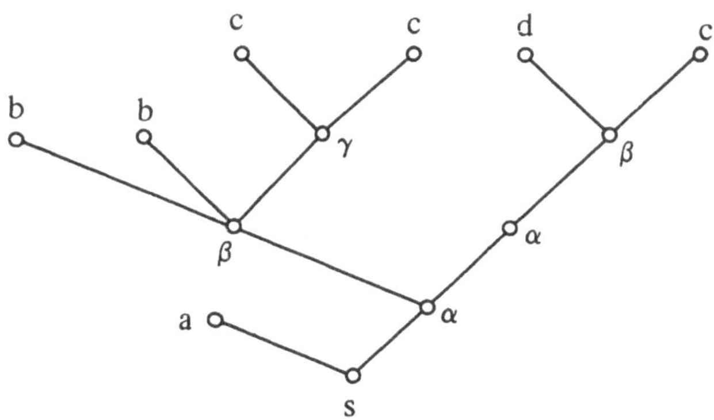

Die linksseitige Ableitung dieses Baumes ist

$$s \Rightarrow a\alpha \Rightarrow \alpha\beta a \Rightarrow abb\gamma\alpha \Rightarrow abbcc\alpha \Rightarrow$$
$$\Rightarrow abbcc\beta \Rightarrow abbccdc\,.$$

Eine kontext-freie Grammatik G nennt man eindeutig, wenn jedes Wort von L(G) genau einen Ableitungsbaum, also genau eine linksseitige Ableitung, besitzt. Andernfalls heißt G mehrdeutig.

Eine Möglichkeit zum Studium formaler Sprachen liefert ein spezieller Automatenbegriff

3.5.5. Definition: Ein endlicher initialer Automat ohne Ausgabe, Akzeptor genannt, ist ein Quintupel $A = (S, X, Y, \delta, s_0)$ mit:

S ist eine endliche nichtleere Menge (Zustandsmenge),

X ist eine endliche nichtleere Menge (Menge der Eingangsgrößen),

$Y \subset S$ heißt Menge der ausgezeichneten Endzustände,

$\delta : S \times X \to S$ heißt Zustandsüberführungsfunktion,

$s_0 \in S$ heißt Anfangszustand.

Wie üblich wird δ zu einer Funktion $\delta : S \times W(X) \to S$ durch die rekursive Definition $\delta(s, \Lambda) = s$ und $\delta(s, xw) = \delta(\delta(s, x), w)$ für alle $s \in S$, $x \in X$ und $w \in W(X)$ erweitert.

3.5.6. Definition: Für einen endlichen initialen Automaten A bezeichnet die Menge $T(A) = \{w \in W(X) \mid \delta(s_0, w) \in Y\}$ die Menge der von A akzeptierten Wörter oder das in A dargestellte Ereignis.

Ist $E \subset W(X)$ und $E = T(A)$, so heißt E ein im endlichen Automaten A darstellbares Ereignis oder eine durch endlich viele Zustände erzeugte Sprache.

3.5.7. Definition: Eine Teilmenge $E \subset W(X)$ heißt regulär, wenn E endlich ist oder durch endlichmalige Anwendung der mengentheoretischen Vereinigung, der Hüllenoperation sowie der Produktoperation aus endlichen Mengen $D, F \subset W(X)$ aufgebaut werden kann, wobei gilt

$$D \cdot F = \{df \mid d \in D,\ f \in F\} \quad \text{(Produkt)},$$

$$\langle D \rangle = \bigcup_{i=0}^{\infty} D^i,\ D^0 = \{\Lambda\},\ D^{i+1} = D^i D \quad \text{(Hülle)}.$$

$\langle D \rangle$ ist dabei also die von D erzeugte Unterhalbgruppe von $W(X)$ und es gilt $W(X) = \langle X \rangle$. Der folgende wichtige Satz wurde zuerst von Kleene angegeben und bewiesen und stellt eine Charakterisierung der regulären Menge dar:

3.5.8. Satz: Eine Teilmenge $E \subset W(X)$ ist genau dann regulär, wenn E in einem endlichen Automaten A dargestellt werden kann, d. h. $E = T(A)$.
Wir geben nun ein weiteres Beispiel dafür, wie man reguläre Mengen charakterisieren kann. Wir wissen, daß in einem deterministischen Automaten jeder Zustand durch die vorhergehenden eindeutig bestimmt ist. Ist dies nicht der Fall, so spricht man von nichtdeterminierten Automaten. In jedem Zustand des Automaten gibt es dann im allgemeinen mehrere Möglichkeiten der Fortsetzung der Arbeit. In nichtdeterministischen Automaten nennen wir ein Wort vom Automaten akzeptiert, wenn eine der möglichen Zustandsfolgen zu einem ausgezeichneten Zustand führt.

3.5.9. Definition: Ein nichtdeterministischer endlicher Automat ist ein Quintupel $A = (S, X, Y, \delta, s_0)$, wobei S, X, Y und s_0 wie in Definition 3.5.5 bestimmt sind und δ eine Funktion von $S \times X$ in die Potenzmenge $P(S)$ von S ist.

3.5.10. Definition: Die Menge der von einem endlichen nichtdeterministischen Automaten A akzeptierten Wörter ist gegeben durch

$$T(A) = \{x_1 \ldots x_k \mid x_1 \ldots x_k \in W(X)\ ,$$

es gibt Zustände $s_1, \ldots, s_k$, so daß für $i = 1, 2, \ldots, k$ gilt:

$$s_i \in \delta(s_{i-1}, x_i),\ s_k \in Y\}\,.$$

3.5.11. Satz: Ist A ein endlicher nichtdeterministischer Automat, so ist die Menge $T(A)$ regulär.
Dieser Satz bedeutet also, daß durch nichtdeterministische Automaten nicht mehr Mengen dargestellt werden können, als durch determinierte. Man kann zeigen, daß alle regulären Mengen kontext-freie Sprachen sind. Dazu definiert man den Begriff der rechtslinearen Grammatik.

3.5.12. Definition: Eine kontext-freie Grammatik $G =$ $= (V, X, R, s)$ heißt rechtslinear, wenn jede Regel in R von der Form $u \to v$ oder $u \to ua$ mit $u \in W(X)$ und $a \in V \setminus X$ ist.

3.5.13. Satz: Eine Menge $M \subset W(X)$ ist genau dann regulär, wenn es eine rechtslineare Grammatik G mit $M = L(G)$ gibt.

Zum Beweis sei $A = (S, X, Y, \delta, s_0)$ ein endlicher Automat mit $S \cap X = \emptyset$, in dem M dargestellt wird. Als Grammatik wählen wir $G = (V, X, R, s)$ mit $V = X \cup S \cup \{s\}$ und $s \notin X \cup S$. R enthalte die Ersetzungsregeln $s \to s_0$, $t \to x t'$ für jedes $t, t' \in S$, $x \in X$ mit $\delta(t, x) = t'$ und schließlich $y \to \Lambda$ für jedes $y \in Y$. Unter diesen Voraussetzungen ist G einfach und $L(G) = M$. Der Beweis der Umkehrung des Satzes verläuft mit einer ähnlichen Konstruktion.

Es sei bemerkt, daß nicht alle kontext-freien Sprachen regulär sind, wie zum Beispiel $\{a^n b^n \mid n \geqslant 1\}$ zeigt. Unter Verwendung einer allgemeineren Automatenklasse kann man zeigen, daß genau durch diese Automaten die kontext-freien Sprachen charakterisiert sind. Diese sogenannten nichtdeterministischen Kellerautomaten spielen für die kontext-freien Sprachen eine ähnliche Rolle, wie die endlichen Automaten für reguläre Mengen. Zu jeder kontext-freien Sprache gibt es nämlich einen Kellerautomaten, der genau die Worte dieser Sprache in einem gewissen Sinn akzeptiert und umgekehrt.

ÜBUNGSAUFGABEN

101. Bei der Kreuzung von Diplonten betrachte man zwei Gene, die in jeweils zwei intermediären Allelen erscheinen können. Neun Phänotypen treten insgesamt auf. Man zeige daß diese Phänotypen in einer Kreuzungstafel neun symmetrischen, disjunkten Relationen entsprechen. Man zeige, daß sich die Zahl der Phänotypen auf sechs reduziert, wenn ein Allelenpaar dominant/rezessiv ist. Wie viele Phänotypen gibt es, wenn beide Allelenpaare dominant/rezessiv sind?

102. Man bestimme die Halbgruppe des Halbautomaten $A = (\{s_1, s_2\}, \{x_1, x_2\}, \delta)$ mit

δ	x_1	x_2
s_1	s_1	s_2
s_2	s_2	s_1

103. Durch ein Zählwerk eines Digitalrechners laufen diskrete Impulse, wobei nur jeder sechste Impuls vom Zählwerk angezeigt wird. Man entwerfe für die Funktionsweise des Zählwerkes einen Automaten durch Angabe der δ-λ-Tafeln bzw. eines Graphen.

104. Man gebe die Tabellen bzw. das Graphendiagramm für das automatentheoretische Modell „Mausefalle unter Berücksichtigung von Speck". Man konstruiere den zugehörigen Minimalautomaten.

105. Welche der folgenden Automaten A_1, A_2 und A_3 sind äquivalent?

A_1:

δ_1	x_1	x_2
r_1	r_1	r_1
r_2	r_2	r_2

λ_1	x_1	x_2
r_1	0	1
r_2	1	0

A_2:

δ_2	x_1	x_2
s_1	s_2	s_4
s_2	s_2	s_2
s_3	s_3	s_3
s_4	s_1	s_3

λ_2	x_1	x_2
s_1	0	1
s_2	1	0
s_3	0	1
s_4	1	0

A_3

δ_3	x_1	x_2
t_1	t_6	t_2
t_2	t_5	t_5
t_3	t_3	t_3
t_4	t_2	t_4
t_5	t_1	t_4
t_6	t_4	t_6

λ_3	x_1	x_2
t_1	0	1
t_2	0	1
t_3	1	0
t_4	0	1
t_5	0	1
t_6	0	1

4. Gruppen

Die Gruppentheorie stellt den zeitlich frühesten Fall der Herausbildung einer abstrakten algebraischen Struktur dar und gerade mit ihr gelang es, weittragende und fruchtbare Resultate bei durchgängiger Anwendung der axiomatischen und strukturellen Methode und Auffassung zu erzielen. Die abstrakte Gruppentheorie entstand als Abstraktionsergebnis impliziter und expliziter gruppentheoretischer Methoden und Begriffsbildungen. Der begrenzte Rahmen dieses Buches gestattet es nur, auf einige wenige Bereiche der Gruppentheorie und ihrer Anwendungen hinzuweisen. Dieses Kapitel haben wir im Hinblick auf die zahlreichen ausgezeichneten Bücher zur Gruppentheorie bewußt kurz gehalten und verweisen den interessierten Leser auf die Hinweise im Literaturverzeichnis. Zur Dokumentation der Vielzahl der Anwendungsmöglichkeiten von Gruppen in den Naturwissenschaften haben wir uns in diesem Kapitel auf die Angabe einiger Gruppenbeispiele beschränkt. In erster Linie sind die Grundzüge der sogenannten Darstellungstheorie endlicher Gruppen Gegenstand unserer Betrachtungen.

Viele Anwendungen der Gruppentheorie auf physikalische oder chemische Probleme sind nämlich Anwendungen der Darstellungstheorie. Der Mathematiker F. G. Frobenius hat diese Theorie etwa um die Jahrhundertwende entwickelt. Das Studium der Symmetrieeigenschaften physikalischer, chemischer oder anderer Systeme und die Theorie von der Darstellung gegebener Gruppen als Gruppen von Matrizen sind wohl eines der wichtigsten algebraischen Hilfsmittel des Naturwissenschaftlers. Ein Anwendungsprinzip zum Beispiel ist den chemischen, physikalischen und quantentheoretischen Systemen gemeinsam: vorgegebene Symmetriegruppen lassen Aussagen über die Systeme (zum Beispiel Moleküle, Kristalle, usw.) mit dieser Symmetriegruppe zu. Verschiedene Systeme mit gleicher Symmetriegruppe besitzen verwandte Eigenschaften. Auf ein weiteres Anwendungsgebiet der Gruppentheorie, nämlich Gruppen in der Kodierungstheorie, werden wir im nächsten Kapitel eingehen.

4.1. Spezielle Gruppen

Neben einigen Eigenschaften von Gruppen werden in diesem Paragraphen einige Gruppenbeispiele angegeben, um die Vielzahl der verschiedenen Anwendungsmöglichkeiten der Gruppentheorie zu verdeutlichen.

Die Operationstafel einer Gruppe kann man als bequemere und übersichtlichere Schreibweise für eine Folge von Gleichungen $a_i a_j = a_k$ auffassen, denen die Elemente $a_1, a_2, \ldots, a_n$ einer endlichen Gruppe der Ordnung n genügen müssen. Man kann aber auch eine endliche Gruppe durch Angabe einer geringeren Zahl von Gleichungen, als der Operationstafel entspricht, definieren. Eine Operationstafel für die Quaternionengruppe und eine dazu isomorphe haben die Form

	e	a_1	a_2	a_3	a_4	a_5	a_6	a_7
e	e	a_1	a_2	a_3	a_4	a_5	a_6	a_7
a_1	a_1	e	a_3	a_2	a_5	a_4	a_7	a_6
a_2	a_2	a_3	a_1	e	a_6	a_7	a_5	a_4
a_3	a_3	a_2	e	a_1	a_7	a_6	a_4	a_5
a_4	a_4	a_3	a_7	a_6	a_1	e	a_2	a_3
a_5	a_5	a_3	a_6	a_7	e	a_1	a_3	a_2
a_6	a_6	a_3	a_4	a_5	a_3	a_2	a_1	e
a_7	a_7	a_3	a_5	a_4	a_2	a_3	e	a_1

	1	−1	i	−i	j	−j	k	−k
1	1	−1	i	−i	j	−j	k	−k
−1	−1	1	−i	i	−j	j	−k	k
i	i	−i	−1	1	k	−k	−j	j
−i	−i	i	1	−1	−k	k	j	−j
j	j	−j	−k	k	−1	1	i	−i
−j	−j	j	k	−k	1	−1	−i	i
k	k	−k	j	−j	−i	i	−1	1
−k	−k	k	−j	j	i	−i	1	−1

Anstelle der daraus resultierenden Gleichungen für die Elemente e und a_i kann man zur Definition der Quaternionengruppe auch die folgenden Relationen verwenden:

$$a_3^4 = e, \quad a_3^2 = a_5^2, \quad a_3^{-1} a_5 a_3 = a_5^{-1} \; .$$

Die Quaternionengruppe ist in diesem Fall definiert als die Menge aller verschiedenen Produkte der Elemente e, a_3 und a_5. Diese Produkte genügen der Operationstafel von Q.

Allgemein nennt man eine Menge von Gleichungen, die die Gruppentafeln in obigem Sinn implizieren eine Menge von definierenden Relationen für die Gruppe. Offensichtlich ist auch die Operationstafel selbst eine Menge von definierenden Relationen.

Mit Hilfe des Satzes von Lagrange kann man sämtliche möglichen Strukturen für endliche Gruppen von gegebener Ordnung bestimmen. Bei der Bestimmung aller Gruppen der Ordnung 6 wissen wir, daß die Ordnung eines jeden Elements der Gruppe ein Teiler von 6 ist. Enthält die Gruppe ein Element der Ordnung 6, dann ist die Gruppe die zyklische Gruppe Z_6 mit der definierenden Relation $a^6 = e$.

Um andere Gruppen der Ordnung 6 zu bekommen, setzt man voraus, daß kein Element der Ordnung 6, wohl aber eines der Ordnung 3 existiert. Damit enthält die gesuchte Gruppe die zyklische Untergruppe a, a^2, $a^3 = e$. Sei b ein weiteres Gruppenelement, so ist G die Menge der 6 verschiedenen Elemente e, a, a^2, b, ab, a^2b.

Diese 6 Elemente sollen eine Gruppe bilden, die von Z_6 verschieden, also nicht abelsch ist, daher muß die Menge abgeschlossen sein, d.h. auch b^2 gehört zur Menge G und ist offensichtlich von ab und a^2b verschieden. Es gilt also: $b^2 = e$, $b^2 = a$ oder $b^2 = a^2$. $b^2 = a$ oder $b^2 = a^2$ impliziert aber, daß b ein Element der Ordnung 3 ist, d.h. $b^3 = e$. Dann wäre aber $ab = e$ oder $a^2b = e$ und das ist nicht möglich, daher folgt $b^2 = e$. Wegen $ba \in G$ und $ba \neq ab$ folgt sofort $ba = a^2b$ und deshalb gilt $(ab)^2 = abab = aa^2bb = e$.

Die Relationen

$$a^3 = e, \quad b^2 = e \quad \text{und} \quad (ab)^2 = e$$

führten auf keinen Widerspruch, so daß die gesuchte Gruppe G der Ordnung 6 die folgende Operationstafel besitzt:

	e	a	a^2	b	ab	a^2b
e	e	a	a^2	b	ab	a^2b
a	a	a^2	e	ab	a^2b	b
a^2	a^2	e	a	a^2b	b	ab
b	b	a^2b	ab	e	a^2	a
ab	ab	b	a^2b	a	e	a^2
a^2b	a^2b	ab	b	a^2	a	e

Diese Gruppe ist isomorph zur symmetrischen Gruppe S_3.

4.1.1. Definition: Ein Element b einer Gruppe G nennt man konjugiert zum Element a bezüglich $u \in G$, wenn gilt:

$$u^{-1} a u = b \ .$$

(Für „b ist konjugiert zu a" ist auch die Schreibweise $u a u^{-1} = b$ üblich.)

Eine Untergruppe N von G ist somit genau dann Normalteiler von G, wenn das konjugierte Element eines jeden Elements von N bezüglich eines jeden Elements u von G zu N gehört. Die Funktion $f_u : a \mapsto u^{-1} a u$ von G in G, die jedem Element sein bezüglich eines festen Elements u konjugiertes zuordnet, haben wir inneren Automorphismus von G genannt. Man prüft sofort nach, daß die Eigenschaft „konjugiert sein" eine Äquivalenzrelation auf G ist. Man kann daher die entsprechende Klasseneinteilung bilden und definiert:

4.1.2. Definition: Eine Klasse einer Gruppe ist eine Äquivalenzklasse bezüglich „konjugiert sein".

Die Anzahl der Elemente einer Klasse nennt man die Ordnung der Klasse. Zwei Klassen sind entweder identisch oder elementfremd, jedes Element der Gruppe liegt in einer Klasse und die Ordnung einer Klasse ist ein Teiler der Gruppenordnung.

Die Quaternionengruppe Q besitzt die Klassen

$$K_1 = e,\ K_2 = a_1,\ K_3 = \{a_2, a_3\},\ K_4 = \{a_4, a_5\},$$
$$K_5 = \{a_6, a_7\}.$$

Will man also die Klasse einer Gruppe G bestimmen, die $a_i \in G$ enthält, so hat man sämtliche Produkte $u^{-1} a_i u = a_i$, für alle $u \in G$ zu berechnen. Bezeichnet man die i-te Klasse der Ordnung r_i mit K_i und sei r die Zahl der Klassen einer Gruppe, so hat jedes Element von K_i dieselbe Ordnung und diese Ordnung teilt $|G|/r_i$. In einer abelschen Gruppe bildet jedes Element eine Klasse für sich, denn für alle Elemente a, b gilt $b^{-1} a b = a$. Das Einselement bildet in jeder Gruppe eine Klasse für sich.

Den Zusammenhang zwischen Klassen und Normalteiler stellt die Tatsache her, daß eine Untergruppe genau dann Normalteiler einer Gruppe ist, wenn sie aus ganzen Klassen besteht, das heißt, eine Klasse liegt entweder ganz innerhalb oder außerhalb des Normalteilers.

Zum Beispiel ist der Normalteiler $N = \{e, a_1\}$ von Q aus den Klassen K_1 und K_2 von Q aufgebaut.

4.1.3. Definition: Bezeichnet man ein Element als selbst-konjugiert, wenn es invariant gegenüber sämtlichen inneren Automorphismen ist, so nennt man die Menge aller selbst-konjugierten Elemente das Zentrum der Gruppe.

Das Zentrum von Q ist der Normalteiler $\{e, a_1\}$.

Schließlich geben wir noch eine Eigenschaft von Klassen an, die in der Darstellungstheorie benötigt wird. Jedes Produkt von zwei Klassen K_i und K_j einer Gruppe G kann in eine mengentheoretische Summe von Klassen zerlegt werden. Sei r die Gesamtzahl der Klassen der Gruppe G, dann gilt:

$$K_i K_j = \sum_{k=1}^{r} c_{ij,k} K_k ,$$

wobei die Koeffizienten $c_{ij,k}$ als Klassenmultiplikationskoeffizienten bezeichnet werden. Diese Eigenschaft bedeutet, daß jedes Element von K_k im Produkt $K_i K_j$ gleich oft vorkommt. Die Koeffizienten $c_{ij,k}$ der Klassenmultiplikation sind nichtnegative ganze Zahlen. Man sieht sofort, daß die Klassenmultiplikation kommutativ ist.

Als Beispiel stellen wir nun die Klassenmultiplikationstafel für die Quaternionengruppe auf, aus der die entsprechenden Koeffizienten $c_{ij,k}$ zu entnehmen sind:

$$
\begin{aligned}
K_1 K_j &= K_j \quad \text{für } j = 1, 2, 3, 4, 5\,, \\
K_2 K_2 &= K_1\,, \\
K_2 K_j &= K_j \quad \text{für } j = 3, 4, 5\,, \\
K_3 K_3 &= 2K_1 + 2K_2\,, \\
K_3 K_4 &= 2K_5\,, \\
K_3 K_5 &= 2K_4 \\
K_4 K_4 &= 2K_1 + 2K_2\,, \\
K_4 K_5 &= 2K_3\,, \\
K_5 K_5 &= 2K_1 + 2K_2\,.
\end{aligned}
$$

Wir wenden uns nun einigen Beispielen von Gruppen zu. An dieser Stelle sei an die bisher behandelten Zahlengruppen und Kongruenzklassengruppen erinnert. Weitere Beispiele sind:

4.1.4. Gruppen von Matrizen

Es soll eine Menge von Matrizen gefunden werden, die als die Elemente einer Gruppe genommen werden können. Beschränkt man sich dabei auf quadratische Matrizen derselben Dimension, so ist die Matrizenmultiplikation eine binäre Gruppenoperation. Das Einselement der Gruppe stellt die Einheitsmatrix dar und da zu jedem Element, also zu jeder Matrix als inverses Element die entsprechende inverse Matrix zu berechnen ist, sind nur nichtsinguläre Matrizen als Elemente von Matrizengruppen zugelassen. Die Gesamtheit aller nichtsingulären Matrizen über den komplexen Zahlen der Dimension n bilden eine unendliche Gruppe von Matrizen, die man die allgemeine lineare Gruppe (general linear group, kurz: GL(n, C)) der Dimension n über C nennt.

Zum Beispiel bildet die Menge der Matrizen

$$E = \begin{pmatrix} 1 & 0 \\ 0 & 1 \end{pmatrix}, \quad A_1 = \begin{pmatrix} -1 & 0 \\ 0 & -1 \end{pmatrix},$$

$$A_2 = \begin{pmatrix} -i & 0 \\ 0 & i \end{pmatrix}, \quad A_3 = \begin{pmatrix} i & 0 \\ 0 & -i \end{pmatrix},$$

$$A_4 = \begin{pmatrix} 0 & 1 \\ -1 & 0 \end{pmatrix}, \quad A_5 = \begin{pmatrix} 0 & -1 \\ 1 & 0 \end{pmatrix},$$

$$A_6 = \begin{pmatrix} 0 & -i \\ -i & 0 \end{pmatrix}, \quad A_7 = \begin{pmatrix} 0 & i \\ i & 0 \end{pmatrix}$$

eine Gruppe, deren Operationstafel mit derjenigen der Quaternionengruppe Q übereinstimmt, die daher zu Q isomorph ist.

4.1.5. Symmetrische Gruppe

In Ergänzung der Ausführungen über die Permutationsgruppe S_n der Ordnung $n!$ geben wir ein einfaches Verfahren zur Berechnung der zu einer gegebenen Permutation $a \in S_n$ konjugierten Permutation $b\,a\,b^{-1}$, $b \in S_n$, an. Zur Berechnung der Zyklenzerlegung von $b\,a\,b^{-1}$ zerlegt man a in elementfremde Zyklen und ersetzt jede darin vorkommende Zahl i durch die Zahl b(i). Für a = (124) (36) und b = (26) (3415) ist zum Beispiel die Permutation $b\,a\,b^{-1}$ gleich (561) (42).

Um die symmetrische Gruppe S_n in Klassen konjugierter Elemente zu zerlegen und die Anzahl dieser Klassen zu bestimmen, nimmt man die Zerlegung einer Permutation in elementfremde Zyklen nach fallender Zyklenlänge vor, wobei auch die Zyklen der Länge 1 aufgeschrieben werden. Die Summe der Zyklenlänge ist gleich n und jede Permutation $a \in S_n$ gibt so zu einer Zerlegung der Zahl n in eine Summe nichtwachsender positiver Zahlen Anlaß. Die Klassen konjugierter Elemente der symmetrischen Gruppe S_n entsprechen umkehrbar eindeutig den verschiedenen Zerlegungen der Zahl n in positive nicht wachsende Summanden. Die Permutation (124) (36) von S_6 liefert zum Beispiel die Zerlegung $6 = 3 + 2 + 1$. Die Anzahl der Klassen konjugierter Elemente von S_n ist gleich der Anzahl der verschiedenen Zerlegungen der Zahl n. Für n = 2, 3 und 4 sind sie daher gleich 2, 3 und 5. In der Gruppe S_3 zum Beispiel bildet e eine Klasse, die Elemente (12), (13), (23) bilden eine Klasse und die Elemente (123), (213) eine weitere Klasse.

Ein einfaches Verfahren, Untergruppen der symmetrischen Gruppe S_n zu definieren, erhält man aufgrund der Eigenschaft, daß die Menge aller Permutationen, die eine Funktion $f(x_1, x_2, \ldots, x_n)$ in den Variablen $x_1, x_2, \ldots, x_n$ ungeändert lassen, eine Untergruppe der symmetrischen Gruppe S_n auf den Variablen $x_1, x_2, \ldots, x_n$ ist. Zu jeder Funktion $f(x_1, x_2, \ldots, x_n)$ gehört somit eine gewisse Untergruppe der Gruppe S_n. So zum Beispiel gehört zur Funktion

$$f(x_1, x_2, \ldots, x_n) = \prod_{i<k} (x_i - x_k)$$

die bereits definierte alternierende Gruppe A_n.

4.1.6. Intervallgruppen

Einige Teilbereiche der Systemtheorie – wie etwa die linearen stetigen Mehrfachregelsysteme – stellen das Anwendungsgebiet der Intervallgruppen dar, deren Elemente abgeschlossene Intervalle [a, b] der reellen Zahlengeraden, aufgefaßt als Transformationen der Punkte x der Zahlengeraden, sind. Das Intervall [a, b] bewirkt die Transformation $[a, b]x = x + b - a$. Zwei Intervalle [a, b], [c, d] bewirken genau dann die gleiche Transformation, wenn gilt $d - c = b - a$. Durch diese Gleichheitsrelation wird die Menge der Intervalle in Klassen eingeteilt. Die Hintereinanderausführung zweier Transformationen $[c, d][a, b]x = x + b - a + d - c$ stellt die Gruppenoperation in der Intervallgruppe dar. Die Intervalle [a, a] bewirken die identische Transformation der Geraden, daher stellt die Klasse dieser Intervalle das Einselement der Gruppe dar. Das inverse Element zu einer durch [a, b] induzierten Transformation ist die durch [b, a] hervorgerufene.

Bei der Gruppe der Intervalle auf der Zahlengeraden handelt es sich im wesentlichen um die Gruppe der Vektoren der Geraden, denn die Klasse aller Intervalle, die die gleiche Transformation bewirken, ist gleichbedeutend mit der Angabe eines Vektors, der durch Addition zu den Geradenpunkten die gleiche Translation hervorruft.

4.1.7. Die Gruppen der gebrochenen linearen Funktionen

Funktionen der komplexen Zahlenebene in sich, die gegeben sind durch

$$w = \frac{az + b}{cz + d}, \quad a, b, c, d, \in C, \quad ad - bc \neq 0 ,$$

wobei z die unabhängige und w die abhängige Variable ist, nennt man gebrochene lineare Funktionen. Die Gesamtheit der gebrochenen linearen Funktionen bildet bezüglich Komposition eine Gruppe. Der Komposition der Funktionen z (u) und w (z) entspricht dabei das Einsetzen der Funktion

$$z = \frac{a'u + b'}{c'u + d'},$$

mit der Matrix $A' = \begin{pmatrix} a' & b' \\ c' & d' \end{pmatrix}$, $a'd' - b'c' \neq 0$, in obige Funktion w (z). Das Kompositum ist eine lineare gebrochene Funktion, deren Matrix das Produkt der entsprechenden Matrizen der einzelnen gegebenen Funktionen ist. Die so definierte Gruppe findet unter anderem in der elektrischen Vierpoltheorie ihre Anwendung.

4.1.8. Drehgruppe

Die Drehgruppe im Dreidimensionalen ist die Gruppe aller möglichen Drehungen des dreidimensionalen Raumes, die einen ausgezeichneten Punkt 0 festlassen. Jede Drehung kann durch einen Einheitsvektor e in Richtung der Drehachse und den Drehwinkel charakterisiert werden. Die Elemente der Drehgruppe ändern nur die Richtung eines Vektors, nicht aber seine Länge. Zur quantitativen Beschreibung irgendeiner Drehung des

Raumes genügt die Angabe zweier Winkel, die die Drehachse eindeutig festlegen. Zusammen mit dem Drehwinkel bestimmen also drei Winkel (die sogenannten Eulerschen Winkel) eine allgemeine Drehung des Raumes. Die Gruppenmultiplikation zweier Drehungen ist als Hintereinanderausführung der beiden Drehungen definiert. Die Drehgruppe ist eine unendliche Gruppe und darüber hinaus ein Beispiel für eine stetige Gruppe, da sich die drei Eulerschen Winkel stetig ändern können. Es sei nur erwähnt, daß man Gruppen, die neben der algebraischen Struktur auch eine damit verträgliche topologische Struktur besitzen (also topologische Räume sind), allgemein als topologische Gruppen bezeichnet. Zur Darstellung der Drehgruppe als Gruppe von Matrizen sei auf die Literatur verwiesen.

4.1.9. Polynomgruppen

Diese Gruppen sind von großer Wichtigkeit für die Theorie der linearen Übertragungsglieder mit konstanten Parametern. Wir wissen von den Polynomringen her, daß die Polynome bezüglich Polynomaddition einen Modul bilden. Ebenso gilt, daß die von 0 verschiedenen rationalen Funktionen mit einem von 0 verschiedenen Nennerpolynom bezüglich Multiplikation eine Gruppe bilden. Zu den Operationen der additiven Polynomgruppe gehört, wie man zeigen kann, die Schaltoperation der Parallelschaltung. Die Serienschaltung gehört zu der Multiplikation in der Gruppe der nicht verschwindenden rationalen Funktionen.

4.2. Punktgruppen

Eine Reihe von Anwendungen der Gruppentheorie in der Chemie, Kristallographie und Quantentheorie geht von den sogenannten Symmetriegruppen eines ebenen oder räumlichen Gebildes aus.

4.2.1. Definition: Die Symmetriegruppe eines Gebildes ist die Gruppe aller Transformationen, die dieses Gebilde deckungsgleich auf sich abbilden.

Gewisse geometrische Operationen, die man zum Beispiel auf ein Molekül oder Kristall anwendet, bringen dieses mit sich zur Deckung. Die Gesamtheit dieser sogenannten Symmetrie-Operationen bildet bezüglich Hintereinanderausführung die Symmetriegruppe.

Zum Beispiel läßt sich ein räumliches Modell des Ammoniakmoleküls NH_3 um die Achse durch das N-Atom um 120° oder 240° drehen. Man sagt, das Modell (Tetraeder) besitzt die sogenannten Drehsymmetrien.

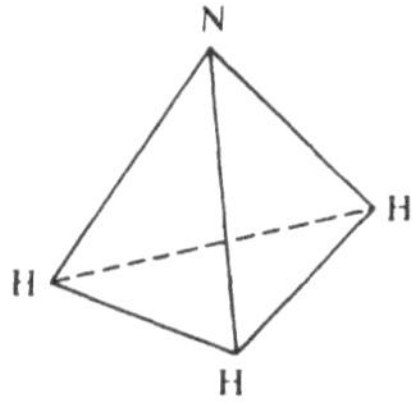

Die Symmetriegruppe des NH_3-Moleküls ist S_3.

Man unterscheidet zwei Typen von Symmetrie-Operationen: Solche bei denen kein Punkt des Gebildes in sich übergeht und solche, bei denen mindestens ein Punkt des Raumes fest bleibt. Deckabbildungen des ersten Typs können nur bei unendlich ausgedehnten geometrischen Gebilden auftreten, zum Beispiel als Parallelverschiebungen. Symmetrie-Operationen vom zweiten Typ sind Spiegelungen an Ebenen, Drehungen bezüglich bestimmter Achsen oder Drehspiegelungen, die durch Kombination jeweils einer Drehung und einer Spiegelung an einer zur Drehachse senkrechten Ebene entstehen.

Unter dem zu einer Symmetrie-Operation eines Objekts gehörigen Symmetrie-Element versteht man ausgezeichnete Mengen von Punkten des transformierten Objekts.

Symmetrie-Element	Symmetrie-Operation
Ebene, an der gespiegelt wird	Spiegelung
Drehachse	Drehung
Drehspiegelungsachse	Drehspiegelung

Bleibt bei sämtlichen Symmetrie-Operationen eines Objekts genau ein Punkt fest, so nennt man ihn das Symmetrie-Zentrum des Objekts. Beim Ammoniak-Molekül zum Beispiel ist das Symmetrie-Zentrum der Schnittpunkte der Drehachse mit der Spiegelungsebene. Punkt-Spiegelung am Symmetrie-Zentrum führt zu einer weiteren Symmetrie-Operation, die man Inversion nennt. Man kann zeigen, daß die Gesamtheit der Drehungen, Spiegelungen und Drehspiegelungen – wobei alle Achsen und Spiegelungsebenen durch das Symmetrie-Zentrum gehen – bezüglich der Hintereinanderausführung der Symmetrie-Operationen eine Gruppe bildet. Man nennt diese Gruppe die (dreidimensionale) orthogonale Gruppe.

4.2.2. Definition: Sämtliche Untergruppen der dreidimensionalen orthogonalen Gruppe heißen Punktgruppen.

Diese Bezeichnungsweise folgt daraus, daß bei der orthogonalen Gruppe und allen ihren Untergruppen stets mindestens ein Punkt – nämlich das Symmetrie-Zentrum – fest bleibt.

Wegen der Beschränkung, die der internen Struktur von Molekülen oder Kristallen auferlegt sind, können nur gewisse Symmetrie-Elemente, das heißt, nur gewisse Drehachsen oder Spiegelungsebenen auftreten. Unter Verwendung dieser Symmetrie-Elemente ist daher nur die Konstruktion einer endlichen Zahl von Gruppen von Bedeutung.

Insbesondere 32 Punktgruppen, die als Symmetriegruppen der Elementarzelle auftreten, spielen in der Kristallographie eine große Rolle und werden kristallographische Punktgruppen oder Kristallklassen genannt. Die im folgenden aufgezählten Gruppen sind darüber hinaus die einzigen, die als Symmetriegruppen von Molekülen vorkommen können. Im Kristallverband sind als Symmetrie-Operationen auch Parallelverschiebungen möglich, deren Kombinationen mit den erwähnten Symmetrie-Operationen der Punktgruppen die sogenannte Raumgruppe des Kristalls bilden. Im ganzen erhält man auf diese Weise 230 Raumgruppen, die schon um 1895 unter anderem von A. Schoenflies angegeben wurden. Wir beschränken uns nun darauf, die wichtigsten Punktgruppen teils auf algebraischem, teils auf geometrischem Wege einzuführen.

4.2.3. Die zyklischen Gruppen C_n

Zur algebraischen Definition der zyklischen Gruppen benötigt man bekanntlich nur ein erzeugendes Element a und nur eine definierende Relation $a^n = e$. Die so definierte Gruppe C_n ist abelsch und besitzt daher n Klassen konjugierter Elemente. Geometrisch handelt es sich um eine Punktgruppe der Ordnung n mit einer Drehachse. Die Elemente von C_n sind die Drehungen um diese Achse mit den Drehwinkeln

$$0, \frac{2\pi}{n}, \frac{2\pi}{n} 2, \ldots, \frac{2\pi}{n} (n-1) .$$

Hat man allgemein eine beliebige Gruppe G gegeben und sei C eine ihrer Achsen, so bilden alle in G gelegenen Drehungen um C eine Untergruppe, nämlich C_n. Die Achse der Gruppe wird oft auch mit C_n bezeichnet und Achse n-ter Ordnung genannt. Drehungen um Achsen der Ordnung 2 sind dann Spiegelungen.

4.2.4. Die Diedergruppen D_n

Die Gruppen D_n bestehen aus allen Drehungen, die ein gerades Prisma über einem regulären n-Eck als Grundfläche in sich überführen. Sie besitzen eine Achse C_n von der Ordnung n und n weitere auf C_n senkrecht stehende Achsen 2ter Ordnung. Damit besteht also die Gruppe D_n aus 2n Drehungen. Die algebraische Definition benötigt zwei erzeugende Elemente a und b mit den definierenden Relationen

$$a^2 = e, \quad b^n = e \quad \text{und} \quad b\,a\,b = a .$$

Die Zahl der Klassen konjugierter Elemente von D_n ist $(n+1)/2$ falls n ungerade ist und $(n+6)/2$ im Fall eines geraden n.

4.2.5. Die Tetraedergruppe T

besteht aus allen Drehungen, die ein reguläres Tetraeder in sich überführen. Die Gruppe T ist eine endliche Punktgruppe von 12 Elementen, sie enthält neben dem Einselement 4 Drehungen um 120°, 4 Drehungen um 240° und 3 Drehungen um 180°. Zwei Elemente $a, b \in T$ definieren die ganze Gruppe durch die Relationen: $a^2 = b^3 = e$ und $(ba)^2 = ab^2$.

4.2.6. Die Oktaedergruppe 0

stellt eine nichtabelsche Gruppe der Ordnung 24 dar, deren erzeugende Elemente a und b den Relationen $a^4 = b^3 = e$, $ab^2a = b$ und $aba = ba^2b$ genügen. Als Punktgruppe besteht sie aus allen Drehungen, die einen Würfel deckungsgleich in sich überführen.

4.2.7. Die Ikosaedergruppe I

führt ein Pentagondodekaeder in sich über. Dies ist ein Zwölfflach, das von regulären Fünfecken begrenzt wird und 30 Kanten sowie 20 Eckpunkte besitzt. I enthält 60 Elemente, welche die Drehungen um mehrere Achsen fünfter, dritter und zweiter Ordnung sind. Ihre erzeugenden Elemente $a, b, c \in I$ genügen den Relationen $a^3 = b^2 = c^2 = e$, $(ab)^3 = (bc)^3 = e$ und $(ac)^2 = e$.

Im folgenden sind diejenigen Punktgruppen zusammengestellt, die neben Drehungen auch Drehspiegelungen enthalten. Mit diesen Punktgruppen ist man dann in der Lage zu entscheiden, welche Symmetriegruppe zum Beispiel ein vorgegebenes Molekül besitzt. Für solche Entscheidungsverfahren sei auf die Literatur verwiesen.

4.2.8. Die Gruppe S_{2n}

besteht aus den Potenzen einer Drehspiegelung, die ebenfalls mit S_{2n} bezeichnet wird. Die Ordnung der Gruppe ist 2n, und die geraden Potenzen unter den Elementen $e, S_{2n}, S_{2n}^2, \ldots, S_{2n}^{2n-1}$ bilden die Untergruppe C_n.

4.2.9. Die Gruppe C_{nh}

ist definiert als die Gruppe aller Drehungen und Drehspiegelungen mit einer festen Drehachse und Drehwinkeln, die Vielfache von $2\pi/n$ sind. Bedeutet σ_h Spiegelung an der zur Achse C_n senkrechten Ebene, so besteht C_{nh} aus den $2n$ Elementen C_n^k und $\sigma_h C_n^k$, $k = 0, 1, \ldots, n-1$.

4.2.10. Die Gruppe C_{nv}

ist die Symmetriegruppe einer geraden Pyramide über einem regulären n-Eck. Nimmt man eine Zuordnung der $2n$ Elemente dieser Gruppe zur Gruppe D_n so vor, daß je zwei zugeordnete Elemente dieselbe Permutation der Ecken des Basispolygons bestimmen, so hat man einen Isomorphismus von C_{nv} auf D_n.

4.2.11. Die Gruppe D_{nh}

ist die Symmetriegruppe eines regulären n-seitigen Prismas und hat die Ordnung $4n$. Ihre Elemente sind die $2n$ Elemente von C_{nh}, h dazu horizontale Achsen der Ordnung 2 und n durch diese Achsen gehende vertikale Ebenen.

4.2.12. Die Gruppe D_{nd}

ist die Symmetriegruppe zweier aufeinanderstehender, kongruenter, regulärer, n-seitiger Prismen, deren aneinanderstoßende Grundflächen um den Winkel π/n verdreht sind. Ihre Ordnung ist $4n$.

4.2.13. Die Gruppe T_d

ist die Gruppe aller Symmetrie-Operationen des Tetraeders. Neben den zwölf Elementen ihrer Untergruppe T enthält T_d noch sechs Spiegelungs-Ebenen und je zwei Drehspiegelungen um jede der Achsen zweiter Ordnung. Insgesamt besteht T_d also aus 24 Elementen.

4.2.14. Die Gruppe O_h

ist die Symmetriegruppe des Würfels, deren Ordnung 48 beträgt.

4.2.15. Die Gruppe I_h

ist die Symmetriegruppe des Pentagondodekaeders mit der Gruppe I als Untergruppe. Die weiteren Elemente sind sämtliche Produkte aus der Inversion und den Elementen aus I. Insgesamt erhält man also 120 Elemente der Gruppe I_h.
Läßt man auch zusätzlich noch Parallelverschiebungen zu, so ergeben sich die unendlichen Gruppen C_∞ bzw. D_∞, die aus allen Drehungen um eine Achse bzw. aus allen möglichen Drehungen um eine feste Achse und aus allen Drehungen um 180° um alle Achsen, die auf der festen Achse senkrecht stehen. Durch den Grenzübergang $n \to \infty$ erhält man $C_{\infty h}$, $C_{\infty v}$ und $D_{\infty h}$.
Zu einer Kristallklasse faßt man alle jene Kristalle zusammen, die ein und dieselbe Punktgruppe besitzen. Es treten dabei nur 32 mögliche Punktgruppen auf, die man nach dem folgenden Schema in sogenannte Kristallsysteme einteilt:

Kristallsystem	Punktgruppe (Kristallklasse)
triklin	e, S_2
monoklin	C_{1h}, C_2, C_{2h}
rhombisch	C_{2v}, D_2, D_{2h}
tetragonal	S_4, D_{2d}, C_4, C_{4h}, C_{4v}, D_4, D_{4h}
rhomboedrisch	C_3, S_6, C_{3v}, D_3, D_{3d}
hexagonal	D_6, D_{6h}, C_{3h}, D_{3h}, C_6, C_{6h}, C_{6v}
kubisch	T, T_h, T_d, O, O_h

4.3. Darstellungen von Gruppen

Unter einer Darstellung einer Gruppe G versteht man allgemein eine Gruppe T von nichtsingulären Lineartransformationen eines Vektorraums, so daß T homomorphes Bild von G ist.

Bei der Untersuchung zahlreicher physikalischer oder chemischer Anwendungen der Gruppentheorie kann man jedoch feststellen, daß diese allgemeine Definition der Darstellungstheorie als Theorie vom Studium homomorpher Abbildungen vorgegebener Gruppen auf beliebige Gruppen linearer Transformationen zu weit gefaßt ist. Man beschränkt sich daher zumeist auf Darstellungen gegebener endlicher Gruppen als Gruppen von quadratischen Matrizen mit der Matrix-Multiplikation als Gruppenoperation. Auf diese Weise reduzieren sich die abstrakten Eigenschaften von Gruppen auf diejenigen von Zahlen, mit denen man wesentlich leichter rechnen kann. Man sucht also zum Beispiel in der Darstellungstheorie Gruppen von Matrizen, welche dieselben Multiplikationstafeln wie die vorgegebene Gruppe G besitzen. Der dem Folgenden zugrunde gelegte Körper sei der Körper der komplexen Zahlen C.

4.3.1. Definition: Unter der Darstellung einer Gruppe G als Gruppe M von Matrizen versteht man einen Epimorphismus $\varphi: G \to M$, $a \mapsto \varphi(a)$, $a \in G$, $\varphi(a) \in M$. M heißt Matrixdarstellung von G.

Dieser Epimorphismus ordnet also jedem Element a von G eine Matrix $\varphi(a)$ von M zu, die wir im folgenden mit D(a) bezeichnen. φ ist mit der Gruppenoperation verträglich, das heißt,

$$\varphi(a)\,\varphi(b) = \varphi(ab)$$

oder in der neuen Schreibweise

$$D(a)\,D(b) = D(ab)\ .$$

Eine solche Zuordnung ist nur dann möglich, wenn $D(e) = E$ ist, e Einselement von G und E Einselement (Einheitsmatrix) von M. Die Zahl der Zeilen bzw. Spalten der Matrizen von M heißt Dimension oder der Grad der Darstellung.

Ein erstes Beispiel einer Matrixdarstellung haben wir in 4.1.4 kennengelernt. Diese Gruppe von Matrizen ist nämlich isomorph zur Quaternionengruppe Q und der Isomorphismus $\varphi: Q \to M$, $e \to E$, $a_i \mapsto A_i = D(a_i)$ ist daher eine Darstellung von Q. Ist die Matrixgruppe isomorph zur gegebenen Gruppe, so erhält die Darstellung eine eigene Bezeichnung:

4.3.2. Definition: Eine Darstellung heißt treu, wenn die Gruppe G zur Gruppe M vermittels φ isomorph ist.

Eine weitere mögliche Darstellung von Q wäre der Epimorphismus

$$e \mapsto 1, \; a_1 \mapsto 1, \; a_2 \mapsto 1, \; a_3 \mapsto 1 ,$$
$$a_4 \mapsto -1, \; a_5 \mapsto -1, \; a_6 \mapsto -1, \; a_7 \mapsto -1 ,$$

der eine eindimensionale nicht treue Darstellung von Q ist. Bildet die Darstellung sämtliche Elemente der gegebenen Gruppe G auf das Einselement von M ab, so spricht man von der identischen- oder Eins-Darstellung von G. Aus der Theorie der Homomorphismen von Gruppen ergibt sich, daß jede Darstellung einer Gruppe G eine treue Darstellung einer gewissen Quotientengruppe von G ist. Man kann also vom Kern einer Darstellung sprechen und versteht darunter die Menge der auf die Einheitsmatrix abgebildeten Elemente von G. Diejenigen Elemente von G, die auf die restlichen Matrizen von M vermittels φ abgebildet werden, bilden dann die verschiedenen Nebenklassen des Normalteilers Kern φ, und die Matrizen bilden eine treue Darstellung der Faktorgruppe G/Kern φ. Daß jede Darstellung des homomorphen Bildes G' einer Gruppe G eine Darstellung von G ist, folgt sofort aus der Transitivität, die für Homomorphismen gilt.

Für jede Gruppe gibt es unendlich viele Matrixdarstellungen.

Eine besonders wichtige Darstellung ist die sogenannte reguläre Darstellung einer Gruppe G, die uns zeigt, daß jede Gruppe eine treue Darstellung besitzt. Um die reguläre Darstellung von G zu erhalten, ordnet man die Operationstafel von G so um, daß das Einselement jeweils in der Hauptdiagonalen steht. Die Matrix der regulären Darstellung für ein Gruppenelement g erhält man, wenn in dieser Operationstafel das Element g durch 1 und alle anderen Elemente durch 0 ersetzt werden. Die Dimension der so entstandenen Matrizen stimmt mit der Ordnung von G überein.

Beispiel:

$Z_3 = \{e, a, a^2\}$

	e	a	a^2
e	e	a	a^2
a	a	a^2	e
a^2	a^2	e	a

→

	e	a	a^2
e	e	a	a^2
a^2	a^2	e	a
a	a	a^2	e

$$e \mapsto \begin{pmatrix} 1 & 0 & 0 \\ 0 & 1 & 0 \\ 0 & 0 & 1 \end{pmatrix}, \quad a \mapsto \begin{pmatrix} 0 & 1 & 0 \\ 0 & 0 & 1 \\ 1 & 0 & 0 \end{pmatrix}, \quad a^2 \mapsto \begin{pmatrix} 0 & 0 & 1 \\ 1 & 0 & 0 \\ 0 & 1 & 0 \end{pmatrix}.$$

Eine der Aufgaben der Darstellungstheorie besteht in der Angabe sämtlicher Darstellungen einer vorgegebenen Gruppe. Bei der Lösung dieser Aufgabe spielen die Begriffe Äquivalenz und Reduzibilität eine entscheidende Rolle.

Definiert man zu einer gegebenen Darstellung einer Gruppe G durch eine Matrizengruppe M eine Ähnlichkeitstransformation

$$D'(a) = S^{-1} D(a) S ,$$

dann gilt

$$\begin{aligned} D'(a) D'(b) &= (S^{-1} D(a) S)(S^{-1} D(b) S) = \\ &= S^{-1} D(a) D(b) S = S^{-1} D(ab) S = \\ &= D'(ab) , \end{aligned}$$

und die transformierten Matrizen D' bilden eine neue Darstellung von G.

4.3.3. Definition: Die auf diese Weise für verschiedene Matrizen S konstruierten Darstellungen von G nennt man äquivalent.

Alle Darstellungen einer gegebenen Gruppe, die zu einer gegebenen Darstellung äquivalent sind, sind auch untereinander äquivalent. Das System der Darstellungen einer gegebenen Gruppe G zerfällt daher in Klassen äquivalenter Darstellungen. Das Problem, alle Darstellungen einer Gruppe zu finden, wird so auf die Bestimmung eines Systems inäquivalenter Darstellungen reduziert. Die Einteilung der Darstellungen in reduzible und irreduzible bringt eine weitere Vereinfachung dieses Problems, indem sie es gestattet, sich auf die irreduziblen Darstellungen zu beschränken. Wir werden nur solche Gruppen behandeln, bei denen jede Darstellung zu einer unitären Darstellung äquivalent ist. Bei einer unitären Darstellung enthält die Gruppe von Matrizen nur unitäre Matrizen. Im Fall einer vorgegebenen endlichen Gruppe G kann man zeigen, daß jede Klasse äquivalenter Darstellungen wenigstens eine unitäre Darstellung enthält.

Gegeben sei eine endliche Gruppe von Matrizen E, A, B, C,..., die wir mit Hilfe einer unitären Matrix S einer Ähnlichkeitstransformation unterziehen. Wir wissen, daß die Gruppe der Matrizen $E = S^{-1} ES$, $A' = S^{-1} AS$, $B' = S^{-1} BS$, . . . wieder eine Darstellung derjenigen Gruppen G darstellt, deren Matrixdarstellung $\{E, A, B, C, \ldots\}$ ist. Kann man jede der Matrizen A, B, C, . . . durch Anwendung derselben unitären Transformation so vereinfachen, daß alle diese Matrizen auf dieselbe Blockdiagonalform reduziert werden, so bilden die einzelnen Blöcke selbst Darstellungen der Gruppe. Unter Blockdiagonalform verstehen wir, daß alle Elemente der Matrix 0 sind, außer den Elementen einer Menge von Quadraten, deren Diagonalen mit der Hauptdiagonale der Matrix zusammenfallen. Für die Matrix A zum Beispiel sei:

$A' = S^{-1} A S =$ 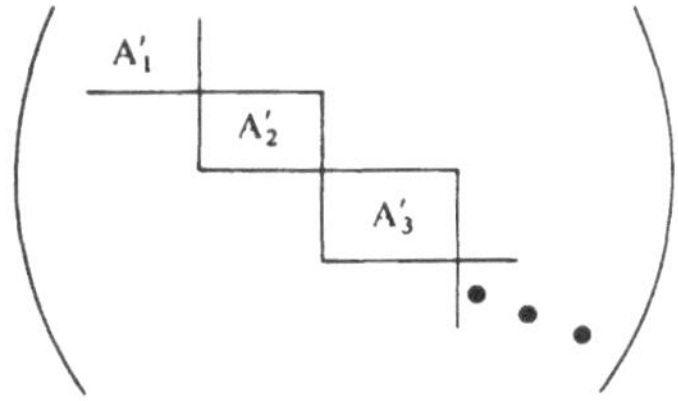

eine solche Blockdiagonalform. Das Produkt der einzelnen Blockmatrizen A'_i von A' mit B'_i von B' ergibt dann beispielsweise die entsprechende Blockmatrix $A'_i B'_i = D'_i$ von $D' = A'B'$.

4.3.4. Definition: Eine Darstellung einer Gruppe G als Matrizengruppe heißt reduzibel, wenn es möglich ist, eine unitäre Matrix S so zu bestimmen, daß jede Matrix der Matrixdarstellung in eine neue Matrix von Blockdiagonalform transformiert wird, so daß die Gesamtheit entsprechender Blöcke der transformierten Matrizen weitere Darstellungen von niedrigerer Dimension für G sind als die ursprüngliche. Kann man eine solche unitäre Transformation nicht finden, die die Matrizen einer gegebenen Darstellung auf die angegebene Weise reduziert, so nennt man die Darstellung irreduzibel.

Für ein beliebiges Element $g \in G$ kann man zum Beispiel bilden

$$D(g) = \begin{pmatrix} D_1(g) & 0 \\ 0 & D_2(g) \end{pmatrix},$$

wobei $D_1(g)$ bzw. $D_2(g)$ die g entsprechenden Matrizen der Matrixdarstellungen M_1 bzw. M_2 von G sind und D(g) das Element g in einer neuen, größeren Matrixdarstellung M von G darstellt. Diese erweiterte Matrizengruppe M ist dann offensichtlich reduzibel.

Das Verfahren, aus jeder der Matrizen $S^{-1}AS$, $S^{-1}BS$, ... den ersten oder irgendeinen anderen Block nehmen zu können, wobei diese nun kleineren Matrizen wieder eine Darstellung der Gruppe bilden, nennt man Reduktion der Darstellung. Auf die Tatsache, daß die Anzahl der irreduziblen Darstellungen einer Gruppe endlich, nämlich gleich der Anzahl der Klassen konjugierter Elemente der Gruppe ist, kommen wir später noch zurück. Ohne Beweis geben wir noch zwei Aussagen bezüglich der Dimension einer irreduziblen Darstellung von G an.

4.3.5. Satz: Die Dimension d einer irreduziblen Darstellung von G ist ein Teiler der Ordnung der Gruppe.

Die Dimension einer irreduziblen Darstellung von G ist ein Teiler des Index eines jeden der maximalen abelschen Normalteiler von G.

Die Quaternionengruppe zum Beispiel besitzt drei maximale abelsche Normalteiler, also solche Normalteiler, die keine echten Untergruppen eines anderen Normalteilers sind. Die Ordnung der maximalen Normalteiler ist jeweils 4 und ihr Index in Q daher 2. Daher hat jede irreduzible Darstellung von Q entweder die Dimension 1 oder 2.

Die irreduziblen Darstellungen einer Gruppe haben eine Reihe wichtiger Eigenschaften, die sie für die Anwendungen besonders nützlich machen. Offensichtlich kann man die irreduzible Darstellung einer Gruppe dadurch finden, daß man eine Matrixdarstellung von genügend großer Dimension wählt, etwa die reguläre Darstellung, und nach passenden unitären Matrizen S zur Reduktion der Darstellung sucht. Tatsächlich kann man alle irreduziblen Darstellungen durch Reduktion der regulären Darstellung finden.

Sämtliche wesentlichen Eigenschaften von Gruppendarstellungen können von dem grundlegenden „Orthogonalitätssatz" hergeleitet werden, der sich auf die Matrizenelemente von irreduziblen Darstellungen einer Gruppe bezieht. Sei also G eine endliche Gruppe der Ordnung n. Die Dimension der i-ten irreduziblen Darstellung, also die Spaltenzahl einer jeden ihrer Matrizen, bezeichnen wir mit d_i. g sei ein beliebiges Element der Gruppe G und das Element in der m-ten Zeile und h-ten Spalte der diesem Element entsprechenden Matrix bei der i-ten irreduziblen Darstellung bezeichnen wir mit $D_i(g)_{mh}$. Kommen in der Matrixdarstellung komplexe Zahlen vor, so bedeutet ein * den Übergang zur konjugiert komplexen Zahl. r sei die Zahl der Klassen konjugierter Elemente.

4.3.6. Orthogonalitätssatz: Jede Gruppe hat genau r inäquivalente irreduzible Darstellungen und entsprechende Matrizenelemente genügen der folgenden Orthogonalitätsrelation:

$$\sum_{g \in G} (D_i(g)_{mh})^* (D_j(g)_{m'h'}) = \frac{n}{d_i} \delta_{ij} \delta_{mm'} \delta_{hh'} .$$

Dabei ist $\delta_{mm'} = 0$, wenn die m-te irreduzible Darstellung M_m von der m'-ten $M_{m'}$ verschieden ist und $\delta_{mm'} = 1$, wenn $M_m = M_{m'}$. Da n/d_i immer eine ganze Zahl ist, ist die rechte

Seite der Orthogonalitätsrelation immer eine nicht negative ganze Zahl.

Beispiel:

Betrachten wir als j-te Darstellung die irreduzible zweidimensionale Matrixdarstellung von Q und als i-te die von der Einsdarstellung verschiedene eindimensionale Darstellung. Seien weiters $m' = 1$ und $h' = 2$, so berechnet man die linke Seite von Satz 4.3.6 als

$$(0 + 0 + 0 + 0 - 1 + 1 + i - i) = 0 .$$

Die geometrische Bedeutung von Satz 4.3.6 besteht darin, daß er die Orthogonalität einer Menge von Vektoren im Raum der Gruppenelemente aussagt. Dies ist ein n-dimensionaler Vektorraum, in dem die Komponenten der Vektoren durch die Elemente von G dargestellt werden. Der Satz besagt, daß alle diese Vektoren des n-dimensionalen Vektorraums paarweise orthogonal sind.

Als Folgerung des Satzes 4.3.6 spalten wir nun die Orthogonalitätsrelation in drei Bedingungen auf:

$$\sum_{g \in G} D_i(g)^*_{mh} D_j(g)_{mh} = 0 \quad \text{falls } i \neq j$$

bedeutet, daß die Vektoren von Matrizen verschiedener Darstellungen orthogonal sind.

$$\sum_{g \in G} D_i(g)^*_{mh} D_i(g)_{m'h'} = 0 \quad \text{falls } m \neq m',\ h \neq h' ,$$

heißt, daß Vektoren derselben Darstellung, jedoch aus verschiedenen Mengen von Elementen der Matrizen, orthogonal sind.

$$\sum_{g \in G} D_i(g)^*_{mh} D_i(g)_{mh} = \frac{n}{d_i}$$

gibt das Quadrat der Länge eines jeden solchen Vektors an.

Berechnet man die Anzahl der orthogonalen Vektoren des n-dimensionalen Vektorraumes, so erhält man $\sum_i d_i^2$, wobei i alle verschiedenen irreduziblen Darstellungen von G durchläuft. In einem n-dimensionalen Vektorraum beträgt die maximale Zahl orthogonaler Vektoren gerade n, so daß gilt $\sum_i d_i^2 \leqslant n$. Man kann sogar beweisen, daß gilt

$$\sum_i d_i^2 = n ,$$

was bedeutet, daß die Summe der Quadrate der Dimension der irreduziblen Darstellungen einer Gruppe gleich der Gruppenordnung ist. Falls diese Gleichung eine eindeutige Lösung in positiven ganzen Zahlen hat, kann man also die Dimensionen der irreduziblen Darstellungen einer Gruppe leicht bestimmen, andernfalls sind andere Methoden anzuwenden.

Für die Quaternionengruppe Q ist n = 8 und r = 5. Die Gleichung $d_1^2 + d_2^2 + d_3^2 + d_4^2 + d_5^2 = 8$ hat abgesehen von der Reihenfolge die eindeutige Lösung $d_1 = d_2 = d_3 = d_4 = 1,\ d_5 = 2$.

Eine etwas komplizierte Methode zur Bestimmung der irreduziblen Darstellung einer Gruppe, bei der gleichzeitig auch die unitäre Matrix S zur Reduktion der Darstellung gefunden wird, beruht auf dem

4.3.7. Lemma von Schur: Eine Matrix, die mit allen Matrizen einer irreduziblen Darstellung vertauschbar ist, ist eine konstante Matrix, also ein Vielfaches der Einheitsmatrix.

Existiert eine nicht konstante Matrix, die mit allen Matrizen einer Darstellung vertauschbar ist, so ist die Darstellung reduzibel, andernfalls ist sie irreduzibel. Zur Prüfung der Reduzibilität hat man also die Matrizen aller Elemente irgendeiner Klasse zu addieren. Enthält die daraus resultierende Matrix X irgendein nicht verschwindendes Element außerhalb der Diagonale, so ist die Darstellung reduzibel. Die zur Reduktion nötige unitäre Matrix S ist gerade jene, welche die Matrix X diagonalisiert. Sie ist die Matrix der normierten Eigenvektoren von X.

4.4. Der Charakter einer Darstellung

Da alle durch unitäre Transformationen miteinander zusammenhängenden Matrixdarstellungen äquivalent sind, können die einzelnen Matrizen eine Vielzahl von Gestalten annehmen. Daher ist es wichtig, diejenigen Darstellungen zu charakterisieren, die bezüglich solcher Transformationen invariant sind. In der Praxis sind nämlich gewöhnlich nicht die Matrizen in einer irreduziblen Darstellung von Bedeutung, sondern lediglich deren Spuren. Man kann nun die Spuren aller möglichen irreduziblen Darstellungen ableiten, ohne daß man die Matrizen selbst zu finden hat. Auch die Spuren sind gegenüber unitären Transformationen invariant.

4.4.1. Definition: Der Charakter der i-ten Darstellung der Dimension d_i einer Gruppe der Ordnung n ist die Menge der n Zahlen

$$\chi_i(e),\ \chi_i(a_2), \ldots, \chi_i(a_n)\ ,$$

wobei gilt:

$$\chi_i(g) = \text{Spur}\, D_i(g) = \sum_{m=1}^{d_i} D_i(g)_{mm}\ .$$

B e i s p i e l :

Für die zweidimensionale Matrixgruppe von Q gilt:

$$\chi(E) = 2,\ \chi(A_1) = -2,\ \chi(A_i) = 0\ ,$$
$$i = 2, 3, 4, 5, 6, 7\ .$$

Es werden nun einige wichtige Eigenschaften von Charakteren zusammengestellt. Eine andere Schreibweise für die Aussage $\Sigma\, d_i^2 = n$ ist der

4.4.2. Satz: $\sum_i (\chi_i(e))^2 = n$, wobei über alle irreduziblen Darstellungen der Gruppe G, mit $|G| = n$, summiert wird.

4.4.3. Satz: Die Summe der Quadrate der Charaktere in jeder irreduziblen Darstellung ist gleich n, also

$$\sum_{g\in G} (\chi_i(g))^2 = n \ .$$

Beweis: Aufgrund der Orthogonalität gilt

$$\sum_{g\in G} D_i(g)^*_{mm} D_i(g)_{m'm'} = \frac{n}{d_i} \delta_{mm'} \ .$$

Summiert man über alle m und m', so ergibt die linke Seite

$$\sum_m \sum_{m'} \sum_{g\in G} D_i(g)^*_{mm} D_i(g)_{m'm'} =$$

$$= \sum_g (\sum_m D_i(g)^*_{mm} \sum_{m'} D_i(g)_{m'm'}) =$$

$$= \sum_g \chi_i(g)^* \chi_i(g) = \sum_g (\chi_i(g))^2 \ .$$

Summation über m und m' auf der rechten Seite ergibt

$$\frac{n}{d_i} \sum_m \sum_{m'} \delta_{mm'} = \frac{n}{d_i} d_i = n \ .$$

4.4.4. Satz: Es gilt $\sum_g \chi_i(g) \chi_j(g) = 0$ falls $i \neq j$, das heißt, die Vektoren, deren Komponenten Charaktere verschiedener irreduzibler Darstellungen sind, sind orthogonal.

Beweis: Setzt man in der ersten Folgerung zum Orthogonalitätssatz m = h, dann gilt

$$\sum_{g\in G} D_i(g)^*_{mm} D_j(g)_{mm} = 0 \quad \text{falls } i \neq j \ ,$$

$$\sum_{g\in G} \chi_i(g)^* \chi_j(g) = \sum_{g\in G} (\sum_m D_i(g)^*_{mm} \sum_m D_j(g)_{mm}) =$$

$$= \sum_m (\sum_{g\in G} D_i(g)^*_{mm} D_j(g)_{mm}) = 0 \ .$$

4.4.5. Satz: In einer gegebenen reduziblen oder irreduziblen Darstellung stimmen die Charaktere aller jener Matrizen, die zueinander konjugierten Gruppenelementen entsprechen, überein.

Beweis: Alle Elemente ein und derselben Klasse von G sind konjugiert, daher sind auch die entsprechenden Matrizen bei derselben Darstellung konjugiert. Konjugierte Matrizen besitzen aber dieselbe Spur.

4.4.6. Satz: Die Zahl der irreduziblen Darstellungen einer Gruppe ist gleich der Zahl der Klassen der Gruppe.

Wir zeigen, daß die Zahl der Klassen eine obere Grenze für die Zahl der irreduziblen Darstellungen ist. Nach den Sätzen 4.4.3 und 4.4.4 gilt

$$\sum_{g \in G} \chi_i(g)^* \chi_j(g) = n\, \delta_{ij} .$$

Sei r_r die Anzahl der Elemente in der r-ten Klasse von G und gibt es insgesamt r Klassen, dann gilt also

$$\sum_{s=1}^{r} \chi_i(g_s)^* \chi_j(g_s)\, r_s = n\, \delta_{ij} ,$$

wobei g_s ein Element der s-ten Klasse bezeichnet. Diese Gleichung bewirkt, daß die r Größen $\chi_i(g_s)$ sich in jeder Darstellung der Gruppe wie die Komponenten eines r-dimensionalen Vektors verhalten, wobei diese r Vektoren paarweise orthogonal sind. Da nur r r-dimensionale Vektoren paarweise orthogonal sein können, kann es nicht mehr als r irreduzible Darstellungen einer Gruppe mit r Klassen geben.

4.5. Charaktertafeln

Es werden nun die Charaktere von den irreduziblen Darstellungen einer Gruppe weitergehend untersucht. Da genau r inäquivalente irreduzible Darstellungen einer Gruppe G mit r Klassen existieren und da die Charaktere zweier Darstellungen genau dann gleich sind, wenn die Darstellungen äquivalent sind, gilt, daß G genau r voneinander verschiedene Charaktere besitzt. Man kann daher die Werte dieser Charaktere zu einer quadratischen r x r-Tafel zusammenstellen, die dann „Charaktertafel der Gruppe G" genannt wird. Bezeichnet man mit $\chi_i^{(p)} = \chi^{(p)}(K_i)$ den Wert des Charakters der p-ten irreduziblen Darstellung für die i-te Klasse K_i, dann erhält man die Tafel

	K_1 1	K_2 r_2	K_3 r_3	 ...	K_r r_r
M_1	1	1	1	...	1
M_2	d_2	$\chi_2^{(2)}$	$\chi_3^{(2)}$	...	$\chi_r^{(2)}$
M_3	d_3	$\chi_2^{(3)}$	$\chi_3^{(3)}$	...	$\chi_r^{(3)}$
⋮	⋮	⋮	⋮		⋮
M_r	d_r	$\chi_2^{(r)}$	$\chi_3^{(r)}$	...	$\chi_r^{(r)}$

Die Werte des Charakters der Matrixdarstellung M_p scheinen in der p-ten Zeile auf, die Werte der r Charaktere für die i-te Klasse K_i stehen in der i-ten Spalte. M_1, die Einsdarstellung steht in der ersten Zeile, die erste Spalte gibt an, daß der Charakter der Einheitsmatrix die Dimension der Darstellung ist.

B e i s p i e l :

Den 5 Klassen der Quaternionengruppe entsprechen 5 irreduzible Darstellungen $M_1, \ldots, M_5$. Die Charaktertafel von Q hat die Form

	K_1 1	K_2 1	K_3 2	K_4 2	K_5 2
M_1	1	1	1	1	1
M_2	1	1	1	−1	−1
M_3	1	1	−1	1	−1
M_4	1	1	−1	−1	1
M_5	2	−2	0	0	0

Auf die explizite Berechnung einer Tafel kommen wir noch. Die Orthogonalitätsrelationen gelten nicht nur für die Matrixelemente einer irreduziblen Darstellung einer Gruppe, sondern auch für die Charaktere, das heißt

4.5.1. Satz: Die Zeilen der Charaktertafel sind orthogonal, es gilt also

$$\sum_{i=1}^{r} r_i \chi_i^{(m)*} \chi_i^{(m')} = n\,\delta_{mm'}\,.$$

Die Spalten der Charaktertafel sind orthogonal, es gilt also

$$\sum_{m=1}^{r} \chi_i^{(m)*} \chi_j^{(m)} = \frac{n}{r_i}\,\delta_{ij}\,.$$

4.5.2. Satz: Die Elemente der p-ten Zeile der Charaktertafel hängen durch folgende Beziehung zusammen:

$$r_i r_j \chi_i^{(p)} \chi_j^{(p)} = d_p \sum_k c_{ij,k}\, r_k \chi_k^{(p)}\,,$$

wobei die $c_{ij,k}$ die Klassenmultiplikationskoeffizienten in $K_i K_j = \sum_k c_{ij,k} K_k$ darstellen.

Beweis: Für alle Elemente x gilt $x^{-1} K_j x = K_j$, also $K_j x = x K_j$. Bezeichnet man C_j als die Gesamtheit der Matrizen, die den Elementen der Klasse K_j bei der Darstellung entsprechen und sei X die x entsprechende Matrix, dann gilt also $C_j X = X C_j$. Daraus folgt aufgrund des Lemmas von Schur, daß C_j eine konstante Matrix, etwa $\alpha_j E$ sein muß. Die die Klassenmultiplikationskoeffizienten definierende Gleichung $K_i K_j = \Sigma\, c_{ij,k} K_k$ reduziert sich somit auf $\alpha_i \alpha_j = \Sigma\, c_{ij,k}\, \alpha_k$. Aus den Gleichungen

$$\text{Spur } C_j = \text{Spur } \alpha_j E = \alpha_j d_p$$

und

$$\text{Spur } C_j = \text{Spur} \sum_{t=1}^{r_j} A_t = r_j \chi_j^{(p)}$$

folgt, daß gilt:

$$\alpha_j = \frac{r_j \chi_j^{(p)}}{d_p} .$$

Daraus ergibt sich sofort die Richtigkeit des Satzes.

Ein für die explizite Berechnung von Spurentafeln besonders nützliches Kriterium ist der

4.5.3. Satz: Eine Darstellung M ist genau dann irreduzibel, wenn gilt:

$$\frac{1}{n} \sum_{i=1}^{r} r_i |\chi_i|^2 = 1 .$$

Für die zweidimensionale Darstellung von Q als Matrixgruppe gilt beispielsweise

$$\frac{1}{8}(1 \cdot 2^2 + 1 \cdot (-2)^2 + 6 \cdot 0^2) = 1 ,$$

womit gezeigt ist, daß diese Darstellung irreduzibel ist.

Die bisherigen Sätze versetzen uns nun in die Lage, die Charaktertafel vollständig aufzustellen. Wir führen dies am Beispiel Q explizit vor. Wegen der Bedingung $\sum_{i=1}^{r} d_i^2 = n$, kann man die Dimensionen der irreduziblen Darstellungen von Q mit

$$d_1 = d_2 = d_3 = d_4 = 1 \quad \text{und} \quad d_5 = 2$$

festlegen. Unter Zuhilfenahme der für Q in 4.1 bestimmten $c_{ij,k}$ erhält man aus der Bedingung von Satz 4.5.2 die Gleichungen

$$\chi_1^2 = d\chi_1, \chi_1\chi_2 = d\chi_2, \ldots, \chi_1\chi_5 = d\chi_5 ,$$

$$\chi_2^2 = d\chi_1, \chi_2\chi_3 = d\chi_3, \ldots, \chi_2\chi_5 = d\chi_5 ,$$

$$2\chi_3^2 = d(\chi_1 + \chi_2), \chi_3\chi_4 = d\chi_5, \chi_3\chi_5 = d\chi_4 ,$$

$$2\chi_4^2 = d(\chi_1 + \chi_2), \chi_4\chi_5 = d\chi_3, 2\chi_5^2 = d(\chi_1 + \chi_2) .$$

Die Dimension d kann dabei die Werte 1 oder 2 annehmen. Setzt man im Gleichungssystem d = 2 und läßt die Identität unter diesen Gleichungen weg, so besitzt das daraus entstehend Gleichungssystem verschiedene Lösungen. Es gilt $\chi_2 = \pm 2$ und wegen

$$1 = \frac{1}{n} \sum_{i=1}^{r} r_i |\chi_i|^2 = \frac{1}{8} (2^2 + 2^2 + 2|\chi_3|^2 + \\ + 2|\chi_4|^2 + 2|\chi_5|^2)$$

folgt $\chi_3 = \chi_4 = \chi_5 = 0$. Aus $\sum_{i=1}^{r} r_i \chi_i = 0$ folgt $\chi_2 = -2$, womit sämtliche Charaktere der 2-dimensionalen Darstellung bestimmt sind.

Damit haben wir ein Verfahren zur Bestimmung der Charaktere der irreduziblen Darstellungen zur Hand, ohne Kenntnis über die Matrizen der Darstellung zu besitzen.

Im Fall von nicht ganzzahligen Charakteren muß man andere, schwierigere Methoden zu ihrer Bestimmung verwenden. Wir wenden uns nun dem Problem zu, einen Zusammenhang zwischen einer reduziblen Darstellung einer Gruppe und den irreduziblen Darstellungen dieser Gruppe herzustellen. Der Charakter einer reduziblen Darstellung M ist die Summe der Charaktere der irreduziblen Darstellungen M_j. Denn hat man die Darstellung auf die Gestalt von Blockdiagonalmatrizen transformiert, so ist die Spur der großen Matrix einfach die Summe der Spuren der einzelnen Blockmatrizen.

Es gilt also

$$\chi(g) = \sum_j a_j \chi^{(j)}(g) ,$$

wobei a_j die Zahl angibt, wie oft die Darstellung M_j in der Darstellung M vorkommt, das heißt, wie oft die entsprechende Blockmatrix von M_j in der Hauptdiagonalen der Matrixdarstellung von M auftritt. Wegen der in der Beweisskizze von

Satz 4.4.6 benutzten Gleichung gilt

$$\sum_{g \in G} \chi(g)\, \chi^{(i)}(g)^* = \sum_{g \in G} \sum_j a_j \chi^{(j)}(g)\, \chi^{(i)}(g)^* = n\, a_i$$

und daraus folgt

$$a_j = \frac{1}{n} \sum_{g \in G} \chi^{(j)}(g)^* \chi(g) = \frac{1}{n} \sum_{i=1}^{r} r_i \chi_i^{(j)*} \chi_i \,.$$

Wir haben damit folgenden Satz bewiesen:

4.5.4. Satz: Ist M eine beliebige Darstellung einer Gruppe mit dem Charakter χ und sind M_j, j = 1, 2, . . . , r die irreduziblen Darstellungen von G, dann läßt sich M als direkte Summe

$\sum_{j=1}^{r} a_j M_j$ darstellen, wobei gilt

$$a_j = \frac{1}{n} \sum_{i=1}^{r} r_i \chi_i^{(j)*} \chi_i \,.$$

Man kann also die Charaktertafel einer Gruppe dazu verwenden, um herauszufinden, ob die Darstellung der Gruppe reduzibel ist oder nicht. Im Fall der Irreduzibilität ist nämlich $a_1 = 1$ und $a_2 = \ldots = a_r = 0$.

4.5.5. Satz: Die reguläre Darstellung einer Gruppe enthält jede irreduzible Darstellung so oft, wie die Dimension der irreduziblen beträgt.

Beweis: Die a_j, die angeben wie oft die Darstellung M_j in der regulären Darstellung M_{reg} vorkommt, sind wegen Satz 4.5.4 gegeben durch

$$a_j = \frac{1}{n} \sum_g \chi^{(j)}(g)^* \chi^{(reg)}(g) = \frac{1}{n} \chi^{(j)}(e)\, n = d_j \,.$$

Beispiel:

Die Charaktertafel der zyklischen Gruppe C_3 ist

	1	1	1
M_1	1	1	1
M_2	1	a	a^*
M_3	1	a^*	a

mit $a = e^{(2\pi i)/3}$.

Die bereits berechnete reguläre Darstellung von C_3 hat den Charakter

$$\chi^{(reg)} = (3, 0, 0) .$$

Für die Darstellung von M_{reg} als direkte Summe

$$M_{reg} = C_1 M_1 + C_2 M_2 + C_3 M_3$$

berechnet man

$$C_1 = \frac{1}{3} \sum_{i=1}^{3} r_i \chi_i^{(reg)} = \frac{3}{3} = 1$$

und ebenso

$$C_2 = C_3 = 1 .$$

Für die reguläre Darstellung einer beliebigen Gruppe gilt

$$\chi^{(reg)} = (n, 0, 0, \ldots, 0)$$

und wegen Satz 4.5.5 gilt

$$\chi^{(reg)} = \Sigma\, a_j\, \chi^{(j)}(E) = \Sigma\, d_j^2 ,$$

womit der Beweis von $\Sigma\, d_j^2 = n$ erbracht ist.

Eine große Erleichterung für die Bestimmung der Charaktertafel einer Gruppe ist die Tatsache, daß die direkten Produktmatrizen der irreduziblen Darstellungen der Faktoren des direkten Produkts von Gruppen auch irreduzible Darstellungen für das direkte Produkt sind.

Mit dem direkten Produkt A x B zweier Matrizen A und B und den Gruppen $G_a = \{e, a_2, \ldots, a_{n_a}\}$, $G_b = \{e, b_2, \ldots, b_{n_b}\}$ erhalten wir für die Matrixdarstellungen des direkten Produktes $G_a \times G_b$:

$$\begin{aligned} &D^{(a\times b)}(a_k b_l)\, D^{(a\times b)}(a_{k'} b_{l'}) = \\ &= [D^{(a)}(a_k) \times D^{(b)}(b_l)]\, [D^{(a)}(a_{k'}) \times D^{(b)}(b_{l'})] = \\ &= [D^{(a)}(a_k)\, D^{(a)}(a_{k'})] \times [D^{(b)}(b_l)\, D^{(b)}(b_{l'})] = \\ &= D^{(a)}(a_k a_{k'}) \times D^{(b)}(b_l b_{l'}) = \\ &= D^{(a\times b)}(a_k a_{k'} b_l b_{l'}) \ . \end{aligned}$$

Man kann zeigen, daß das direkte Produkt zweier irreduzibler Darstellungen eine irreduzible Darstellung der direkten Produktgruppe bildet und daß man auf diese Weise alle irreduziblen Darstellungen des direkten Produkts $G_a \times G_b$ erhält. Bezeichnet $d_{ij} = d_j^a\, d_j^b$ die Dimension von $G_a \times G_b$, dann gilt

$$\sum_i \sum_j d_{ij}^2 = n_a \cdot n_b = n \ ,$$

wobei n die Ordnung von $G_a \times G_b$ ist. Die Zahl der Klassen von $G_a \times G_b$ ist gleich dem Produkt der Zahl der Klassen von G_a mit der Zahl der Klassen von G_b. Der Charakter einer jeden direkten Produktdarstellung ist das Produkt der Charaktere der einzelnen Darstellungen, denn es gilt

$$\begin{aligned} \chi^{(a\times b)}(a_k b_l) &= \sum_{i,j} D^{(a\times b)}(a_k b_l) = \\ &= \sum_{i,j} D^{(a)}(a_k)_{ii}\, D^{(b)}(b_l)_{jj} = \\ &= [\sum_i D^{(a)}(a_k)_{ii}]\, [\sum_j D^{(b)}(b_l)_{jj}] = \\ &= \chi^{(a)}(a_k)\, \chi^{(b)}(b_l) \ . \end{aligned}$$

Auf diese Art kann man leicht die Charaktertafel des direkten Produkts $G_a \times G_b$ aufstellen, wenn man diejenigen von G_a und G_b kennt.

B e i s p i e l :

Zu berechnen sei die Charaktertafel von $D_{3h} = D_3 \times S$. Die Charaktertafeln von S bzw. D_3 seien

S	1	1
M_1	1	1
M_2	1	−1

D_3	1	3	2
M_1	1	1	1
M_2	1	−1	1
M_3	2	0	−1

Die Charaktertafel von D_{3h} hat dann die Gestalt:

D_{3h}	1	3	2	1	3	2
M_{11}	1	1	1	1	1	1
M_{21}	1	−1	1	1	−1	1
M_{31}	2	0	−1	2	0	−1
M_{12}	1	1	1	−1	−1	−1
M_{22}	1	−1	1	−1	1	−1
M_{32}	2	0	−1	−2	0	1

4.6. Darstellungen spezieller Gruppen

4.6.1. Abelsche Gruppen

In einer abelschen Gruppe bildet jedes Element eine Klasse für sich. Daher stimmt die Zahl der Klassen, also die Zahl der irreduziblen Darstellungen mit der Gruppenordnung n überein.

Die Gleichung

$$\sum_{i=1}^{n} d_i^2 = n$$

ist dann nur für $d_1 = d_2 = \ldots = d_n = 1$ lösbar. Eine abelsche Gruppe der Ordnung n besitzt daher n eindimensionale Darstellungen und keine anderen.

4.6.2. Zyklische Gruppen

Zyklische Gruppen der Ordnung n sind abelsche Gruppen mit der definierenden Relation $a^n = e$. Sei $r = D(a)$ eine Zahl, die das Element a darstellt. Dann gilt:

$$D(a_k) = D(a)^k = r^k \quad \text{und} \quad D(a)^n = r^n = 1 ,$$

das heißt, $r = e^{2\pi ip/n}$, $p = 1, 2, \ldots, n$. Auf diese Weise haben wir alle irreduziblen Darstellungen M_p gefunden, die in der Form

$$D^{(p)}(a) = e^{2\pi ip/n}, \quad p = 1, 2, \ldots, n ,$$

angegeben werden können, d.h., mit $a = e^{2\pi i/n}$ gilt:

	K_1	K_2	...	K_n
	1	1		1
M_1	1	1	...	1
M_2	1	a	...	a^{n-1}
M_3	1	a^2	...	a^{2n-2}
	...	...	...	...
M_n	1	a^{n-1}	...	$a^{(n-1)^2}$

4.6.3. Symmetrische Gruppe S_3

Die Gruppe S_3 der Ordnung 6 besitzt 3 Klassen konjugierter Elemente und daher 3 irreduzible Darstellungen. Sind d_1, d_2 und d_3 ihre Dimensionen, so hat $d_1^2 + d_2^2 + d_3^2 = 6$ die einzige Lösung (bis auf die Reihenfolge) $d_1 = 1$, $d_2 = 1$, $d_3 = 2$ in natürlichen Zahlen. Die einfachste eindimensionale Darstellung von S_3 ist die Einsdarstellung M_1 mit $\chi_1^{(1)} = 1$, $\chi_2^{(1)} = 1$ und $\chi_3^{(1)} = 1$. Eine weitere eindimensionale und damit irreduzible Matrixdarstellung von S_3 ist gegeben durch

$$D(s) = 1 \qquad \text{für } s \in K_1 \cup K_3 ,$$
$$D(s) = -1 \qquad \text{für } s \in K_2 .$$

Für die Darstellung M_2 gilt: $\chi_1^{(2)} = 1$, $\chi_2^{(2)} = -1$ und $\chi_3^{(2)} = 1$. Zur vollständigen Berechnung der Charaktertafel von S_3 bestimmt man die letzte Darstellung mit Hilfe der Orthogonalitätsrelationen:

$$\sum_{i=1}^{3} r_i \chi_i^{(3)} \chi_i^{(1)} = 0 \,, \quad \text{also} \quad \chi_1^{(3)} + 3\chi_2^{(3)} + 2\chi_3^{(3)} = 0$$

$$\sum_{i=1}^{3} r_i \chi_i^{(3)} \chi_i^{(1)} = 0 \,, \quad \text{also} \quad \chi_1^{(3)} - 3\chi_2^{(3)} + 2\chi_3^{(3)} = 0 \,.$$

Da für einen Charakter $\chi^{(i)}$ stets gilt $\chi_1^{(i)} = d_i$, erhält man $\chi_1^{(3)} = 2$ und damit folgt $\chi_3^{(3)} = -1$ und $\chi_2^{(3)} = 0$.
Die Charaktertafel von S_3 ist somit gegeben durch:

	K_1	K_2	K_3
	1	3	2
M_1	1	1	1
M_2	1	−1	1
M_3	2	0	−1

4.6.4. Diedergruppen

Am Beispiel der Diedergruppe D_n wird gezeigt, wie man ein Ergebnis der abstrakten Gruppentheorie zur Bestimmung der Zahl sämtlicher eindimensionaler Darstellungen einer Gruppe heranziehen kann. Unter einem Kommutator einer beliebigen Gruppe G versteht man ein Gruppenelement von der Form $a^{-1} b^{-1} ab$, $a, b \in G$. Die von den Kommutatoren von G erzeugte Gruppe H ist die kleinste Untergruppe von G, die alle Kommutatoren von G enthält. H heißt Kommutatorgruppe und ist Normalteiler von G. Die wichtige darstellungstheoretische Eigenschaft von H besagt, daß die Zahl der eindimensionalen Darstellungen von G gleich dem Index von G nach H ist. Besitzt G die Ordnung n und H die Ordnung h, dann gibt es also n/h eindimensionale Darstellungen von G, welche die Darstellungen der abelschen Faktorgruppe G/H sind. Damit läßt sich also die Zahl der eindimensionalen Darstellungen unabhängig von der nicht immer eindeutig ganzzahlig lösbaren Dimensionsgleichung $\sum_{i=1} d_i^2 = n$ bestimmen.

Die Diedergruppe D_n der Ordnung $2n$ ist definiert durch die Relationen $a^2 = e$, $b^n = e$, $bab = a$ und besitzt als Normalteiler vom Index 2 die vom zweiten erzeugenden Element b erzeugte zyklische Gruppe n-ter Ordnung. Diese ist maximal und daher besitzt jede irreduzible Darstellung von D_n die Dimension 1 oder 2. Da die Ordnung h der Kommutatorgruppe H von D_n gleich n für ungerade und n/2 für gerade n ist, ergibt sich für die Zahl der eindimensionalen Darstellungen von D_n die Zahl $n/h = 2$ für ungerades und $n/h = 4$ für gerades n. Die Anzahl der irreduziblen Darstellungen ist gleich der Anzahl der Klassen von D_n, also $r = \frac{n+3}{2}$ für ungerades und $\frac{n+6}{2}$ für gerades n. Daraus ergeben sich $\frac{n-1}{2}$ inäquivalente zweidimensionale Darstellungen für ungerades und $\frac{n-2}{2}$ für gerades n.

Zur Berechnung der Charaktertafel von D_3 löst man die Bedingung $\sum\limits_{i=1} d_i^2 = 6$ durch $d_1 = d_2 = 1$ und $d_3 = 2$.

Die Darstellung M_1 ist die Einsdarstellung. Die zweite eindimensionale Darstellung bestimmt man sofort durch die Orthogonalitätsbedingungen zu M_1. Die zweidimensionale Darstellung M_2 muß $\chi^{(3)}(e) = 2$ erfüllen. Analog zu 4.6.3 ergeben die Orthogonalitätsrelationen für die Charaktere die Bestimmungsgleichungen

$$2\chi_2^{(3)} + 3\chi_3^{(3)} + 2 = 0\,,$$
$$2\chi_2^{(3)} - 3\chi_3^{(3)} + 2 = 0\,,$$

so daß schließlich die Charaktertafel von D_3 gegeben ist durch

	K_1	K_2	K_3
	1	2	3
M_1	1	1	1
M_2	1	1	−1
M_3	2	−1	0

ÜBUNGSAUFGABEN

106. Die Punktgruppe C_{2v} sei gegeben durch die Operationstafel

	e	a	b	c
e	e	a	b	c
a	a	e	c	b
b	b	c	e	a
c	c	b	a	e

Man berechne die Charaktertafel von C_{2v}.

107. Man bestimme die Charaktertafel von D_4. Man gebe die Matrizen der regulären Darstellung von D_4 an.

108. Man berechne die Charaktertafel von D_2, indem man $D_2 = C_2 \times C_2$ als direktes Produkt von C_2 mit sich auffaßt.

109. Man beweise, daß für die Klassen einer Gruppe gilt: $K_i K_j = K_j K_i$.

110. Man beweise, daß für alle von der Einsdarstellung verschiedenen Darstellungen M_j gilt: $\sum_{g \in G} \chi^{(j)}(g) = 0$.

5. Ringe und Körper

In diesem Kapitel werden zunächst einige Anwendungsbeispiele für Ringe betrachtet. Die algebraischen Strukturen der Ringe und Körper, insbesondere die Polynomringe und der Idealbegriff der Ringtheorie, stellen in der abstrakten Codierungstheorie ein wichtiges Hilfsmittel dar. Da die Theorie der endlichen Körper eine wesentliche Grundlage für alle neueren Entwicklungen auf diesem Gebiet ist, wird in erster Linie auf die algebraischen Voraussetzungen und Eigenschaften von Codes über endlichen Körpern eingegangen. Zum Problem der Auflösung von Gleichungen, das mit Hilfe des Körperbegriffs vollständig gelöst werden kann, müssen wir uns mit einigen Bemerkungen begnügen und verweisen dazu auf das Literaturverzeichnis.

5.1. Spezielle Ringe

5.1.1. Restklassenringe

Eine Anwendungsmöglichkeit für die Restklassenringe der ganzen Zahlen findet sich in der Kryptographie, also in der Wissenschaft von den Geheimschriften. Dabei liegt – in stark vereinfachter Form – folgende Problemstellung zugrunde: Eine in einem gegebenen Alphabet A gegebene Nachricht ist mit Hilfe eines Schlüssels so zu verschlüsseln, daß die sog. codierte Nachricht nur bei Kenntnis des benützten Schlüssels verstanden werden kann. Unter einem Schlüssel versteht man eine Abbildung $f: A \to A$, die auf die Wörter über A, also auf die Elemente der Worthalbgruppe W(A) zu erweitern ist (s. Definition 3.1.2). Aufgabe der Kryptographie ist es, Schlüssel anzugeben, die einen Klartext in einen möglichst schwer zu entschlüsselnden Geheimtext verwandeln.

Sei das Original- und Bildalphabet die Menge $A = \{a_1, a_2, \ldots, a_n\}$. Ordnet man den Buchstaben des Alphabets A eineindeutig die natürlichen Zahlen $0, 1, \ldots, n-1$ zu, dann besteht sowohl der Klar- als auch der Geheimtext aus einer Folge von Zahlen. Ein einfaches Beispiel für einen eineindeutigen Schlüssel ist also eine Permutation der n Buchstaben von A. Unter den Schlüsseln zeichnet man eine Teilmenge durch einen historisch begründeten Namen aus: Ein Schlüssel $f: A \to A$ mit $b = f(a) =$ $= m a + k (\mathrm{mod}\ n)$, für $a, b, m, k \in A$, heißt Tauschverfahren oder Caesar.

Das Alphabet A ist in diesem Fall also der Restklassenring $\mathbf{Z}_n$. Für n = 1, also beim sogenannten einfachen Tauschverfahren, bewirkt der Schlüssel f, daß die Buchstaben des Alphabets zyklisch um k Einheiten nach links verschoben werden. Für k = 3 ergibt sich z. B. der folgende, von Caesar verwendete Schlüssel, in dem die erste Zeile das gegebene Alphabet und die zweite Zeile das Tauschalphabet bezeichnet:

a b c . . . x y z ,

d e f . . . a b c .

Im allgemeinen Fall ist das Tauschverfahren

$$b = f(a) = m a + k \pmod n$$

nicht eineindeutig, denn bei $n = 26$ Buchstaben des Alphabets und $m = 2$ tritt nur die Hälfte der Buchstaben des Alphabets als Bilder auf. Da aber die prime Restklassengruppe mod n, also die Menge $\{m \mid m \in \mathbf{Z}_n, (m, n) = 1\}$ zu jedem Element ein eindeutig bestimmtes Inverses m^{-1} besitzt, ist ein Tauschverfahren f genau dann eineindeutig, wenn $(m, n) = 1$ gilt. Wir bemerken an dieser Stelle noch, daß die Ordnung der primen Restklassengruppe mod n die Zahl $\varphi(n)$ ist. φ ist dabei die Eulersche Funktion, welche die Anzahl der zu n teilerfremden ganzen Zahlen unter den Zahlen $1, 2, \ldots, n$ angibt.

Ein anderes Verschlüsselungsverfahren über dem Alphabet $\mathbf{Z}_n$ ist dadurch gegeben, daß man mit dem Schlüssel f Wörter der Länge m über $\mathbf{Z}_n$ in Wörter der Länge m über $\mathbf{Z}_n$ verschlüsselt. Der Schlüssel ist in diesem Fall durch die $m \times m$ Matrix

$$f = (f_{ij}), \quad f_{ij} \in \mathbf{Z}_n, \; i, j = 1, 2, \ldots, m ,$$

definiert. Zu einem gegebenen Klartextwort $a_1 a_2 \ldots a_m \in (\mathbf{Z}_n)^m$ bestimmt man das Geheimtextwort $b_1 b_2 \ldots b_m \in (\mathbf{Z}_n)^m$ vermittels

$$b_i = \sum_{j=1}^{m} f_{ij} a_j \pmod n, \quad i = 1, 2, \ldots, m .$$

Die Umkehrbarkeit dieses sogenannten Hill-Schlüssels ist genau dann gegeben, wenn gilt: $(\det(f), n) = 1$. Ist n eine Primzahl, so ist $\mathbf{Z}_n$ ein Körper und der Hill-Schlüssel ist dann bei jeder mod n nichtsingulären Schlüsselmatrix f eineindeutig.

5.1.2. Funktionen und Folgenringe

Mikusinski führte in der Menge C der in einem Intervall [0, T] stetigen Funktionen die folgenden beiden Operationen ein:

Die Additionsoperation ordnet zwei Funktionen $f(t)$, $g(t) \in C$ die Funktionen $f(t) + g(t) = h(t) \in C$ zu, die Multiplikationsoperation ordnet zwei Funktionen $f(t)$, $g(t) \in C$ die Funktion

$$h(t) = \int_0^T f(u)\, g(t-u)\, du = f(t) * g(t) \in C$$

zu. Man bestätigt unmittelbar, daß die Algebra $(C, +, *)$ ein assoziativ-kommutativer Ring ist, der kein Einselement besitzt. Dieser Ring ist nullteilerfrei. Die Operation $*$ (Faltungsprodukt) ist im Bereich der stetigen Funktionen i. a. nicht umkehrbar, d.h. nicht jede Gleichung $f(t) * x(t) = g(t)$ besitzt eine Lösung $x(t) \in C$.

Ein gewisser Unterbereich des Ringes C ist für bestimmte Anwendungszwecke von Bedeutung. Es handelt sich dabei um die Menge der stetigen Funktionen, die im Falle $T = \infty$ eine Laplace-Transformierte besitzen. Eine Funktion $f(t) \in C$ heißt laplacetransformierbar, wenn eine reelle Zahl c existiert, so daß gilt

$$\int_0^\infty |f(t)| \cdot e^{ct}\, dt < \infty \, .$$

Mit zwei laplacetransformierbaren Funktionen $f(t)$ und $g(t)$ sind auch ihre Summe $f(t) + g(t)$ und ihr Produkt $f(t) * g(t)$ laplacetransformierbar, und es gilt: Die Menge L der laplacetransformierbaren stetigen Funktionen ist ein Unterring des Ringes der im Intervall $[0, \infty]$ stetigen Funktionen.

Das zu diesem Beispiel diskrete Analogon erhält man, wenn man im Bereich F der reellen (oder komplexen) Zahlenfolgen als Summe zweier Folgen (a_i) und (b_i) die Folge (c_i) mit $c_i = a_i + b_i$ und als Produkt die Folge (d_i) mit $d_i = \sum_{j=0}^{i} a_j b_{i-j}$ definiert. Die Algebra $(F, +, \cdot)$ ist ein assoziativ-kommutativer Ring mit Einselement und wird Folgenring genannt. Einselement ist die Folge (a_i) mit $a_0 = 1$ und $a_i = 0$ für $i > 0$. Der Folgenring F ist nullteilerfrei. Die Gleichung $a \cdot x = 1$ besitzt im Folgenring F eine Lösung x genau dann, wenn $a_0 \neq 0$ ist. Die inverse Folge x kann man rekursiv aus dem folgenden Divisionsalgorithmus ermitteln:

$$x_0 = \frac{1}{a_0}, \quad x_i = \frac{-1}{a_0} \sum_{j=1}^{i} a_j x_{i-j} .$$

(Offensichtlich handelt es sich bei diesem Ring um den Ring der formalen Potenzreihen.)

Für einige Anwendungen ist eine gewisse Teilmenge des Folgenringes F von Bedeutung, nämlich die Menge der z-transformierbaren Folgen. Eine Folge (a_i) heißt z-transformierbar, wenn eine Konstante c existiert, so daß gilt

$$\sum_{i=0}^{\infty} |a_i| e^{cih} < \infty .$$

Die Zahl h heißt Schrittweite oder Tastperiode und ist dadurch bestimmt, daß sich jede Folge (a_i) durch Abtastung aus einer Funktion f(t) gewinnen läßt, wenn man nämlich $a_i = f(ih)$ setzt. Unter der charakteristischen Funktion einer Folge (a_i) versteht man die Funktion $f(s) = \sum_{i=0}^{\infty} a_i e^{-ihs}$. Nicht jede Folge besitzt eine derartige charakteristische Funktion, man kann jedoch zeigen, daß jede z-transformierbare Funktion eine charakteristische Funktion besitzt. Die durch die Substitution $z = e^{hs}$ aus der charakteristischen Funktion einer z-transformierbaren Folge (a_i) erhaltene Funktion $f(z) = \sum_{i=0}^{\infty} a_i z^{-i}$ nennt man die z-Transformierte der Folge (a_i). Man prüft unmittelbar nach, daß mit zwei z-transformierbaren Folgen (a_i) und (b_i) auch ihre Summe $(a_i + b_i)$ und ihr Produkt $(a_i) * (b_i)$ z-transformierbar sind und daß gilt:

Die Menge Z der z-transformierbaren Folgen bildet bezüglich Addition und Multiplikation einen Unterring des Ringes F der Folgen.

5.1.3. Nichtkommutative Polynomringe

Wir beschränken uns bei unseren Betrachtungen auf diejenigen nichtkommutativen Polynomringe, die folgenden Bedingungen genügen:

$$(*)\left\{\begin{array}{l}\text{Der Ring besitzt ein Einselement.}\\ \text{Er enthält entweder den Körper } K = \mathbf{R} \text{ oder } K = \mathbf{C}.\\ \text{Jedes Element von } K \text{ ist mit jedem Ringelement vertausch-}\\ \text{bar.}\\ \text{Die Elemente von } K \text{ und } n \text{ weitere Elemente}\\ x_1, x_2, \ldots, x_n \text{ bilden ein Erzeugendensystem des Ringes.}\end{array}\right.$$

Daher lassen sich alle Elemente dieses Ringes darstellen in der Form

$$a + \sum_i a_i p_i(x_1, x_2, \ldots, x_n),$$

wobei $a, a_i \in K$ und $p_i(x_1, x_2, \ldots, x_n)$ Potenzprodukte in den $x_1, x_2, \ldots, x_n$ sind. Eindeutig ist diese Darstellung der Elemente des Polynomringes jedoch nur im Fall des sogenannten freien Polynomringes F_n.

Die Elemente des freien Polynomrings sind Polynome der Form $f = \sum_{d=0}^{N} f_d$ mit $f_N \neq 0$, wobei N den Grad des Polynoms bezeichnet. f_d stellt ein homogenes Polynom vom Grad d dar, das als Linearkombination von nichtkommutativen Potenzprodukten $x_{i_1}^{k_1} x_{i_2}^{k_2} \ldots x_{i_n}^{k_n}$, für die eine Addition und Multiplikation erklärt ist, mit Koeffizienten aus K definiert ist. Die Exponentensumme $\sum_i k_i = d > 0$ der Potenzprodukte heißt Dimension des Potenzprodukts, die Dimension $d = 0$ werde dem Einselement 1 zugeordnet. Die Gültigkeit der Ringaxiome für die Menge der so erklärten Polynome f läßt sich einfach bestätigen.

Lassen sich die Elemente eines Polynomringes R mit den Eigenschaften (*) nicht eindeutig in der angegebenen Form darstellen und kann man entscheiden, welche Elemente von F_n ein und dasselbe Element in R repräsentieren, so lassen sich die Verknüpfungseigenschaften der Elemente von R aus denen von F_n ablesen. Dazu muß man wissen, welche Elemente von F_n das Nullelement von R darstellen. Für die Gesamtheit I dieser Elemente gilt:

$$r, s \in I \Rightarrow r + s \in I, \quad fr \in I, \quad rf \in I \text{ für jedes } f \in F_n .$$

I ist also Ideal in F_n und R somit isomorph zu F_n/I. Jeder Ring R, der den Bedingungen (*) genügt, ist also ein homomorphes Bild des freien Ringes F_n.

Kann man das Ideal I durch eine Anzahl von Elementen $r_1, r_2, \ldots, r_m \in F_n$ erzeugen, so nennt man diese definierende Relationen.

Zum Beispiel wird der Homomorphismus von F_n auf den kommutativen Polynomring $K[x_1, x_2, \ldots, x_n]$ durch das von den sogenannten Kommutatoren $(x_i, x_k) = x_i x_k - x_k x_i$, $i, k = 1, \ldots, n$, erzeugte Ideal vermittelt.

5.1.4. Heisenberg-Ringe

Gegeben sei ein nichtkommutativer Polynomring, der den Bedingungen (*) von 5.1.3 genügt. Benennt man die n erzeugenden Elemente $x_1, x_2, \ldots, x_n$, deren Anzahl $n = 2s$ gerade sei, durch die Festsetzung $x_{2i} = p_i$, $x_{2i-1} = q_i$ um und verwendet man die Abkürzung $(f, g) = fg - gf$, dann definiert man:

Der allgemeine Heisenberg-Ring H_s ist ein nichtkommutativer Polynomring, der den Bedingungen (*) genügt und die folgenden definierenden Relationen besitzt:

$$(q_i, q_j), (p_i, p_j), (p_i, q_j), \quad i \neq j\,,$$
$$(p_i, q_i) - (p_j, q_j), \qquad i, j = 1, 2, \ldots, s\,.$$

Anders ausgedrückt haben diese Relationen die folgende Gestalt:

$$(q_i, q_j) = (p_i, p_j) = (p_i, q_j) = 0, \quad (i \neq j)\,,$$
$$(p_i, q_i) = k, \qquad (i, j = 1, 2, \ldots, s)\,.$$

Aus diesen Relationen ist unmittelbar zu ersehen, daß sich jedes Polynom in H_s eindeutig in einer geordneten Normalform darstellen läßt, in der nur Potenzprodukte der Form $p_1^{\nu_1} \ldots p_s^{\nu_s}$ $q_1^{\mu_1} \ldots q_s^{\mu_s}$ auftreten, versehen mit Koeffizienten, die dem kommutativen Polynomring $K[k]$ angehören. Die letzte Relation besagt, daß alle Relationen (p_i, q_i) in H_s durch dasselbe Element k dargestellt werden. Ist K der Körper **R** der reellen

Zahlen, so ergibt sich am Fall $k = 0$ der kommutative Polynomring. Für $k^2 = -a \in R$, also für rein imaginäres k, erhält man den sogenannten „eigentlichen" Heisenberg-Ring.

Die Bedeutung der Heisenberg-Ringe liegt darin, daß man mit ihrer Hilfe einen Teil des algebraischen Inhalts der Mechanik erfassen kann. Unter dem algebraischen Inhalt der Mechanik verstehen wir alle jene Beziehungen, die sich allein durch Verknüpfungsrelationen beschreiben lassen, wie etwa den kinematischen Grundbereich oder die Bewegungsgleichungen der klassischen Hamiltonschen Mechanik.

5.1.5. Ringe mit Poisson-Klammern

Neben den Operationen Addition und Multiplikation tritt in den Größenbereichen der Hamilton-Mechanik bzw. der Quantenmechanik eine nicht-assoziative Verknüpfung auf, die sogenannte Poisson-Klammer (PK).

Sei $R = (R, +, \cdot)$ ein beliebiger Ring. R heißt Ring mit Poisson-Klammern, wenn auf R eine weitere Operation, die PK-Bildung [ ], definiert durch $[\,] : R \times R \to R$, $[f, g] = h$, mit den Eigenschaften

(1) $\quad [f, f] = 0 \quad$ für alle $f \in R$,

(2) $\quad [f, g + h] = [f, g] + [f, h];$

$\quad [g + h, f] = [g, f] + [h, f]$,

(3) $\quad [f, g \cdot h] = [f, g] \cdot h + g \cdot [f, h]$

gegeben ist.

Ist R eine lineare Algebra über einem Körper K, so gilt weiters

(4) $\quad [\alpha f, g] = [f, \alpha g] = \alpha [f, g] \quad$ für alle $\alpha \in K$.

Beispiele:

a) In einem endlichen Ring R definiert man PK-Bildung durch $[f, g] = 0$ für alle $f, g \in R$.

b) In einem nichtkommutativen Ring R definiert man

$$[f, g] = fg - gf \quad \text{für alle } f, g \in R .$$

c) Sei R ein nichtkommutativer Polynomring, der den Bedingungen (*) von 5.1.3 genügt und eine gerade Anzahl von Erzeugenden p_i, q_i, $i = 1, 2, \ldots, s$, besitzt. In diesem Polynomring führt man PK ein, die die Axiome 1. bis 4. erfüllen und zusätzlich noch das Axiom

(5) $\quad [p_i, p_j] = 0, \ [q_i, q_j] = 0, \ [p_i, q_j] = \delta_{ij}, \ [q_i, p_j] = -\delta_{ij}$.

Es sei noch darauf hingewiesen, daß die Axiome (1) bis (5) zusammen mit den Bedingungen (*) für einen nichtkommutativen Polynomring die Heisenberg-Ringe eindeutig bestimmen.

Das mit dem kinematischen Grundbereich der Hamilton-Mechanik verbundene algebraische Problem liegt darin, alle Bereiche mit Erzeugenden p_i, q_i und einer PK-Bildung zu bestimmen. Die Lösung läßt sich kurz folgendermaßen skizzieren: Schränkt man den kinematischen Grundbereich auf einen nichtkommutativen Polynomring über R mit den Erzeugenden $p_1, \ldots, p_n$, $q_1, \ldots, q_n$ ein, dann gibt es im wesentlichen wegen der geforderten Existenz einer PK-Bildung nur den kommutativen und den eigentlichen Heisenberg-Ring. Andererseits muß jeder umfassendere kinematische Grundbereich den Polynomring mit den Erzeugenden p_i, q_i enthalten, so daß die Struktur des Grundbereichs weitgehend festgelegt ist. Man unterscheidet demnach also zwei Typen von kinematischen Grundbereichen: Den kommutativen Bereich der klassischen Mechanik, in dem die PK-Bildung durch

$$[f, g] = \left\{ \sum_{i=1}^{s} \frac{\partial f}{\partial p_i} \frac{\partial g}{\partial q_i} - \frac{\partial f}{\partial q_i} \frac{\partial g}{\partial p_i} \right\}$$

definiert ist und zweitens eine passende Erweiterung des Heisenbergringes, in dem die PK durch

$$[f, g] = \frac{i}{h} (fg - gf)$$

erklärt ist, wobei h eine reelle Zahl ist (nämlich $1/2\pi$ Plancksches Wirkungsquantum).

Zur algebraischen Formulierung der Bewegungsgleichungen der Mechanik sei auf die Literatur verwiesen.

5.1.6. Lineare Algebren

Als lineare Algebren A (oder hyperkomplexes System) vom Rang n über dem Körper K bezeichnen wir einen n-dimensionalen Vektorraum über K, auf dem eine Multiplikation definiert ist mit den Eigenschaften

$$(u\,v)\,w = u\,(v\,w)\,,$$
$$(u + v)\,w = u\,w + v\,w, \quad u\,(v + w) = u\,v + u\,w\,,$$
$$u\,(a\,v) = (a\,u)\,v = a\,(u\,v) \quad \text{für alle } a \in K\,.$$

A ist somit Vektorraum und assoziativer Ring zugleich. Besitzt A ein Einselement e, so enthält A als Ring einen zu K isomorphen Körper Ke. Damit ist der Operatorenbereich K überflüssig.

Beispiele für lineare Algebren, also für Ringe, die zugleich Vektorräume sind:

(1) Der Quaternionenschiefkörper Q ist eine lineare Algebra vom Rang 4 über dem Körper der reellen Zahlen.

(2) **C** ist eine lineare Algebra vom Rang 2 über **R**, wobei die Basiselemente 1 und i sind.

(3) Die Menge der Matrizen n-ten Grades bilden eine lineare Algebra vom Rang n^2 über einem Körper K.

(4) In der Diracschen Theorie der Elektronen spielen die Clifford-Algebren eine große Rolle. Dabei handelt es sich um die von den vier Elementen $\alpha_1, \alpha_2, \alpha_3, \alpha_4$ mit den Relationen

$$\alpha_i\,\alpha_j + \alpha_j\,\alpha_i = 2\,\delta_{ij}\,e$$

erzeugte lineare Algebra mit Einselement e über dem Körper **C**. Sie besitzt 2^4 Basiselemente, z. B.

$$e, \alpha_1, \alpha_2, \alpha_3, \alpha_4, \alpha_1 \cdot \alpha_2, \ldots, \alpha_1\,\alpha_2\,\alpha_3\,\alpha_4\,.$$

Ein weiteres Anwendungsgebiet der linearen Algebren ist die Behandlung genetischer Fragen mit Hilfe dieser Algebren, man spricht auch von den sogenannten genetischen Algebren. Dabei wird der Mechanismus der Gen- und der Chromosomen-Vererbung durch algebraische Symbole repräsentiert, die als Elemente einer linearen Algebra aufgefaßt werden können. Nimmt man an, daß symmetrische Vererbung vorliegt (d. h. das Geschlecht eines Elternteiles hat keinen Einfluß auf die gametischen Kindergenerationen), so wird die genetische Algebra als kommutativ vorausgesetzt, d. h. $P \cdot Q = Q \cdot P$. Die Multiplikationsoperation der linearen Algebra ist dabei die Berechnung der Nachkommenschaft, die sich aus der Zufallspaarung (Paarung, Fusion) von Bevölkerungen (Individuen, Gameten) ergibt. Handelt es sich um Produkte aus mehreren Faktoren, so spricht man von Stammbäumen. Das distributive Gesetz $P(Q + R) = PQ + PR$ gilt für alle Elemente einer genetischen Algebra; es bildet die Grundlage für die sogenannten „Schachbrett-Diagramme", die oft zur Veranschaulichung der Berechnung der Nachkommen verwendet werden. Das assoziative Gesetz gilt für die genetische Multiplikation nicht, denn es gibt keinen genetischen Grund, warum die beiden Nachkommenschaften von je drei Populationen der Individuen P, Q und R gleich sein sollten. Es gilt also i. a.:

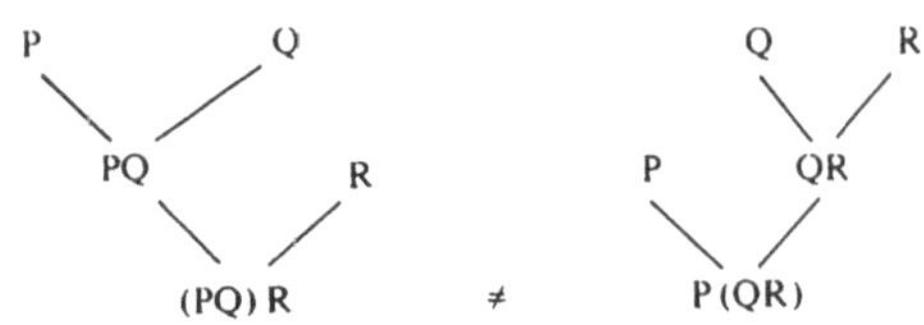

Die genetische Algebra ist also ein Vektorraum (zumeist über den reellen Zahlen) und ein nicht-assoziativer kommutativer Ring. Eine für genetische Anwendungen wichtige spezielle lineare Algebra ist die sog. Barik-Algebra. Eine nicht-assoziative lineare Algebra A vom Rang n über dem Körper K heißt Barik-Algebra, wenn es einen nichttrivialen Homomorphismus $f: A \to K$, die Gewichtsfunktion von A, gibt. Die Elemente von Kern f bilden ein Ideal N von A; es sind dies also die Elemente vom Gewicht 0. Damit kann eine Barik-Algebra auf folgende Weise charakterisiert werden: Eine nicht-assoziative lineare Algebra A ist genau dann eine Barik-Algebra, wenn A ein Ideal N enthält, so daß gilt: $A/N \cong K$.

5.2. Der Polynomring R [x]

An Hand des Polynomrings R [x] über einem Integritätsbereich bzw. Körper R werden die Begriffe Gaußscher Ring (oder ZPE-Ring), Hauptidealring und Euklidischer Ring erläutert.

Wir haben ein Element eines Integritätsbereiches R Primelement genannt, wenn es keine Einheit ist und nur die trivialen Teiler, nämlich die Einheiten und die zu sich selbst assoziierten Elemente besitzt. Aus der Teilbarkeitstheorie in **Z**, die in der elementaren Zahlentheorie betrieben wird, weiß man, daß sich jede ganze Zahl im wesentlichen eindeutig als Produkt von endlich vielen Primzahlen darstellen läßt. Allgemein versteht man unter einer Primzerlegung eines Elementes a eines Integritätsbereiches R eine Darstellung von a als Produkt einer Einheit ϵ und von endlich vielen Primelementen, also $a = \epsilon p_1 \ldots p_r$.

5.2.1. Definition: Ein Integritätsbereich R heißt Ring mit eindeutiger Primzerlegung (oder auch Gaußscher Ring oder ZPE-Ring), wenn jedes Element $a \neq 0$ von R eine Primzerlegung $a = \epsilon p_1 \ldots p_r$ besitzt und je zwei Primzerlegungen bis auf die Reihenfolge und bis auf das Assoziiertsein übereinstimmen.

5.2.2. Definition: Unter einem größten gemeinsamen Teiler (ggT) d der Elemente $a_1, a_2, \ldots, a_n$ eines Integritätsbereiches R versteht man ein $d \in R$ mit den Eigenschaften $d \mid a_i$, $i = 1, 2, \ldots, n$ und aus $t \mid a_i$ für $i = 1, 2, \ldots, n$ folgt stets $t \mid d$.

Unter einem kleinsten gemeinsamen Vielfachen (kgV) v der Elemente $a_1, a_2, \ldots, a_n \in R$ versteht man ein $v \in R$, so daß gilt: $a_i \mid v$ für $i = 1, 2, \ldots, n$ und aus $a_i \mid w$ für $i = 1, 2, \ldots, n$ folgt stets $v \mid w$.

In ZPE-Ringen existiert stets ein ggT und ein kgV von beliebig gegebenen Elementen $a_1, a_2, \ldots, a_n$. Sei nämlich die Primzerlegung von a_i gegeben durch

$$a_i = \epsilon_i p_1^{e_{1i}} p_2^{e_{2i}} \ldots p_r^{e_{ri}} = \epsilon_i \prod_{j=1}^{r} p_j^{e_{ji}}, \quad i = 1, 2, \ldots, n,$$

dann gilt:

$$d = \prod_{j=1}^{r} p_j^{\min(e_{j_1},\ldots,e_{j_n})}, \quad v = \prod_{j=1}^{r} p_j^{\max(e_{j_1},\ldots,e_{j_n})}.$$

Zum Beweis der Tatsache, daß auch der Polynomring R [x] ein ZPE-Ring ist, gehen wir zunächst auf den folgenden Begriff zurück:

Einen Integritätsbereich R bezeichnet man als Hauptidealring, wenn jedes Ideal von R ein Hauptideal ist.

5.2.3. Satz: Ist R ein Hauptidealring und $p \neq 0$ aus R, so ist der Restklassenring R/(p) genau dann ein Körper, wenn p ein Primelement von R ist.

Beweis: Sei 0 das Nullelement und 1 das Einselement von R. Ist p eine Einheit, so ist (p) = R und der einelementige Ring R/(p) ist kein Körper. Ist p keine Einheit und kein Primelement, ist also p = rs, wobei r und s weder Einheiten noch zu p assoziiert sind, so existieren im Restklassenring R/(p) Nullteiler, es ist nämlich $0 + (p) = (r + (p)) \cdot (s + (p))$ mit $(r + (p)), (s + (p)) \neq 0 + (p)$. Im Fall, daß p ein Primelement ist, prüft man nach, daß die von 0 + (p) verschiedenen Restklassen eine Gruppe bilden. Also ist R/(p) ein Körper.

Beispiele:

(1) Von den Restklassenringen **Z**/(n) sind genau diejenigen Körper, für welche n eine Primzahl ist. Diese Körper sind die Restklassenringe $\mathbf{Z}/(p) = \mathbf{Z}_p$.

(2) Der Restklassenring des Polynomrings K [x]/(f (x)) ist genau dann ein Körper, wenn f(x) Primelement, also irreduzibles Polynom von K [x] ist.

5.2.4. Satz: Jeder Hauptidealring R ist ein ZPE-Ring.

Ohne dies zu beweisen sei bemerkt: Jedes Ideal des Integritätsbereiches **Z** der ganzen Zahlen ist bekanntlich ein Hauptideal (n), woraus die eindeutige Primfaktorzerlegung der ganzen Zahlen folgt.

5.2.5. Definition: Ein Integritätsbereich R heißt Euklidischer Ring, wenn man jedem Element $a \neq 0$ von R eine nicht-negative ganze Zahl H (a) so zuordnen kann, daß es zu je zwei Elementen $a \neq 0$ und b aus R Elemente q und r in R gibt, so daß gilt

$$b = aq + r \quad \text{mit } r = 0 \text{ oder } H(r) < H(a) .$$

Beispiele:

(1) **Z** ist ein Euklidischer Ring, wenn man $H(a) = |a|$ setzt.

(2) Der Polynomring K [x] über einem Körper ist ebenfalls ein Euklidischer Ring. Mit H (a (x)) = Grad (a (x)) wird nämlich jedem Polynom $a(x) \neq 0$ eine nicht-negative ganze Zahl zugeordnet. Durch Anwendung des bereits bekannten Divisionsalgorithmus erhält man damit die Gleichung $b(x) = a(x)\,q(x) + r(x)$ mit $r(x) = 0$ oder $H(r(x)) < H(a(x))$. Ohne Beweis formulieren wir den

5.2.6. Satz: Jeder Euklidische Ring ist ein Hauptidealring.

Mit Satz 5.2.4 können wir daraus die Folgerung ziehen, daß jeder Euklidische Ring ein ZPE-Ring ist. Damit sind wir also beim angestrebten Ziel angelangt, die folgenden Aussagen für den Polynomring K [x] machen zu können: Der Polynomring K [x] über einem Körper ist ein Euklidischer Ring, und damit auch Hauptidealring und ZPE-Ring.

Die Einheiten von K [x] sind die von Null verschiedenen Elemente des Körpers K; die Primelemente von K [x] sind die irreduziblen Polynome. Ein Polynom mit Anfangskoeffizienten 1 nennt man normiertes Polynom.

5.2.7. Satz: In einem Polynomring K [x] über dem Körper K läßt sich jedes Polynom $f(x) \neq 0$ darstellen als Produkt eines Elements von K und von positiven Potenzen verschiedener normierter irreduzibler Polynome. Diese Darstellung ist bis auf die Reihenfolge der Faktoren eindeutig.

Ist R Hauptidealring, so kann man den größten gemeinsamen Teiler zu je zwei Elementen aus R aus der Primzerlegung der beiden Elemente berechnen. Die Ermittlung dieser Primzerlegungen ist aber im allgemeinen sehr mühsam. Falls R aber ein Euklidischer Ring ist, dann gibt es ein systematisches Verfahren mit dem der ggT rasch berechnet werden kann, nämlich den sogenannten

5.2.8. Euklidischer Algorithmus zur Bestimmung von ggT (a, b): Für a = b = 0 gilt d = 0, sei also o. B. d. A. $a \neq 0$. Dann gilt

$$\begin{aligned}
b &= a q_1 + a_1 \quad \text{mit } a_1 = 0 \text{ oder } H(a_1) < H(a)\,,\\
a &= a_1 q_2 + a_2 \quad \text{mit } a_2 = 0 \text{ oder } H(a_2) < H(a_1)\\
&\dots \qquad \dots\\
a_{r-3} &= a_{r-2} q_{r-1} + a_{r-1} \quad \text{mit } a_{r-1} = 0 \text{ oder } H(a_{r-1}) < H(a_{r-2})\\
a_{r-2} &= a_{r-1} q_r + a_r \quad \text{mit } a_r = 0.
\end{aligned}$$

Nach endlich vielen Schritten muß also $a_r = 0$ sein, um eine endliche abnehmende Folge nicht-negativer ganzer Zahlen $H(a) > H(a_1) > H(a_2) > \dots$ zu erhalten. a_{r-1} ist der ggT von a und b.

5.2.9. Satz: In jedem Hauptidealring R existiert zu je zwei Elementen a und b ein ggT d. Zu jedem ggT d von a und b gibt es Elemente $x, y \in R$, so daß gilt: $d = ax + by$.

Beweis: Man prüft nach, daß die Menge I aller Elemente der Gestalt $ar + bs \in R$ ein Ideal in R ist. Daher gibt es ein $d \in R$ mit $I = (d)$. Wegen $(\{a, b\}) \subset (d)$ gilt $d \mid a$ und $d \mid b$, und man sieht leicht ein, daß d sogar ggT von a und b ist. Da $d \in (a, b)$, gilt $d = ax + by$. Ist d_1 auch ggT von a und b, so gilt $d \mid d_1$ und $d_1 \mid d$, also $d_1 = d\epsilon$ mit einer Einheit ϵ, so daß $d_1 = d\epsilon = a(x\epsilon) + b(y\epsilon)$.

Den Euklidischen Algorithmus verwendet man insbesondere zur Bestimmung des größten gemeinsamen Teilers von Polynomen.

B e i s p i e l :

In $\mathbf{R}[x]$ sei ggT $(f(x) = x^5 + x^4 + x^3 + x^2 + x + 1,$ $g(x) = x^4 + x^3 + 2x^2 + x + 1) = d(x)$ zu bestimmen und in der Form $d(x) = a(x) f(x) + b(x) g(x)$ darzustellen.

Der Euklidische Algorithmus liefert dann $d(x) = 2(x^2 + x + 1)$ und $d(x) = (x + 1) f(x) + (-x^2 - x + 1) g(x)$.

Die irreduziblen Polynome werden von nun an in unseren Betrachtungen eine große Rolle spielen. Zwar kann die Beantwortung der Frage, ob ein Polynom $f(x) \in K[x]$ über dem Körper K irreduzibel ist oder nicht, schwierig sein. Einige Kriterien erleichtern jedoch dieses Problem sehr.

5.2.10. Satz: Ein Polynom $f(x) \in K[x]$ vom Grad 2 oder 3 ist genau dann über K reduzibel, wenn es eine Nullstelle in K besitzt.

5.2.11. Satz: Ein Polynom $f(x) \in \mathbf{Z}[x]$ zerfällt genau dann in ein Produkt von zwei Polynomen von niedrigerem Grad in $\mathbf{Q}[x]$, wenn es eine solche Faktorisierung mit Polynomen desselben Grades in $\mathbf{Z}[x]$ besitzt.

Als Folgerung davon kann man sofort zeigen, daß gilt:
Hat $f(x) = x^n + a_{n-1}x^{n-1} + \ldots + a_0 \in \mathbf{Z}[x]$, $a_0 \neq 0$, eine Nullstelle in $\mathbf{Q}$, so hat es auch eine Nullstelle in $\mathbf{Z}$, die a_0 teilt.

Denn sei a Nullstelle von f(x) in $\mathbf{Q}$, so besitzt f(x) einen Linearfaktor $x - a$ in $\mathbf{Q}[x]$. Dann hat aber f(x) nach Satz 5.2.11 eine Faktorisierung mit einem Linearfaktor in $\mathbf{Z}[x]$, so daß für eine Zahl $b \in \mathbf{Z}$ gilt: $f(x) = (x - b)(x^{n-1} + \ldots + a_0/b)$.

B e i s p i e l :

$f(x) = x^4 - 2x^2 + 8x + 1 \in \mathbf{Q}[x]$ ist irreduzibel über $\mathbf{Q}$. Hat nämlich f(x) einen Linearfaktor, so besitzt es eine Nullstelle in $\mathbf{Z}$, die ein Teiler von 1, also entweder +1 oder −1 ist. Wegen $f(1) = 8$ und $f(-1) = -8$ ist eine solche Zerlegung unmöglich. Wenn f(x) in zwei quadratische Faktoren in $\mathbf{Q}[x]$ zerfällt, so ergibt der Koeffizientenvergleich bei den Potenzen von x in

$$f(x) = (x^2 + ax + b)(x^2 + cx + d),$$

daß eine solche Zerlegung von f(x) über $\mathbf{Q}$ unmöglich ist.

5.2.12. Satz (Eisenstein): Sei $p \in \mathbf{Z}$ eine Primzahl, $f(x) = a_n x^n + \ldots + a_0 \in \mathbf{Z}[x]$ und $a_n \not\equiv 0 \bmod p$, $a_i \equiv 0 \bmod p$ für $i < n$ und $a_0 \not\equiv 0 \bmod p^2$. Dann ist $f(x)$ irreduzibel über $\mathbf{Q}$.

Beispiel:

Mit $p = 3$ erkennt man sofort, daß $f(x) = 25x^5 - 9x^4 + 3x^2 - 12$ über $\mathbf{Q}$ irreduzibel ist.

In der Theorie der Körpererweiterungen benötigen wir den folgenden

5.2.13. Satz: Sei K ein Körper, so sind im Integritätsbereich $K[x]$ die folgenden drei Bedingungen für ein nichtkonstantes Polynom $f(x)$ äquivalent:

(1) $p(x)$ ist irreduzibel,

(2) $(p(x))$ ist maximal,

(3) $(p(x))$ ist prim.

Beweis: Wir zeigen (1) ⇒ (2) ⇒ (3) ⇒ (1). Sei $p(x)$ irreduzibel und I ein Ideal mit $I \supset (p(x))$ und sei weiters $q(x) \in I$, dann ist $q(x) \in I$ nicht durch $p(x)$ teilbar, also gilt $\text{ggT}(p(x), q(x)) = 1$. Nach Satz 5.2.9 gibt es gewisse Polynome $f(x), g(x) \in K[x]$ so, daß $f(x)p(x) + g(x)q(x) = 1$. Daraus folgt aber $1 \in I$, also ist $I = K[x]$ und $(p(x))$ maximal. Sei $(p(x))$ maximal, dann ist $M = \{q(x) + r(x)a(x) \mid q(x) \in (p(x)), r(x) \in K[x]\}$ mit $a(x)b(x) \in (p(x))$ und $a(x) \notin (p(x))$ ein Ideal von $K[x]$. Da M das maximale Ideal $(p(x))$ umfaßt, gilt $M = K[x]$ und somit gilt wegen $a(x)b(x) \in (p(x))$ auch $b(x) \in (p(x))$ und $(p(x))$ ist Primideal.

Ist $(p(x))$ Primideal und $p(x) = q(x)r(x)$ ein Produkt aus zwei Polynomen von geringerem Grad, dann gilt $q(x)r(x) \in (p(x))$ aber $q(x) \notin (p(x))$, $r(x) \notin (p(x))$. Also muß $p(x)$ irreduzibel sein.

5.3. Körpererweiterungen

Ein Körper L wird Erweiterungskörper eines Körpers K genannt, wenn K ein Unterkörper von L ist. So ist z.B. $\mathbf{R}$ ein

Erweiterungskörper von **Q** und **C** ist ein Erweiterungskörper von **R** und **Q**. Jeder Körper K ist ein Erweiterungskörper seines vom Einselement erzeugten Unterkörpers, der auch Primkörper genannt wird. Ist K von der Charakteristik 0, so ist dieser Körper ein Erweiterungskörper von **Q**, andernfalls ein solcher von $\mathbf{Z}_p$, wenn seine Charakteristik endlich ist.

Der folgende wichtige Satz zeigt, daß jedes nichtkonstante Polynom eine Nullstelle besitzt.

5.3.1. Satz: Sei K ein Körper und $f(x) \in K[x]$ ein nichtkonstantes Polynom. Dann existiert ein Erweiterungskörper L von K, in dem f(x) eine Nullstelle besitzt.

Beweis: Sei p(x) ein irreduzibler Faktor in der Primzerlegung von f(x). Nach Satz 5.2.13 ist dann $K[x]/(p(x))$ ein Körper. Die Abbildung $\psi: K \to K[x]/(p(x))$, $a \mapsto a + (p(x))$, ist ein injektiver Homomorphismus und daher ist $\psi(K)$ ein zu K isomorpher Unterkörper von $K[x]/(p(x))$.

Somit ist $K[x]/(p(x)) = L$ ein Erweiterungskörper von K, wenn man die Elemente von K mit den Elementen von $\{a + (p(x)) | a \in K\}$ identifiziert. Sei $\alpha = x + (p(x)) \in L$. Die Funktion

$$\varphi_\alpha: K[x] \to L\,, \quad f(x) \mapsto f(\alpha)$$

ist ein Homomorphismus. Ist $p(x) = a_0 + a_1 x + \ldots + a_n x^n$, dann gilt:

$$\varphi_\alpha p(x) = p(\alpha) = p(x) + (p(x)) = (p(x)) = 0 \text{ in } L\,.$$

Also ist α Nullstelle von p(x) und damit von f(x) in L.

B e i s p i e l :

Sei $K = \mathbf{R}$ und sei $f(x) = x^2 + 1 \in \mathbf{R}[x]$ ein über **R** irreduzibles Polynom. Also ist $\mathbf{R}[x]/(x^2 + 1)$ ein Körper. Mit $\alpha = x + (x^2 + 1)$ berechnet man in $\mathbf{R}[x]/(x^2 + 1)$ leicht

$$\begin{aligned} \alpha^2 + 1 &= (x + (f(x)))^2 + (1 + (f(x))) = \\ &= x^2 + 1 + (f(x)) = 0\,. \end{aligned}$$

Daher ist α Nullstelle von f(x) in $\mathbf{R}[x]/(x^2 + 1)$.

5.3.2. Definition: Ein Element α eines Erweiterungskörpers L des Körpers K heißt algebraisch über K, wenn $f(\alpha) = 0$ für ein von Null verschiedenes $f(x) \in K[x]$ gilt. Ist α nicht algebraisch über K, so nennt man es transzendent über K.

Beispiele:

$\sqrt{2} \in \mathbf{R}$ ist als Nullstelle von $x^2 - 2$ algebraisch über **Q**. Die reellen Zahlen π und e sind transzendent über **Q**. π ist jedoch z. B. algebraisch über **R**, denn $x - \pi \in R[x]$ hat π als Nullstelle.

5.3.3. Satz: Sei L ein Erweiterungskörper von K und sei $\alpha \in L$, $\alpha \neq 0$, algebraisch über K. Dann existiert ein irreduzibles Polynom $p(x) \in K[x]$, so daß $p(\alpha) = 0$. Dieses Polynom ist bis auf einen konstanten Faktor aus K eindeutig bestimmt und vom Minimalgrad $\geqslant 1$ in $K[x]$. Wenn $f(\alpha) = 0$ für $f(x) \neq 0\, K[x]$, dann teilt $p(x)$ dieses Polynom $f(x)$.

Normiert man das Polynom $p(x)$ durch Multiplikation mit einem Element aus K, dann gilt

5.3.4. Definition: Das durch Satz 5.3.3 eindeutig bestimmte irreduzible Polynom $p(x)$ mit 1 als Koeffizienten der höchsten Potenz, heißt das Minimalpolynom für α über K. Sein Grad wird auch der Grad von α über K genannt.

Beispiele:

$p(x) = x^2 - 2$ ist das Minimalpolynom von $\sqrt{2}$ über **Q**, $\sqrt{2}$ ist algebraisch vom Grad 2 über **Q**.

Nicht ganz so einfach ist es, das Minimalpolynom von $\alpha = 1 + \sqrt{3}$ über **Q** zu finden. α ist Nullstelle von $x^4 - 2x^2 - - 2 \in \mathbf{Q}[x]$. Auf Grund des Satzes 5.2.12 ist dieses Polynom irreduzibel über **Q** und damit ist α algebraisch vom Grad 4 über **Q**.

Sei nun L ein Erweiterungskörper eines Körpers K und $\alpha \in L$. Wir betrachten den Homomorphismus

$$\varphi_\alpha : K[x] \to L, \quad a \mapsto a \quad \text{für } a \in K \text{ und } x \mapsto \alpha\,.$$

1. Fall:

Ist α algebraisch über K, dann ist Kern φ_α gleich dem Minimalpolynom p(x) von α. p(x) ist irreduzibel über K und daher ist K[x]/(p(x)) ein Körper, der isomorph zum Bild φ_α(K[x]) von φ_α in L ist. Dieser Unterkörper φ_α(K[x]) von L ist der kleinste K und α umfassende Unterkörper von L und wird mit K(α) bezeichnet.

2. Fall:

Ist α transzendent über K, so ist Kern $\varphi_\alpha = 0$ und φ_α eine isomorphe Funktion von K[x] in L. In diesem Fall ist φ_α(K[x]) kein Körper, sondern ein Integritätsbereich K[α]. Dieser Integritätsbereich K[α] kann zu einem Körper gemacht werden, der aus Quotienten von Elementen aus K[α] besteht und der kleinste K und α umfassende Unterkörper von L ist. Dieser Körper sei K(α). Ist K unendlich, dann stimmt K(α) mit dem Körper der rationalen Funktionen überein.

5.3.5. Satz: Sei L = K(α) ein Erweiterungskörper von K und sei α algebraisch über K. Ist weiters der Grad des Minimalpolynoms p(x) von α gleich $n \geqslant 1$, dann kann jedes Element von K(α) eindeutig in der Form

$$b_0 + b_1\alpha + \ldots + b_{n-1}\alpha^{n-1}, \quad b_i \in K,$$

dargestellt werden.

Beispiel: Mit Hilfe dieses Satzes kann gezeigt werden, daß $\mathbf{R}[x]/(x^2+1)$ zum Körper **C** isomorph ist. Setzt man nämlich $\alpha = x + (x^2+1) \in \mathbf{R}[x]/(x^2+1)$, dann besteht $\mathbf{R}(\alpha) = $ $= \mathbf{R}[x]/(x^2+1)$ aus allen Elementen der Form $a + b\alpha$ mit $a, b \in \mathbf{R}$. Wegen $\alpha^2 + 1 = 0$ spielt dabei α die Rolle von $i \in \mathbf{C}$. Also gilt: $\mathbf{R}(\alpha) \cong \mathbf{C}$.
Obiger Satz bedeutet, daß K(α) ein n-dimensionaler Vektorraum über K mit der Basis $\{1, \alpha, \ldots, \alpha^{n-1}\}$ ist. Jedes Element $\beta \in K(\alpha)$ ist algebraisch über K und der Grad von β ist kleiner oder gleich dem Grad von α über K.

5.3.6. Definition: Ein Erweiterungskörper L eines Körpers K heißt einfache Erweiterung von K, wenn gilt: $L = K(\alpha)$ für ein $\alpha \in L$. Das Minimalpolynom $p(x)$ von α über K heißt auch definierendes Polynom von $K(\alpha)$ über K.

Eine Erweiterung L eines Körpers K ist eine algebraische Erweiterung von K, wenn jedes Element von L algebraisch über K ist. Sie heißt transzendent, wenn sie nicht algebraisch ist.
Eine Erweiterung L eines Körpers K heißt endliche Erweiterung vom Grad $n = [L : K]$ über K, wenn L ein n-dimensionaler Vektorraum über K ist.

So ist zum Beispiel **C** eine Erweiterung von **R** vom Grad 2 und **C** wird von seinem Unterkörper **R** und dem Element $i = \sqrt{-1}$ erzeugt.

Die Struktur einfacher Erweiterungen ist durch Fall 1 und 2 von oben vollständig beschrieben, die Existenz einfacher Erweiterungen ist dadurch gesichert, daß für einen Körper K und ein über K irreduzibles, normiertes Polynom $p(x)$ der Körper $K[x]/(p(x))$ eine einfache Erweiterung von K ist.

Wir beschäftigen uns nun noch kurz mit dem Begriff des Zerfällungskörpers für ein Polynom $f(x) \in K[x]$. Die Zerfällungskörper sind im nächsten Abschnitt wichtig, da mit ihrer Hilfe die Existenz eines eindeutig bestimmten endlichen Körpers mit p^n Elementen nachgewiesen werden kann, wobei p eine Primzahl und n eine natürliche Zahl ist.

5.3.7. Definition: Ein Erweiterungskörper N eines Körpers K heißt Zerfällungskörper eines Polynoms $f(x) \in K[x]$, wenn $f(x)$ in N in Linearfaktoren zerlegt werden kann, d. h. $f(x) = (x - \alpha_1) \ldots (x - \alpha_n)$, $\alpha_i \in N$ und N durch K und die Elemente $\alpha_1, \ldots, \alpha_n$ erzeugt wird.

Ein Zerfällungskörper N enthält also n mit ihrer Vielfachheit auftretende Nullstellen $\alpha_1, \ldots, \alpha_n$ von $f(x)$ und wird von diesen erzeugt, d. h. $N = K(\alpha_1, \alpha_2, \ldots, \alpha_n)$.

Beispiel:

Für $f(x) = x^2 - 2 \in \mathbf{Q}[x]$ ist $\mathbf{Q}(\sqrt{2})$ Zerfällungskörper. Dieser Körper ist aber auch Zerfällungskörper für das Polynom $x^4 - 2x^3 - 3x^2 - 4x + 2$.

Der nicht ganz leichte Beweis, daß es zu jedem Polynom $f(x) \in K[x]$ vom Grad $n \geqslant 1$ im wesentlichen genau einen Zerfällungskörper gibt, ist umfangreich und entfällt daher. Konstruiert man zu jedem irreduziblen Faktor $p_i(x)$ eines Polynoms $f(x)$ den entsprechenden Erweiterungskörper $K[x]/(p_i(x))$, so kann man zeigen, daß der Zerfällungskörper von $f(x)$ als Erweiterung von K von höchstens dem Grad $n!$ existiert.

Allgemein bekannt ist, daß im Körper $\mathbf{C}$ der komplexen Zahlen die n-ten Einheitswurzeln die komplexen Zahlen $z_k = e^{2\pi ik/n}$ sind. Es sind dies n Ecken eines regulären Polygons im Einheitskreis der komplexen Ebene. Diejenigen z_k mit $(k, n) = 1$ nennt man die primitiven n-ten Einheitswurzeln. Eine Verallgemeinerung dieser Begriffsbildungen stellt dar die

5.3.8. Definition: Es sei P ein beliebiger Primkörper mit dem Einselement 1. Dann versteht man unter den n-ten Einheitswurzeln über P die Nullstellen des Polynoms $x^n - 1 \in P[x]$ und nennt den Zerfällungskörper N_n dieses Polynoms den zugehörigen Kreisteilungskörper.

5.3.9. Satz und Definition: Die n-ten Einheitswurzeln über P bilden eine zyklische Gruppe G der Ordnung n, falls die Charakteristik von P kein Teiler von n ist. Jedes erzeugende Element dieser Gruppe heißt eine primitive n-te Einheitswurzel oder Primitivwurzel über P.

Beweis: Der Nachweis der Gruppenaxiome für die Menge der n-ten Einheitswurzel und der Behauptung für die Ordnung ist leicht zu erbringen. Um zu zeigen, daß diese Gruppe zyklisch ist, wird ein Element der Ordnung n konstruiert. Die Primfaktorzerlegung von n sei $n = \prod_{i=1}^{r} p_i^{e_i}$. Seien $n_i = n/p_i$ und $m_i = n/p_i^{e_i}$, dann enthält G höchstens n_i Elemente, die n_i-te

Einheitswurzeln sind. Wegen $n_i < n$ gibt es also ein a_i mit $a_i^{n_i} \neq 1$. Das damit gebildete Element $b_i = a_i^{m_i}$ hat die Ordnung $p_i^{e_i}$. Denn die Ordnung von b_i ist wegen

$$b_i^{p_i^{e_i}} = a_i^{m_i p_i^{e_i}} = a_i^n = 1$$

ein Teiler von $p_i^{e_i}$. Wäre diese Ordnung aber kleiner als $p_i^{e_i}$, so stünde

$$b_i^{p_i^{e_i-1}} = 1$$

im Widerspruch zu

$$b_i^{p_i^{e_i-1}} = a_i^{m_i p_i^{e_i-1}} = a_i^{n_i} \neq 1 \; .$$

Da in jeder abelschen Gruppe die Ordnung des Produkts von Elementen mit teilerfremden Ordnungen gleich dem Produkt dieser Ordnung ist, ist

$$\xi = b_1 b_2 \ldots b_r \quad \text{ein Element der Ordnung}$$
$$n = p_1^{e_1} p_2^{e_2} \ldots p_r^{e_r} \; .$$

Es sei noch bemerkt, daß es in der Gruppe $\varphi(n)$ primitive n-te Einheitswurzeln gibt, die man alle aus einer durch Potenzierung mit allen Exponenten $k < n$, $(k, n) = 1$, gewinnen kann. Es gibt z. B. $\varphi(12) = 4$ primitive 12-te Einheitswurzeln: z, z^5, z^7, z^{11} über Z_{12}.
Bei der Zerlegung der Polynome $x^n - 1 \in P[x]$ in irreduzible Faktoren sind die sogenannten zyklotomischen Polynome von Bedeutung.

5.3.10. Definition: Seien $z_1, z_2, \ldots, z_{\varphi(n)}$ die $\varphi(n)$ primitiven n-ten Einheitswurzeln über P, dann nennt man das Polynom

$$k_n(x) = (x - z_1)(x - z_2) \ldots (x - z_{\varphi(n)})$$

das n-te zyklotomische Polynom (oder n-te Kreisteilungspolynom).

5.3.11. Satz: In $P[x]$ gilt: $x^n - 1 = \prod_{d|n} k_d(x)$.

Mit Hilfe dieses Satzes kann man z. B. zeigen: Sei p ein Primzahl und $n \in \mathbf{N}$, dann gilt:

$$k_{p^n}(x) = 1 + x^{p^{n-1}} + x^{2p^{n-1}} + \ldots + x^{(p-1)p^{n-1}} .$$

Insbesondere kann man zeigen, daß die Koeffizienten des Kreisteilungspolynoms $k_n(x)$ für $P = \mathbf{Q}$ ganze Zahlen sind und für $P = \mathbf{Z}_p$ die von diesen ganzen Zahlen bestimmten Restklassen mod p. So ist z. B. $x^{12} - 1 = k_{12}(x) \cdot k_6(x) \cdot k_4(x) \cdot k_3(x) \times \times k_2(x) \cdot k_1(x)$, und es gilt $k_{12} = x^4 - x^2 - 1$, $k_6(x) = x^2 - x + 1$, $k_4(x) = x^2 + 1$, $k_3(x) = x^2 + x + 1$, $k_2(x) = x + 1$, $k_1(x) = x - 1$.

Ein wichtiges Ergebnis der klassischen Algebra besagt, daß jedes zyklotomische Polynom über $\mathbf{Q}$ irreduzibel ist. Für Charakteristik $p \neq 0$ von P ist $k_n(x)$ i. a. nicht irreduzibel. Für $p = 11$ ergibt sich z. B. $k_{12}(x) = x^4 - x^2 + 1 = (x^2 + 5x + 1) \times x(x^2 - 5x + 1) \in \mathbf{Z}_{11}[x]$.

Im folgenden Paragraphen wird eine Strukturaussage über Kreisteilungskörper benötigt.

5.3.12. Satz: Der Kreisteilungskörper N_n ist eine einfache Erweiterung seines Primkörpers, $N_n = P(\xi)$, wobei für ξ jede primitive n-te Einheitswurzel gewählt werden kann. Ist die Charakteristik von P gleich 0, dann ist das zyklotomische Polynom $k_n(x)$ definierendes Polynom von N_n über K. Ist die Charakteristik von P eine Primzahl p, dann kann man nur aussagen, daß ein irreduzibler Teiler von $k_n(x)$ definierendes Polynom von N_n über P ist.

So kann man z. B. zur Konstruktion von N_{12} über $\mathbf{Z}_{12}$ gemäß der oben angegebenen Zerlegung von $k_{12}(x)$ sowohl $p(x) = = x^2 + 5x + 1$ als auch $q(x) = x^2 - 5x + 1$ als definierendes Polynom nehmen.

Unter Verwendung einer zahlentheoretischen Funktion, der sogenannten Möbiusschen Funktion $\mu(n)$, kann man für das n-te zyklotomische Polynom $k_n(x)$ eine explizite Darstellung angeben. Die Möbiussche Funktion ist dabei auf $\mathbf{Z}$ definiert durch: $\mu(1) = 1$, $\mu(n) = 0$ für $p^2 | n$ mit irgendeiner Primzahl p, $\mu(n) = (-1)^r$ für $n = p_1, p_2, \ldots, p_r$ und $p_i \neq p_j$. Es gilt:

5.3.13. Satz: $k_n(x) = \prod_{d|n} (x^d - 1)^{\mu(n/d)} = \prod_{d|n} (x^{n/d} - 1)^{\mu(d)}$.

Beispiel:

$$k_{12}(x) = (x^{12} - 1)(x^6 - 1)^{-1}(x^4 - 1)^{-1}(x^3 - 1)^0 \times \\ \times (x^2 - 1)^1 (x^1 - 1)^0 = \\ = \frac{(x^{12} - 1)(x^2 - 1)}{(x^6 - 1)(x^4 - 1)} = x^4 - x^2 + 1 .$$

5.4. Endliche Körper

Wie schon der Name sagt, hat ein endlicher Körper eine endliche Anzahl von Elementen. Solch ein Körper muß daher eine endliche Primzahlcharakteristik p besitzen. Beispiele von speziellen endlichen Körpern haben wir schon kennengelernt, nämlich die Restklassenringe $\mathbf{Z}_p$ der ganzen Zahlen **Z** modulo einer Primzahl p. Mit endlichen Körpern, welche keine Restklassenringe der ganzen Zahlen sind, hat sich erstmals E. Galois beschäftigt. Ihm zu Ehren nennt man deshalb die endlichen Körper auch Galoisfelder.

5.4.1. Satz: Jedes Galoisfeld ist eine endliche Erweiterung eines Primkörpers P von Primzahlcharakteristik p und umgekehrt. Ist n der Grad dieser Erweiterung, so hat das Galoisfeld genau p^n Elemente, und man schreibt dafür abkürzend $GF(p^n)$.

Beweis: Da der Primkörper P der Charakteristik 0 unendlich viele Elemente enthält, kann das Galoisfeld nur von Primzahlcharakteristik sein. Offensichtlich ist das Galoisfeld eine algebraische endliche Erweiterung von P, denn eine transzendente Erweiterung besitzt mit einem transzendenten Element bereits unendlich viele Potenzen. Die Umkehrung gilt, weil die Elemente der endlichen Erweiterung über P vom Grad n darstellbar sind in der Form $a_1 u_1 + \ldots + a_n u_n$, $a_i \in P$, wobei $\{u_1, \ldots, u_n\}$ eine Basis über P sei.

Im folgenden bezeichne P_p den Primkörper der Charakteristik p. Es erhebt sich nun die Frage, ob es auch zu jeder Primzahl p und jedem Exponenten n einen Körper mit $p^n = q$ Elementen gibt und inwieweit die Zahlen p und n die Struktur eines solchen Körpers festlegen. Setzen wir zunächst einmal die Existenz eines Galoisfeldes GF(q) voraus, so enthält GF(q) genau $q - 1$ von 0 verschiedene Elemente. Daher hat die multiplikative Gruppe von GF(q) die Ordnung $q - 1$ und nach dem Satz von Lagrange genügen alle Elemente $a \neq 0$ von GF(q) der Gleichung

$$a^{q-1} = 1 .$$

Das Polynom $x^{q-1} - 1 \in P_p[x]$ zerfällt also in GF(q)[x] vollständig in Linearfaktoren und GF(q) ist der Zerfällungskörper von $x^q - x$. Ist N_{q-1} der Kreisteilungskörper von $x^{q-1} - 1$ über P_p, so ist der endliche Körper GF(q) gleich N_{q-1}. Die Existenz von N_{q-1} ist als Zerfällungskörper – wie wir ohne Beweis bemerkten – gesichert. Daß N_{q-1} ein endlicher Körper mit q Elementen ist, sieht man so ein: Die aus den $(q - 1)$-ten Einheitswurzeln und dem Nullelement 0 bestehende Teilmenge von N_{q-1} enthält wegen $p \nmid q - 1$ genau q Elemente, nämlich die Nullstellen von $x(x^{q-1} - 1) = x^q - x \in P_p[x]$. Diese Teilmenge ist sogar ein Unterkörper, denn mit a und b sind auch $a - b$ und ab^{-1}, für $b \neq 0$, Nullstellen dieses Polynoms:

$$(a - b)^q = a^q - b^q = a - b ,$$
$$(ab^{-1})^q = a^q(b^q)^{-1} = ab^{-1} .$$

Dieser Unterkörper ist bereits Zerfällungskörper von $x^{q-1} - 1$ und stimmt daher mit N_{q-1} überein. Zusammenfassend gilt daher:

5.4.2. Satz: Zu jeder Primzahl p und jedem natürlichen Exponenten n gibt es einen und bis auf Isomorphie nur einen endlichen Körper GF(q) mit $q = p^n$ Elementen, nämlich den Kreisteilungskörper N_{q-1} über P_p.

5.4.3. Satz: (1) GF(q) ist der Zerfällungskörper von $x^q - x$ über P_p.

(2) Jedes Element von GF(q) genügt der Polynomgleichung $x^q - x = 0$ mit $q = p^n$, und es gilt: $x^q - x = \prod_{a_i \in GF(q)} (x - a_i)$.

(3) In jedem endlichen Körper GF(q) ist die multiplikative Gruppe aller von Null verschiedenen Elemente zyklisch.

(4) Zu jeder Primzahl p und jeder natürlichen Zahl n gibt es ein irreduzibles Polynom $p(x) \in P_p[x]$ vom Grad n.

Betrachten wir die zyklische Gruppe der von Null verschiedener Elemente GF(q), $q = p^n$. Ist $\varphi(q-1)$ die Eulersche φ-Funktion, die die Anzahl der positiven ganzen Zahlen $k < q - 1$ mit $(k, q-1) = 1$ angibt, dann hat die Gleichung $x^{q-1} - 1 = 0$ genau $\varphi(q-1)$ Primitivwurzeln in GF(q), die alle voneinander verschieden sind. Jede von ihnen erzeugt GF(q) über P_p. Eine Möglichkeit für die Konstruktion eines Galoisfeldes besteht also darin, eine Primitivwurzel zu bestimmen. Ein anderes Konstruktionsverfahren ist folgendes:

Da der endliche Körper GF(q), $q = p^n$, ein Vektorraum über seinem Primkörper $P_p \cong GF(p) = \mathbf{Z}_p$ ist, kann GF(q) dadurch konstruiert werden, daß man eine Basis $u_1, u_2, \ldots, u_n$ von GF(q) über GF(p) zusammen mit einer Multiplikationstafel

$$u_i u_j = \sum_{k=1}^{n} a_{ij}^{(k)} u_k \qquad i, j = 1, 2, \ldots, n, \; a_{ij}^{(k)} \in GF(p)$$

angibt. Als Basis wählt man dazu eine sogenannte Polynombasis, die aus den Potenzen $u_i = \alpha^{i-1}$, $i = 1, 2, \ldots, n$, eines Elementes $\alpha \in GF(q)$ besteht, das Nullstelle eines normierten irreduziblen Polynoms $f(x) \in GF(p)[x]$ vom Grad n ist. Die Gleichung $f(\alpha) = 0$ übernimmt dann die Rolle der Multiplikationstafel für die Basiselemente. Wir wissen, daß jedes Galoisfeld eine endliche Körpererweiterung seines Primkörpers ist. Für die Konstruktion von GF(q), $q = p^n$, gilt daher:

5.4.4. Satz: Jeder endliche Körper GF(q) ist zu $GF(p)[x]/(f(x))$ isomorph, wobei f(x) ein passendes, über GF(p) irreduzibles normiertes Polynom vom Grad n ist.

Um allgemein GF(q^m), $q = p^n$, explizit zu erhalten, bestimmt man ein über GF(q) irreduzibles normiertes Polynom f(x) vom Grad m und bildet den Restklassenring GF(q)[x]/(f(x)) $\cong$ $\cong$ GF(q^m).

B e i s p i e l e :

Konstruieren wir GF(3^2) zunächst als endlichen Erweiterungskörper des Primkörpers $\mathbf{Z}_3$ vom Grad 2. Ein geeignetes irreduzibles Polynom ist $f(x) = x^2 - 2 = x^2 + 1 \in \mathbf{Z}_3[x]$. Bezeichnen wir mit $\alpha = \sqrt{2}$ eine der Nullstellen von f(x), so erhalten wir die Elemente von GF(3^2) nach Satz 5.3.5 in der Form: $a + b\alpha,\ a, b \in \mathbf{Z}_3$.

Geht man dagegen davon aus, daß GF$(3^2) = N_8$, so hat man nach Satz 5.3.12 zunächst $k_8(x)$ in irreduzible Faktoren zu zerlegen:

$$k_8(x) = x^4 + 1 = (x^2 + x - 1)(x^2 - x - 1) \in \mathbf{Z}_3[x]\,.$$

Eine Nullstelle von $x^2 + x - 1$, also eine primitive 8te Einheitswurzel über $\mathbf{Z}_3$ ist $\alpha = 1 + \sqrt{2}$. Alle von 0 verschiedenen Elemente von GF(3^2) gewinnt man als Potenzen von α. Es sind dies

$$\alpha = 1 + \sqrt{2},\quad \alpha^2 = 2\sqrt{2},\quad \alpha^3 = 1 + 2\sqrt{2},\quad \alpha^4 = 2\,.$$
$$\alpha^5 = 2 + 2\sqrt{2}, \alpha^6 = \sqrt{2},\quad \alpha^7 = 2 + \sqrt{2},\quad \alpha^8 = 1\,.$$

Man hätte die Elemente von GF(3^2) auch mit Hilfe des Polynoms $x^2 - x - 1$ bestimmen können, denn es gilt:

$$\mathrm{GF}(3^2) \cong \mathbf{Z}_3[x]/(x^2 + x - 1) \cong \mathbf{Z}_3[x]/(x^2 - x - 1)\,.$$

Einen vollständigen Überblick über die Unterkörper eines endlichen Körpers gibt uns der folgende Satz, dessen Beweis dem Leser überlassen sei.

5.4.5. Satz: Zu jedem Teiler m von n gibt es genau einen Unterkörper von GF(p^n), nämlich GF(p^m).

Einige wichtige Resultate der elementaren Zahlentheorie ergeben sich besonders einfach aus der Theorie der endlichen Körper.

5.4.6. Satz: (1) $a^p \equiv a \bmod p$ (Fermat) ,
(2) $(p-1)! \equiv -1 \bmod p$ (Wilson) ,
(3) $1 + 2 + \ldots + p \equiv 0 \bmod p$.

Der Satz von Fermat ist ein Spezialfall der folgenden, für beliebiges Galoisfeld GF(q), $q = p^n$, richtigen Aussage: $a^q = a$, $a \in GF(q)$.

Der Satz von Wilson folgt daraus, daß in GF(q) das Produkt der Nullstellen des Polynoms $x^{q-1} - 1$ gleich dem Absolutglied -1 sein muß.

Die letzte Aussage ergibt sich auf Grund der Tatsache, daß der zweithöchste Koeffizient von $x^q - x$ als Summe der Elemente von GF(q) gleich 0 ist.

Ohne Beweis stellen wir einige Eigenschaften für irreduzible Polynome zusammen.

5.4.7. Satz: (1) Die Zahl der über GF(q) irreduziblen normierten Polynome vom Grad k ist gleich

$$\frac{1}{k} \sum_{d|k} \mu(d)\, q^{k/d} ,$$

wobei μ die Möbiussche μ-Funktion ist.

(2) Jedes irreduzible Polynom vom Grad k über GF(q) ist ein Teiler von $x^{q^m} - x$, wenn m irgendein Vielfaches von k ist.

(3) $x^{q^m} - x = \Pi\, f_i(x)$, wobei der Produktindex i sämtliche irreduziblen normierten Polynome durchläuft, deren Grad ein Teiler von m ist.

Zum Abschluß dieses Abschnittes wird ein Algorithmus skizziert, wie man die Zerlegung eines Polynoms in ein Produkt von irreduziblen Polynomen ermitteln kann. Um ein Polynom f(x) vom Grad n über GF(q) in irreduzible Faktoren zu zerlegen, berechnet man zunächst eine n x n Matrix $A = (a_{ij})$, $a_{ij} \in GF(q)$, deren i-te Zeile gegeben ist durch die Koeffizienten $a_{i1}, \ldots, a_{in}$, wobei gilt

$$x^{q(i-1)} \equiv \sum_{j=0}^{n-1} a_{i+1\,j+1}\, x^j \bmod f(x), \quad i = 1, \ldots, n .$$

Sei E die n x n Einheitsmatrix, dann ist der Null-Raum der Matrix A – E zu berechnen. Seine Dimension r, ($1 \leqslant r \leqslant n$), stimmt mit der Anzahl der verschiedenen irreduziblen Faktoren in der Zerlegung von f(x) über GF(q) überein. Diese r irreduziblen Faktoren bestimmt man dadurch, daß man nacheinander die ggT von f(x) und $g_s(x) - \alpha$, $s = 1, 2, \ldots, r-1$, ermittelt. Dabei durchläuft α alle Elemente von GF(q) und die Koeffizienten der Polynome $g_s(x)$ sind dadurch gegeben, daß man aus jeder Menge von r Basisvektoren des Null-Raumes von A – E genau r – 1 Vektoren als Koeffizientenvektoren für die Polynome $g_s(x)$ so auswählt, daß keines der Polynome $g_s(x)$ ein konstantes Polynom ist. Die Faktorzerlegung von f(x) hat dann folgende Gestalt:

$$\prod_{s=1}^{r-1} \prod_{\alpha \in GF(q)} \mathrm{ggT}(f(x), g_s(x) - \alpha) .$$

5.5. Codierungstheorie

Eines der wichtigsten Probleme der Nachrichtenübertragung, nämlich das der Codierung und Decodierung von Information für eine zuverlässige Übertragung über einen Kanal, der Störungen unterworfen ist, gewinnt heutzutage immer mehr an Bedeutung. Zumeist hat man eine Nachricht zu übertragen, die aus einer endlichen Folge von Zeichen aus einem endlichen Alphabet besteht. Dieses Alphabet kann einfach aus 0 und 1 bestehen, so daß die Nachricht in Form einer Binärzahl dargestellt werden kann. Es kann aber auch aus den Buchstaben des lateinischen Alphabets oder aus Zahlen bestehen, die Meßergebnisse von einem Raumfahrzeug darstellen (sogenannte telemetrische Systeme). Beispiele für derartige Informationsübertragungen sind die menschliche Sprache, Telefon, Magnetbänder oder digitale Information mittels Computer. Datenübertragung ist also die Übertragung von Zeichen aus einem endlichen Alphabet über irgendeinen Übertragungskanal, sei es eine drahtlose oder Drahtverbindung. In der Praxis gibt es nun keinen derartigen Kanal ohne Störungen (ohne „Rauschen"), in dem jedes Bit an Information unverändert bleibt, sondern es werden durch die auftretenden Störungen im Übertragungskanal Fehler an den zu übertragenden Zeichen auftreten.

B e i s p i e l :

Das einfachste realistische Modell für einen Übertragungskanal ist der sog. symmetrische Binärkanal für ein binäres Alphabet $\{0, 1\}$. Die Wahrscheinlichkeit, daß ein gegebenes binäres Signal korrekt empfangen wird, sei p, die Wahrscheinlichkeit für einen falschen Empfang sei $q = 1 - p$. Es wird angenommen, daß die Übertragungsfehler bei aufeinanderfolgenden Signalen unabhängig auftreten. Die Übertragungswahrscheinlichkeiten für diesen Kanal sind dann vom folgenden Bild zu ersehen:

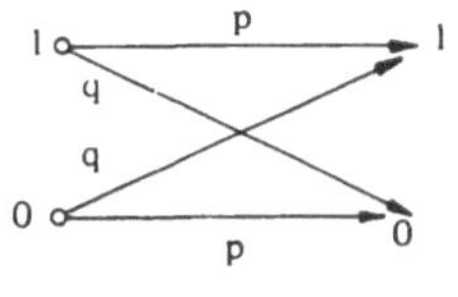

Die Wahrscheinlichkeit, daß bei der Übertragung von n Stellen über einen symmetrischen Binärkanal genau k Fehler auftreten, ist genau

$$p_k = \binom{n}{k} p^{n-k} q^k .$$

Eine Hauptaufgabe der Codierungstheorie ist es, die bei der Datenübertragung durch Störungen des Übertragungskanals auftretenden Fehler extrem unwahrscheinlich zu machen. Dazu sind wirkungsvolle Methoden entwickelt worden, um die Zuverlässigkeit von Übertragungen durch algebraische Codes verschiedener Arten zu verbessern. Eine Grundidee der Codierungstheorie ist, zusammen mit der Nachricht redundante Information zu übertragen, d. h. die Folge der zu übertragenden Zeichen auf eine längere Folge aus denselben Zeichen durch ein Codierungsschema abzubilden. Durch Inspektion dieser Zusatzinformation in den hinzugefügten Zeichen kann der Empfänger Fehler entdecken und gegebenenfalls auch korrigieren. Die empfangene, durch Zusatzzeichen verlängerte Nachricht wird dann mit Hilfe eines Decodierungsschemas auf eine Folge der ursprünglichen Länge abgebildet. Im folgenden sei das zugrunde liegende Codealphabet stets das Galoisfeld GF(q), wobei $q = p^e$ eine Primzahlpotenz ist.

Ein (n, m)-Code besteht dann aus einer Codierung f: $GF(q)^m \to$ $\to GF(q)^n$ und einer Decodierung g: $GF(q)^n \to GF(q)^m$, wobei $GF(q)^n$ bzw. $GF(q)^m$ die Menge aller n-Tupel bzw. m-Tupel über GF(q) sind. Ist darüber hinaus noch eine Fehlerfunktion h des Kanals gegeben, die dessen Störungen charakterisiert, so hat man zum Ziel, die Funktion $g \circ h \circ f$ möglichst zur Identitätsfunktion zu machen. Das mathematische Modell eines solchen Übertragungssystems ist von der Form:

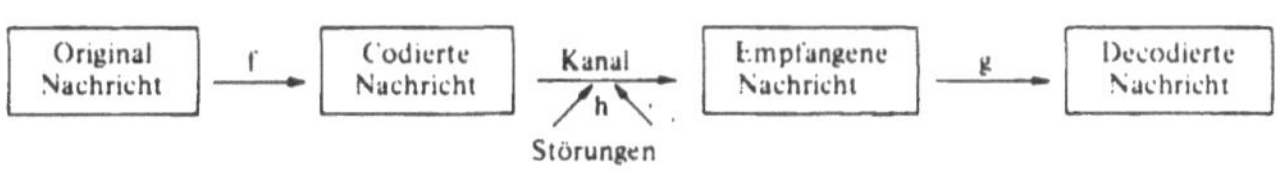

Im allgemeinen werden Codes in fehlerkorrigierende Codes und fehlerentdeckende Codes unterteilt. Fehlerkorrigierende Codes korrigieren die während der Übertragung aufgetretenen Fehler, bei fehlerentdeckenden Codes beschränkt man sich auf die Feststellung von aufgetretenen Fehlern.

B e i s p i e l e :

Ein fehlerentdeckender Code ist die bekannte Quersummenprüfung (parity-check-code). Hat man die zu übermittelnde Nachricht auf Binärform codiert, so fügt man ein Bit an Information (0 oder 1) hinzu, so daß die (mod 2)-Summe der Bits gleich 0 ist. Z. B. wird 01101 in 011011 codiert. Die Redundanz beträgt also 1 Bit. Wird im Kanal in der codierten Nachricht ein Fehler an einer Stelle eingeführt, so weiß dies der Empfänger, da dann die Quersumme ungerade ist. Wenn also die Quersumme der empfangenen Nachricht ungerade ist, so muß bei der Übertragung ein Fehler aufgetreten sein. Ist die Quersumme gerade, so kann man allerdings nicht daraus schließen, daß die Nachricht korrekt übertragen worden ist.

Ein besonders einfaches Beispiel eines fehlerkorrigierenden Codes ist das folgende. Die Codierung einer im symmetrischen Binärkanal als Folge von m Binärstellen gegebenen Nachricht bestehe in einer dreifachen Wiederholung des Nachrichtenwortes, d. h. $f: GF(2)^m \to GF(2)^{3m}$. Eine beliebige Nachricht wird also codiert, indem man sie in Blöcke von m Stellen unterteilt und jeden dieser Blöcke dreimal überträgt. Die empfangene, gestörte Nachricht wird dann dadurch decodiert, daß man sie in Blöcke von 3 m Stellen unterteilt und der i-ten Stelle entweder 0 oder 1 zuordnet, je nachdem welcher Wert an dieser Stelle wenigstens zweimal vorkommt. Die Decodierung erfolgt also auf Grund einer „Mehrheitsentscheidung" zwischen jeweils 3 einander entsprechenden Stellen eines 3m-stelligen Blocks. Es ist zu bemerken, daß dieser Code einen einzelnen Fehler in einem Nachrichtenwort korrigiert.

Es wird nun die allgemeine Definition eines sogenannten Block-Codes über dem Codealphabet GF (q) gegeben. Im folgenden werden Block-Codes einfach als Codes bezeichnet.

5.5.1. Definition: Sei $GF(q)^n$ der n-dimensionale Vektorraum über GF (q) und sei $C \subset GF(q)^n$, $n \in \mathbb{N}$. Dann heißt C Block-Code (kurz: Code) der Blocklänge n über dem Alphabet GF (q). Jedes Element von C heißt Codewort der Länge n. $|C|$ bedeute die Anzahl der Codewörter von C.

5.5.2. Definition: Sei $C = \{w_1, \ldots, w_{|C|}\}$ ein Code der Blocklänge n über dem Alphabet GF (q). Dann heißt die Menge

$$D = \{W_i \subset GF(q)^n \mid W_i \neq \emptyset,\ 1 \leqslant i \leqslant |C|,\\ W_i \cap W_j = \emptyset \text{ für } i \neq j\}$$

Decodierungsschema zum Code C. D nennt man vollständig, wenn gilt:

$$D_a = GF(q)^n \setminus \bigcup_{W_i \in D} W_i = \emptyset .$$

$v \in GF(q)^n$ heißt nicht decodierbar, wenn $v \in D_a$.

B e i s p i e l :

$q = 2$, $n = 3$; $C = \{000, 111\}$. $D = \{W_1, W_2\}$ mit
$W_1 = \{000, 001, 010, 100\}$, $W_2 = \{111, 110, 101, 011\}$.
D ist vollständig.

Ein grundlegender Begriff der Codierungstheorie ist der Abstand oder die Distanz zwischen zwei Codewörtern.

5.5.3. Definition: Die Funktion $g : \bigcup_{n=1}^{\infty} GF(q)^n \to \mathbf{N}$,

$g((a_n, \ldots, a_1)) = \sum_{i=1}^{n} \rho(a_i)$, wobei für $a \in GF(q)$ gilt:

$\rho(a) = 0$ für $a = 0$ und $\rho(a) = 1$ für $a \neq 0$, heißt Hamminggewicht. $d(v, w) := g(v - w)$, $v, w \in GF(q)^n$, nennt man Hammingabstand von v und w.

$g(v)$ ist damit genau die Anzahl der von 0 verschiedenen Komponenten von v und $d(v, w)$ ist genau die Anzahl der Komponenten, in denen sich v und w unterscheiden.

5.5.4. Definition: Sei $C \subset GF(q)^n$ ein Code. Dann heißt $d_{min}(C) = \text{Min}\{d(v, w) \mid v, w \in C, v \neq w\}$ Minimalabstand von C.

5.5.5. Definition: Wird ein Wort w des Codes $C \subset GF(q)^n$ eingegeben und $v \in GF(q)^n$ empfangen, dann heißt $e = v - w$ Fehler oder Fehlerwort zum Codewort w.

Sei $C = \{w^{(1)}, \ldots, w^{(m)}\} \subset GF(q)^n$ ein Code,
$D = \{W_i \mid i = 1, 2, \ldots, m\}$ ein Decodierungsschema für C und

$D_a = GF(q)^n \setminus \bigcup_{i=1}^{n} W_i$.

5.5.6. Definition: D korrigiert den Fehler $e \in GF(q)^n$, wenn gilt: $w^{(i)} + e \in W_i$ für alle $w^{(i)} \in C$.

D erkennt den Fehler $e \in GF(q)^n$, wenn gilt: $w^{(i)} + e \in D_a$ für alle $w^{(i)} \in C$.

Ein Fehler e ist korrigierbar (bzw. erkennbar) mit C, wenn es ein Decodierungsschema D für C gibt, das e korrigiert (bzw. erkennt).

5.5.7. Definition: Sei $C \subset GF(q)^n$ ein Code. Seien $F_1, F_2 \subset \subset GF(q)^n$, $F_1 \cap F_2 = \emptyset$, Mengen von Fehlern. Man sagt, daß das Decodierungsschema D für C alle Fehler aus F_1 korrigiert und alle Fehler aus F_2 gleichzeitig erkennt, wenn für alle Codewörter $w^{(i)} \in C$ gilt:

$$e \in F_1 \Rightarrow (w^{(i)} + e) \in W_i \, ,$$
$$e \in F_2 \Rightarrow (w^{(i)} + e) \in D_a \, .$$

C kann alle Fehler aus F_1 korrigieren und gleichzeitig alle Fehler aus F_2 erkennen, wenn ein solches D existiert.

Der Minimalabstand eines Codes C stellt ein Hilfsmittel dar, um auf die Möglichkeiten zur Fehlererkennung und -korrektur schließen zu können. Seien $s, r \in \mathbf{N}$, dann zeigt man den

5.5.8. Satz: Sei $d_{min}(C)$ der Minimalabstand von C. Dann gilt:

(1) Ein Decodierungsschema D von C mit $w^{(i)} \in W_i$ für alle $w^{(i)} \in C$, das alle Fehler e mit $0 < g(e) \leqslant r$ erkennt, existiert genau dann, wenn $r < d_{min}(C)$.

(2) C kann genau dann alle Fehler e mit $g(e) \leqslant s$ korrigieren, wenn $s \leqslant (d_{min}(C) - 1)/2$.

(3) Sei $s < r$, dann kann C genau dann alle Fehler $e^{(1)}$ mit $g(e^{(1)}) \leqslant s$ korrigieren und gleichzeitig alle Fehler $e^{(2)}$ mit $s < g(e^{(2)}) \leqslant r$ erkennen, wenn $s + r < d_{min}(C)$.

Der Minimalabstand liefert somit ein Maß für die Güte eines Codes. Als eine Klasse von Codes mit einfach implementierbaren Codierungs- und Decodierungsalgorithmen werden im nächsten Paragraphen die Linearcodes eingeführt.

5.6. Lineare Codes

An algebraischen Hilfsmitteln werden in diesem Paragraphen nur einige einfache Eigenschaften von endlichen Körpern GF (q), $q = p^e$, und ein paar Begriffe aus der Theorie endlich dimensionaler Vektorräume benötigt.

5.6.1. Definition: Ein Code $C \subset GF(q)^n$ heißt Linearcode über GF (q), wenn C ein Teilraum des Vektorraumes $GF(q)^n$ ist. Die Dimension k von C nennt man Dimension des Linearcodes C und C heißt dann auch (n, k)-Linearcode.

Die Ordnung eines jeden (n, k)-Linearcodes C ist also gleich q^k. Man kann diese Codierung auch als Funktion $C : GF(q)^k \to$ $\to GF(q)^n$ auffassen, die einem k-stelligen Nachrichtenwort ein n-stelliges Codewort zuordnet.

5.6.2. Definition: Ein Code $C \subset GF(q)^n$ heißt Gruppencode, wenn die Codewörter eine additive Gruppe bilden.

Ein allgemeiner Gruppencode ist also eine Untergruppe des direkten Produkts von n Exemplaren der additiven abelschen Gruppe GF (q). Damit sind natürlich auch alle Linearcodes Gruppencodes. Ein großer Vorteil der Linearcodes im Vergleich zu anderen Codes liegt in folgender Eigenschaft, die sofort aus der Gruppeneigenschaft von C folgt.

5.6.3. Satz: In einem Linearcode $C \subset GF(q)^n$ stimmt der Minimalabstand $d_{min}(C)$ des Codes mit dem kleinsten Gewicht aller von Null verschiedenen Codewörter überein.

5.6.4. Definition: Sei $C \subset GF(q)^n$ ein (n, k)-Linearcode und $\{g^{(1)}, \ldots, g^{(k)}\}$ eine Basis von C als Vektorraum. Dann bezeichnet man die Matrix

$$G := \begin{bmatrix} g^{(k)} \\ \vdots \\ g^{(1)} \end{bmatrix}$$

als Basismatrix (engl.: generator matrix) von C.

G ist eine $(k \times n)$-Matrix vom Rang k. C ist durch die Basismatrix in dem Sinn eindeutig bestimmt, daß sich jedes Codewort $w \in C$ eindeutig als Linearkombination aus Zeilenvektoren von G darstellen läßt. Sind etwa k Informationssymbole in Form von $a = (a_k, \ldots, a_1) \in GF(q)^k$ gegeben, also eine k-stellige Nachricht, so beschreibt $C: a \mapsto w \in GF(q)^n$ mit $w = a \cdot G = \sum_{i=1}^{k} a_i g^{(i)}$ eine lineare Codierung. Auf diese Weise wird durch jede Basismatrix G eine lineare Codierung definiert und umgekehrt.

B e i s p i e l :

$$G = \begin{pmatrix} 1 & 0 & 0 & 1 & 1 & 0 \\ 0 & 1 & 0 & 0 & 1 & 1 \\ 0 & 0 & 1 & 1 & 1 & 1 \end{pmatrix}$$

ist eine Basismatrix für einen (6, 3)-Linearcode über GF (2). Danach kann der gesamte Linearcode, der durch G definiert wird, auch durch die folgende Liste beschrieben werden:

$$\begin{aligned} 000 &\mapsto 000000 \\ 100 &\mapsto 100110 \\ 010 &\mapsto 010011 \\ 110 &\mapsto 110101 \\ 001 &\mapsto 001111 \\ 101 &\mapsto 101001 \\ 011 &\mapsto 011100 \\ 111 &\mapsto 111010\,. \end{aligned}$$

5.6.5. Definition: Sei C ein Linearcode. Der Unterraum $C^d = \{v \in GF(q)^n \mid v \cdot w = 0 \text{ für alle } w \in C\}$ heißt dualer Code von C. Eine Basismatrix

$$H = \begin{bmatrix} h^{(n-k)} \\ \vdots \\ h^{(1)} \end{bmatrix}$$

heißt Kontrollmatrix (engl.: parity check matrix) von C.

Bedeutet H' die transponierte Matrix H, so gilt:

$$GH' = 0, \quad HG' = 0 .$$

Unter Verwendung des Begriffes Orthogonalraum C^d von einem Vektorraum C kann man leicht entscheiden, ob $v \in GF(q)^n$ ein Codewort ist oder nicht. Für den Vektorraum C gilt, daß $\dim C + \dim C^d = \dim GF(q)^n = n$ und $(C^d)^d = C$. Das Produkt $v \cdot w$ ist im folgenden als das Vektorprodukt von Vektoren zu verstehen.

Aus einem bekannten Satz der Matrizenalgebra folgt sofort der

5.6.6. Satz: v ist genau dann ein Codewort von C, wenn gilt: $vH' = 0$.

Beispiel:

Sei n = 6 und sei C definiert durch die Kontrollmatrix $H = [1\ 1\ 1\ 1\ 1\ 1]$, dann ist

$$G = \begin{bmatrix} 1\,0\,0 & 0\,0 & -1 \\ 0\,1\,0 & 0\,0 & -1 \\ 0\,0\,1 & 0\,0 & -1 \\ 0\,0\,0 & 1\,0 & -1 \\ 0\,0\,0 & 0\,1 & -1 \end{bmatrix}$$

eine Basismatrix von C. C ist ein (6, 5)-Linearcode. Ein Vektor $a = (a_5, \ldots, a_1) \in GF(q)^5$ wird zu $w = aG = (w_6, \ldots, w_1)$ mit $w_2 = a_1$, $w_3 = a_2$, $w_4 = a_3$, $w_5 = a_4$, $w_6 = a_5$ und $w_1 = -a_1 - a_2 \ldots - a_5$ codiert. Für GF (q) = GF (2) handelt es sich dabei um den Quersummencode (parity-check-code). Der Dualcode C^d von C habe H als Basis – und G als Kontrollmatrix. Dann enthält C^d genau alle Vielfachen des Vektors $w = (1, 1, 1, 1, 1, 1)$. C^d ist der Wiederholungscode (den wir für 3fache Wiederholung schon im Abschnitt 5.5 kennengelernt haben). Sein Minimalgewicht ist $d_{min}(C) = 6$, so daß nach Satz 5.5.8 alle Fehler mit $g(e) \leqslant 5$ erkannt oder mit $g(e) \leqslant 2$ korrigiert werden können.

Wir sind in erster Linie an einer möglichen Fehlerkorrektur interessiert und da diese Eigenschaften ungeändert bleiben, wenn man in allen Codewörtern z. B. zwei Symbole vertauscht, nennt man zwei Codes äquivalent, wenn man den einen aus dem anderen Code dadurch gewinnen kann, daß man eine feste Permutation auf die Codewörter eines Codes ausübt. Dadurch existiert zu jedem Code ein äquivalenter Code, dessen Basismatrix von der Form $G = (E^{(k)}, A)$ ist, wobei $E^{(k)}$ die $k \times k$-Einheitsmatrix und A eine $k \times (n - k)$-Matrix ist. Es wird im folgenden ein Decodierungsschema angegeben, das jedes empfangene Wort v zu einem Codewort $w \in C$ decodiert, so daß $d(v, w) = \text{Min}\,\{d(v, w') \mid w' \in C\}$ gilt. Dazu benötigen wir die

5.6.7. Definition: Sei C ein (n, k)-Linearcode über GF (q) mit der Kontrollmatrix H, dann nennt man die Funktion S_H: $GF(q)^n \to GF(q)^{n-k}$, $v \mapsto vH'$, Syndrom von v bezüglich H.

Offensichtlich ist S_H eine lineare Abbildung, für die gilt:

$$S_H(v) = 0 \Leftrightarrow v \in C\ .$$

Bestimmt man nun den Faktorraum $GF(q)^n/C$, dann gilt für je zwei Klassen:

$$[v^{(1)}] = [v^{(2)}] \Leftrightarrow v^{(1)} - v^{(2)} \in C\ .$$

Weiters gilt:

$$\begin{aligned} S_H(v^{(1)}) = S_H(v^{(2)}) &\Leftrightarrow v^{(1)}H' = v^{(2)}H' \\ &\Leftrightarrow (v^{(1)} - v^{(2)})H' = 0 \\ &\Leftrightarrow v^{(1)} - v^{(2)} \in C \Leftrightarrow [v^{(1)}] = [v^{(2)}]\ , \end{aligned}$$

so daß die Restklassen durch ihre Syndrome definiert werden können.

Sei $w \in C$, $v \in GF(q)^n$, $e = v - w$, dann gilt

$$S_H(v) = S_H(w + e) = S_H(w) + S_H(e)\ ,$$

woraus sofort $S_H(v) = S_H(e)$ folgt, d.h. v und e liegen in derselben Restklasse von $GF(q)^n/C$. Es ist aber nicht der Fehler e, sondern nur das Codewort v und damit [v] bekannt. Wir suchen einen Vektor $e \in [v]$, so daß g(e) minimal wird. Man kann zeigen, daß in jeder Restklasse $\neq [0]$ höchstens ein Vektor e existiert, der als Fehlervektor korrigiert werden kann. Daraus und aus Satz 5.5.8 folgt, daß ein Linearcode C genau dann alle Fehler e mit $g(e) \leqslant r$ korrigieren kann, wenn alle Vektoren v mit $g(v) \leqslant r$ in verschiedenen Restklassen von $GF(q)^n/C$ liegen. Da für jeden (n, k)-Linearcode C die Ordnung von $GF(q)^n/C$ gleich q^{n-k} ist, kann C höchstens q^{n-k} Fehler korrigieren. Durch den im folgenden beschriebenen Algorithmus können jedoch genau q^{n-k} Fehler korrigiert werden.

Dazu zeichnen wir zunächst in jeder Restklasse von $GF(q)^n/C$ ein Element aus, das wir den Restklassenführer der Klasse nennen. Definieren wir die injektive Funktion $R: GF(q)^{n-k} \to$ $\to GF(q)^n$ dadurch, daß $S_H(R(s)) = s$ gilt, so liegt also R(s) in der durch s definierten Restklasse. R(s) heißt Restklassenführer der Klasse [s]. Weiters sei R(s) so definiert, daß sein Hamminggewicht in der Restklasse minimal ist, d.h.

$$g(R(s)) = \mathrm{Min}\,\{g(v) \mid S_H(v) = s\}\,.$$

Unter diesen Voraussetzungen liefert dann das Decodierungsschema

$$D(C) = \{W_i \mid w^{(i)} \in C\}$$

mit

$$W_i = \{w^{(i)} + R(s) \mid s \in GF(q)^{n-k}\}$$

die geforderte Decodierung.

5.6.8. Satz (Decodierungsalgorithmus): Wird $v \in GF(q)^n$ empfangen, dann berechne man $s = S_H(v)$, $e = R(s)$ und $w = v - e$. Damit wird v zu dem Codewort w decodiert, und es gilt

$$d(v, w) = \mathrm{Min}\,\{d(v, u) \mid u \in C\}\,.$$

Beispiel:

Der Code C über GF (2) sei definiert durch

$$G = \begin{pmatrix} 0 & 1 & 1 & 1 & 1 \\ 1 & 0 & 0 & 1 & 0 \end{pmatrix}, \qquad H = \begin{pmatrix} 0 & 1 & 0 & 0 & 1 \\ 0 & 0 & 1 & 0 & 1 \\ 1 & 0 & 0 & 1 & 1 \end{pmatrix}.$$

Also gilt: C = {0 0 0 0 0, 0 1 1 1 1, 1 0 0 1 0, 1 1 1 0 1}.
Eine Funktion $R : GF(2)^3 \to GF(2)^5$ ist gegeben durch:

s	R(s)
0 0 0	0 0 0 0 0
0 0 1	0 0 0 1 0
0 1 0	0 0 1 0 0
0 1 1	0 0 1 1 0
1 0 0	0 1 0 0 0
1 0 1	0 0 1 0 1
1 1 0	0 0 0 1 1
1 1 1	0 0 0 0 1

Die Elemente des Faktorraumes $GF(2)^5/C$, also die Restklassen mod C, sind den Zeilen des folgenden Tableaus zu entnehmen, die Mengen W_i, $w^{(i)} \in C$, des Decodierungsschemas stellen die Spalten dar. In der 1. Spalte steht als erstes Element jeder Restklasse der Restklassenführer. Jeder Vektor ist die Summe aus dem Codewort der zugehörigen Spalte und dem Restklassenführer der entsprechenden Zeile. Die erste Zeile stellt den Code C dar.

	R(s)			
C	0 0 0 0 0	0 1 1 1 1	1 0 0 1 0	1 1 1 0 1
	0 0 0 1 0	0 1 1 0 1	1 0 0 0 0	1 1 1 1 1
	0 0 1 0 0	0 1 0 1 1	1 0 1 1 0	1 1 0 0 1
	0 0 1 1 0	0 1 0 0 1	1 0 1 0 0	1 1 0 1 1
	0 1 0 0 0	0 0 1 1 1	1 1 0 1 0	1 0 1 0 1
	0 0 1 0 1	0 1 0 1 0	1 0 1 1 1	1 1 0 0 0
	0 0 0 1 1	0 1 1 0 0	1 0 0 0 1	1 1 1 1 0
	0 0 0 0 1	0 1 1 1 0	1 0 0 1 1	1 1 1 0 0

Mittels des angegebenen Decodierungsalgorithmus können genau alle Fehler aus $\{R(s) \mid s \in GF(2)^{n-k}\}$ korrigiert werden. Das sind alle Fehler e mit $g(e) = 1$ außer $1\ 0\ 0\ 0\ 0$ und noch einige Fehler e mit $g(e) = 2$. Wird z. B. $v = 0\ 1\ 0\ 0\ 1$ empfangen, dann ist $S_H(v) = vH' = 0\ 1\ 1$, woraus $e = R(0\ 1\ 1) = 0\ 0\ 1\ 1\ 0$ als Fehlervektor folgt. $w = v - e = 0\ 1\ 1\ 1\ 1$ wurde höchstwahrscheinlich gesendet.

5.6.9. Definition: Sei $E^{(k)}$ die k x k-Einheitsmatrix und sei $R^{(k,n-k)}$ eine k x (n – k)-Matrix über GF (q). Hat die Basismatrix G eines Codes die Gestalt

$$G = [E^{(k)}, R^{(k,n-k)}] ,$$

dann nennt man G kanonisch. Die Codierung $C : a \to aG$ heißt systematisch. Sei weiters $a = (a_k, \ldots, a_1)$, $w = (w_n, \ldots, w_1)$ und $w = aG$, dann gilt

$$(w_n, \ldots, w_{n-k+1}) = (a_k, \ldots, a_1) ,$$

d. h. bei einer systematischen Codierung sind die ersten Komponenten jedes Codevektors genau die Informationssymbole und die restlichen n – k-Symbole von w dienen als Prüf- oder Kontrollsymbole. Ebenso nennt man eine Kontrollmatrix H der Form

$$H = [(-R^{(k,n-k)})', E^{(n-k)}]$$

kanonisch.

Wenn man sich vorübergehend auf binäre Codes, also auf Linearcodes über GF (2) beschränkt, so stellen die sogenannten Hamming-Codes eine wichtige Klasse von fehlerkorrigierenden Codes (mit dem minimalen Abstand 3) für einfache Fehler dar. H sei zunächst eine Kontrollmatrix eines binären Linearcodes, und es werde ein Codewort w übermittelt und daraus ein Wort w + e mit dem Fehlerwort e erhalten. Das Syndrom ist dann eH' und ist gleich der Summe derjenigen Spalten in H, welche den fehlerbehafteten Stellen entsprechen. Ein Fehler an einer Stelle, die einer Spalte von Nullen in H entspricht, beeinflußt somit das Syndrom nicht und wird nicht entdeckt. Hat H zwei gleiche Spalten und an den entsprechenden Stellen seien Fehler, so werden auch diese beiden Fehler nicht entdeckt. Sind andererseits alle Spalten von H verschieden, so kann ein einzelner Fehler entdeckt und korrigiert werden. Dabei ist jedes Wort vom Gewicht 1 ein Restklassenführer. Es gilt also:

5.6.10. Satz: Ein linearer Binärcode kann genau dann alle Wörter mit nicht mehr als einem Fehler korrigieren, wenn alle Spalten seiner Kontrollmatrix ungleich Null und verschieden sind.

Wenn H r Zeilen besitzt, wenn also die Zahl der Kontrollsymbole $\leqslant r$ ist, dann kann H höchstens $2^r - 1$ verschiedene Spalten haben, die alle vom Nullvektor verschieden sind.

5.6.11. Definition: Ein binärer Linearcode, dessen Spalten der Kontrollmatrix H die binären Zahlendarstellungen von $1, 2, \ldots, 2^r - 1$ sind, heißt $(2^r - 1, 2^r - 1 - r)$-Hamming-Code.

Hamming-Codes liefern eine einfache Decodierung, um einen einfachen Fehler zu lokalisieren. Sie gehören zur Klasse der sogenanten perfekten Codes, wobei man allgemein einen Linearcode, der als Restklassenführer alle Fehlerwörter bis zu einem Gewicht k hat, als „perfekt" bezeichnet, weil es keinen besseren Code zur Korrektur von zufälligen Fehlern gibt. Zu einem $(2^r - 1, 2^r - 1 - r)$-Hamming-Code, der jeden einfachen Fehler und keine anderen korrigiert, gibt es keinen $(2^r - 1, 2^r - 1 - r)$-Code, der mehr als alle einfachen Fehler korrigieren kann. Mit Satz 5.5.8 können wir sagen, daß also ein $(2^r - 1, 2^r - 1 - r)$-Hamming-Code jeden Fehler e mit $g(e) = 1$ korrigieren oder jeden Fehler e mit $g(e) \leqslant 2$ erkennen kann, daß er aber nicht gleichzeitig alle Fehler mit $g(e) = 1$ korrigieren und alle mit $g(e) = 2$ erkennen kann.

Nach dem Decodierungsalgorithmus ist das Decodierungsschema für den Hamming-Code C definiert durch

$$D = \{W_i \mid w^{(i)} \in C\} \quad \text{mit}$$
$$W_i = \{v \mid d(v, w^{(i)}) \leqslant 1, w^{(i)} \in C\} .$$

B e i s p i e l :

Der (7, 4)-Hamming-Code hat als Kontrollmatrix H

$$H = \begin{pmatrix} 0 & 0 & 0 & 1 & 1 & 1 & 1 \\ 0 & 1 & 1 & 0 & 0 & 1 & 1 \\ 1 & 0 & 1 & 0 & 1 & 0 & 1 \end{pmatrix}.$$

Die $2^r - r - 1 = 4$ Stellen eines Codewortes der Länge $2^r - 1 = 7$ dienen als Nachrichtenstellen, die restlichen r Stellen sind die Kontrollstellen. Wird ein Wort v empfangen und ist die Binärdarstellung der ganzen Zahl k gleich vH', dann ist der Fehler höchstwahrscheinlich an der k-ten Stelle.

5.7. Zyklische Codes

Bei den zyklischen Codes handelt es sich um eine spezielle Klasse von Linearcodes, also Gruppencodes, die besonders einfach implementiert werden können und deren mathematische Struktur schon weitgehend bekannt ist. Beim Studium der zyklischen Codes kommen anspruchsvollere algebraische Hilfsmittel zur Anwendung, wie dies auch aus dem folgenden hervorgeht. Neben einigen allgemeinen Eigenschaften dieser Codes werden wir uns insbesondere mit wichtigen speziellen Beispielen für zyklische Codes beschäftigen. Einige Linearcodes, wie z. B. Hamming-Codes, sind gewissen zyklischen Codes äquivalent, womit ihr algebraischer Aufbau noch übersichtlicher ist. Obwohl fast alle heute benutzten Schaltkreise binär sind und daher die Binärcodes die wichtigste Familie von Codes darstellen, werden wir doch Codes über einem beliebigen endlichen Körper GF (q) betrachten, um auch wichtige Sonderfälle miteinschließen zu können.

5.7.1. Definition: Ein Linearcode $C \subset GF(q)^n$ der Blocklänge n heißt zyklisch, wenn aus $(a_0, a_1, \ldots, a_{n-1}) \in C$ stets folgt $(a_{n-1}, a_0, a_1, \ldots, a_{n-2}) \in C$ für alle $(a_0, a_1, \ldots, a_{n-1}) \in$ $\in GF(q)^n$.

Falls C ein zyklischer (n, k)-Linearcode ist, heißt C auch zyklischer (n, k)-Code.

Unter der zusätzlichen Voraussetzung $(n, q) = 1$ betrachten wir im folgenden den Polynomring $GF(q)[x]$ in einer Unbestimmten. Sei $(x^n - 1)$ das vom Polynom $x^n - 1 \in GF(q)[x]$ erzeugte Hauptideal.

Dann können wir den Restklassenring $GF(q)[x]/(x^n - 1)$ bilden, dessen Elemente durch Polynome vom Grad $< n$ mit Koeffizienten aus $GF(q)$ dargestellt werden können. Die additive Gruppe dieses Restklassenringes ist isomorph zu $GF(q)^n$. Dieser grundlegende Isomorphismus ist dadurch definiert, daß jedem Vektor $(a_0, a_1, \ldots, a_{n-1})$ in umkehrbar eindeutiger Weise das Polynom $a_0 + a_1 x + \ldots + a_{n-1} x^{n-1} \in GF(q)[x]/(x^n - 1)$ zugeordnet wird. Auf Grund dieses Isomorphismus bezeichnen wir die Elemente des Vektorraums $GF(q)^n$ von nun an entweder als Wörter über dem Alphabet $GF(q)$ (oder auch als Vektoren) oder als Polynome. Zur Vektorraumstruktur von $GF(q)^n$ ist auch eine Multiplikation in $GF(q)^n$ erklärt, welcher die Multiplikation von Polynomen mod $(x^n - 1)$ entspricht. Sei $f(x) \in GF(q)[x]/(x^n - 1)$, dann ist $g_1(x) g_2(x) = f(x)$ für $g_1(x), g_2(x) \in GF(q)[x]$ genau dann, wenn gilt

$$g_1(x) g_2(x) \equiv f(x) \bmod (x^n - 1) ,$$

d. h. es gibt ein $h(x) \in GF(q)[x]$, so daß $g_1(x) g_2(x) = f(x) + h(x)(x^n - 1)$.

Ist ein Code C ein zyklischer (n, k)-Code, so bedeutet das, daß ein k-stelliges Nachrichtenwort durch Polynommultiplikation in ein n-stelliges Codewort verwandelt wird. Wie bei (n, k)-Blockcodes existieren $n - k$ Kontrollstellen.

Aus der Definition eines zyklischen Codes ist sofort zu entnehmen, daß das Wort $(a_0, a_1, \ldots, a_{n-1}) = a_0 + a_1 x + \ldots + a_{n-1} x^{n-1}$ durch Multiplikation mit x in das Wort $(a_{n-1}, a_0, a_1, \ldots, a_{n-2}) = a_{n-1} + a_0 x + a_1 x^2 + \ldots + a_{n-2} x^{n-2}$ übergeführt wird. In einem zyklischen Binärcode entspricht etwa dem Wort 0 1 1 0 1 das Polynom $0 \cdot x^0 + 1 \cdot x^1 + 1 \cdot x^2 + 0 \cdot x^3 + 1 \cdot x^4$.

5.7.2. Definition: Sei $g(x) = a_0 + a_1 x + \ldots + a_{k-1} x^{k-1} + x^k \in GF(q)[x]$, und es gelte $g(x) \mid (x^n - 1)$, Grad $(g(x)) =$

$= k < n$, $a_0 \neq 0$. Sei G die Matrix

$$G = \begin{pmatrix} 1 & a_{k-1} & \dots & a_1 & a_0 & 0 & \dots & 0 \\ 0 & 1 & a_{k-1} & \dots & a_1 & a_0 & \dots & 0 \\ \vdots & & \ddots & & & \ddots & & \vdots \\ 0 & & & 1 & a_{k-1} & & a_1 & a_0 \end{pmatrix} = \begin{pmatrix} x^{n-k-1} \cdot g(x) \\ x^{n-k-2} \cdot g(x) \\ \vdots \\ x\, g(x) \\ g(x) \end{pmatrix},$$

wobei die $n - k$ Zeilen von G linear unabhängig sind. Sei C der durch die Basismatrix G definierte Linearcode. Dann heißt das Polynom $g(x)$ Generatorpolynom, Basispolynom oder erzeugendes Polynom von C. $w(x) \in C$ heißt Codepolynom oder Codewort.

Der einfache Beweis des folgenden Satzes folgt sofort aus den Bemerkungen von oben.

5.7.3. Satz: Sei $g(x)$ Teiler von $(x^n - 1)$ und Grad $(g(x)) < n$. Sei C definiert durch $[v(x) \in C \Leftrightarrow g(x) \mid v(x)$ für alle $v(x) \in GF(q)[x]/(x^n - 1)]$. Dann ist C zyklisch. Ist umgekehrt C ein zyklischer Code, dann gibt es ein eindeutig bestimmtes Basispolynom $g(x)$, so daß $g(x) \mid (x^n - 1)$ und für alle $v(x) \in GF(q)[x]/(x^n - 1)$ gilt: $v(x) \in C \Leftrightarrow g(x) \mid v(x)$.

Ist $g(x)$ ein Basispolynom für den zyklischen Code C, dann ist $h(x) = (x^n - 1)/g(x)$ ebenfalls Basispolynom eines zyklischen Codes.

5.7.4. Definition: Sei $g(x)$ Basispolynom des zyklischen Codes C, dann heißt $h(x) = (x^n - 1)/g(x)$ Kontrollpolynom von C.

5.7.5. Satz: Der Linearcode C ist genau dann zyklischer Code, wenn C ein Ideal in $GF(q)[x]/(x^n - 1)$ ist.

Beweis: Ist C ein Ideal, dann ist mit $(a_0, \dots, a_{n-1}) = a_0 + a_1 x + \dots + a_{n-1} x^{n-1} \in C$ auch $(a_{n-1}, a_0, \dots, a_{n-2}) = x \cdot (a_0 + \dots + a_{n-1} x^{n-1}) \in C$. Impliziert umgekehrt $(a_0, \dots, a_{n-1}) \in C$ nun $(a_{n-1}, a_0, \dots, a_{n-2}) \in C$, dann gilt für jedes Polynom $a(x) \in C$ auch $x\,a(x) \in C$, $x^2 a(x) \in C, \dots$ also auch $b(x)\,a(x) \in C$, d.h. C ist Ideal.

Jedes Ideal von $GF(q)[x]/(x^n - 1)$ ist Hauptideal, das von einem normierten Polynom kleinsten Grades im Ideal erzeugt wird und für das gilt: $g(x) \mid (x^n - 1)$ in $GF(q)[x]$. Sei $x^n - 1 = f_1(x) \ldots f_t(x)$ die Zerlegung von $x^n - 1$ in irreduzible Faktoren in $GF(q)[x]$.

5.7.6. Definition: Den von $f_i(x)$ erzeugten zyklischen Code nennt man maximalen zyklischen Code. Er ist ein maximales Ideal in $GF(q)[x]/(x^n - 1)$. Den von $(x^n - 1)/f_i(x)$ erzeugten Code nennt man irreduziblen zyklischen Code.

Man überzeugt sich sofort, daß gilt:

5.7.7. Satz: Sei $h(x)$ Kontrollpolynom von C, $C \subset GF(q)[x]/(x^n - 1)$ zyklischer Code, $v(x) \in GF(q)[x]/(x^n - 1)$. Dann gilt:

$$v(x) \in C \Leftrightarrow v(x) \cdot h(x) \equiv 0 \mod (x^n - 1) .$$

Damit sind wir nun in der Lage, auf zwei einfache Codierungs- und Decodierungsalgorithmen einzugehen.

Ein Nachrichtenpolynom $a(x)$ werde in ein Codepolynom $w(x)$ vermittels C in $w(x) = a(x)\,g(x)$ codiert, wobei $a = (a_0, \ldots, a_{k-1})$ und $g(x)$ Basispolynom von C ist. Zum Decodieren wird $w(x)$ durch $g(x)$ dividiert. Ein Divisionsrest zeigt einen Übertragungsfehler an, zu dessen Erkennung man nur $v(x) \cdot h(x) \mod (x^n - 1)$ zu berechnen hat, mit $v(x) = w(x) + e(x)$. $e(x)$ ist ein Fehlerpolynom des empfangenen Polynoms.

Ein systematischer Algorithmus besteht im Auffinden einer kanonischen Basismatrix $G = [E^{(n-k)}, -R^{(n-k,k)}]$. Sei $\text{grad}(g(x)) = k$. Dann gibt es eindeutig bestimmte Polynome $a^{(j)}(x)$ und $r^{(j)}(x)$ mit $\text{Grad}(r^{(j)}(x)) < k$ und

$$b^{(j)}(x) = a^{(j)}(x)\,g(x) + r^{(j)}(x) .$$

Es folgt:

$$g^{(j)}(x) := b^{(j)}(x) - r^{(j)}(x) \in C .$$

Für die Polynome $g^{(j)}(x)$, $n - k \leqslant j \leqslant n - 1$, gilt $\text{Grad}(g^{(j)}(x)) = j$, so daß sie linear unabhängig sind und zu einer kanonischen Basismatrix zusammengefaßt werden können.

B e i s p i e l :

$n = 7$, $q = 2$; $x^7 - 1 = x^7 + 1 = (x + 1)(x^3 + x + 1) \times (x^3 + x^2 + 1)$ ist eine Zerlegung von $x^7 - 1$ in irreduzible Faktoren. Dann erzeugt $g(x) = x^3 + x^2 + 1$ einen zyklischen (7, 4)-Code mit dem Kontrollpolynom $h(x) = x^4 + x^3 + x^2 + 1$. Basis- und Kontrollmatrix sind von der Form

$$G = \begin{pmatrix} 1&0&0&0&1&1&0 \\ 0&1&0&0&0&1&1 \\ 0&0&1&0&1&1&1 \\ 0&0&0&1&1&0&1 \end{pmatrix} \qquad H = \begin{pmatrix} 1&0&1&1&1&0&0 \\ 1&1&1&0&0&1&0 \\ 0&1&1&1&0&0&1 \end{pmatrix}$$

Eine weitere Eigenschaft zyklischer Codes kann mit Hilfe der Nullstellen des Basispolynoms gewonnen werden.

5.7.8. Satz: Seien $\alpha_1, \ldots, \alpha_k$ Elemente eines geeigneten Oberkörpers von $GF(q)$ (z. B. $GF(q^m)$) und $p_i(x)$ das Minimalpolynom von α_i, $i = 1, 2, \ldots, k$. Sei n so gewählt, daß $\alpha_i^n = 1$ gilt und sei weiters $g(x) = \text{kgV}[p_1(x), \ldots, p_k(x)]$, also $g(x) \mid (x^n - 1)$. Ist $C \subset GF(q)^n$ der zyklische Code mit $g(x)$ als Basispolynom, dann gilt:

$$v(x) \in C \Leftrightarrow v(\alpha_i) = 0, \quad i = 1, 2, \ldots, n .$$

Der einfache Beweis sei dem Leser überlassen.

Nehmen wir speziell an, daß $n = 2^m - 1$, $q = 2$ ist. Sei α ein erzeugendes Element von $GF(2^m)$ und $p(x) = (x - \alpha) \times (x - \alpha^2) \ldots (x - \alpha^{2^{m-1}})$ das Minimalpolynom von α. Jedes Element von $GF(2^m)$ kann eindeutig dargestellt werden als $\sum_{i=0}^{m-1} e_i \alpha^i$, $e_i \in GF(2)$. Sei H diejenige Matrix, deren j-te Spalte von $\alpha^j = \sum_{i=0}^{m-1} e_i \alpha^i$ gleich $(e_0, e_1, \ldots, e_{m-1})'$ ist. Sei $p(x)$ Basispolynom von C, dann gilt $a(x) = a_0 + a_1 x + \ldots +$

$+ a_{n-1} x^{n-1} \in C$ genau dann, wenn $a(\alpha) = 0$, d.h. wenn $aH' = 0$, mit $a = (a_0, a_1, \ldots, a_{n-1})$. Also ist H Kontrollmatrix eines von $p(x)$ erzeugten zyklischen Codes C. Damit gilt

5.7.9. Satz: Der zyklische Binärcode der Länge $n = 2^m - 1$, dessen Basispolynom das Minimalpolynom eines erzeugenden Elements von $GF(2^m)$ ist, ist äquivalent zum $(n, n - m)$-Hamming-Code.

Beispiel:

Das irreduzible Polynom $x^4 + x + 1$ kann zur Konstruktion von $GF(2^4)$ gewählt werden. Für die von Null verschiedenen Elemente von $GF(2^4)$ berechnet man:

1	α	α^2	α^3	α^4	α^5	α^6	α^7	α^8	α^9	α^{10}	α^{11}	α^{12}	α^{13}	α^{14}
1	0	0	0	1	0	0	1	1	0	1	0	1	1	1
0	1	0	0	1	1	0	1	0	1	1	1	1	0	0
0	0	1	0	0	1	1	0	1	0	1	1	1	1	0
0	0	0	1	0	0	1	1	0	1	0	1	1	1	1

Für den (15,11)-Hamming-Code sei dies die Kontrollmatrix, dann wird ein Nachrichtenwort $(a_0, a_1, \ldots, a_{10})$ in ein Codewort $w(x) = a(x)(x^4 + x + 1)$, mit $a(x) = a_0 + a_1 x + \ldots + a_{10} x^{10}$, codiert. Angenommen, das empfangene Wort enthalte einen Fehler, d.h. es ist $w(x) + x^e$. Der Empfänger bestimmt als Syndrom $w(\alpha) + \alpha^e = \alpha^e$, so daß nach dem Decodierungsschema ein Fehler in der Stelle e angenommen werden muß.

Es werden nun einige spezielle zyklische Codes definiert. Wohl die leistungsfähigsten Beispiele zyklischer Codes sind die von Bose, Chaudhuri und Hocquenghem unabhängig voneinander entdeckten und nach ihnen benannten BCH-Codes, mit denen auch mehrfach auftretende, statistisch unabhängige Fehler korrigiert werden können.

5.7.10. Definition: Sei $\alpha \in GF(q^m)$ eine primitive n-te Einheitswurzel, sei d eine natürliche Zahl mit $1 \leqslant d \leqslant n$. Dann heißt der durch

$$v(x) \in C \Leftrightarrow v(\alpha^i) = 0, \quad i = 1, 2, \ldots, d-1,$$

definierte zyklische Code C BCH-Code mit gegebenem Abstand d.

Sei $p_i(x) \in GF(q)[x]$ das Minimalpolynom von α^i und $g(x) = \text{kgV}(p_1(x), \ldots, p_{d-1}(x))$, dann ist C ein BCH-Code mit $g(x)$ als Basispolynom. C besitzt die folgende Kontrollmatrix H:

$$H = \begin{pmatrix} \alpha^{n-1} & \ldots & \alpha & 1 \\ \alpha^{2(n-1)} & \ldots & \alpha^2 & 1 \\ \ldots & \ldots & \ldots & \ldots \\ \alpha^{(d-1)(n-1)} & \ldots & \alpha^{d-1} & 1 \end{pmatrix}$$

Ist $n = q^m - 1$ und somit α ein erzeugendes Element von $GF(q^m)$, dann heißt der BCH-Code primitiv.

5.7.11. Satz: Sei C ein nach Definition 5.7.12 konstruierter BCH-Code. Dann hat C einen Minimalabstand $d_{min}(C) \geqslant d$.

Beweis: Es wird gezeigt, daß jeder Codevektor w mit $g(w) < d$ notwendig der Nullvektor ist. Sei $w(x) = w_{n-1}x^{n-1} + \ldots + w_0 \in C$ und seien höchstens die Koeffizienten $w_{k_{d-1}}, w_{k_{d-2}}, \ldots, w_{k_1}$ von 0 verschieden, $0 \leqslant k_1 < k_2 < \ldots < k_{d-1} \leqslant n - 1$. Es gilt

$$w(\alpha^i) = 0, \quad i = 1, 2, \ldots, d-1$$

oder in Vektorschreibweise: $(w_{k_1}, \ldots, w_{k_{d-1}})\, U' = 0$, wobei

$$U = \begin{pmatrix} \alpha^{k_1} & \alpha^{k_2} & \ldots & \alpha^{k_{d-1}} \\ \vdots & & & \\ \alpha^{(d-1)k_1} & & \ldots & \alpha^{(d-1)k_{d-1}} \end{pmatrix}$$

Ist die Determinante von U ungleich Null, dann ist $w_{k_i} = 0$, $i = 1, \ldots, d-1$, die einzige Lösung dieses Gleichungssystems. Nun ist aber

$$\det U = \alpha^{k_1+k_2+\ldots+k_{d-1}} \begin{vmatrix} 1 & \ldots & 1 \\ \alpha^{k_1} & \ldots & \alpha^{k_{d-1}} \\ \vdots & & \vdots \\ \alpha^{k_1(d-2)} & \ldots & \alpha^{k_{d-1}(d-2)} \end{vmatrix}$$

wobei die hier auftretende Determinante die sogenannte Vandermondsche Determinante ist, deren Wert

$$\prod_{i>j} (\alpha^{k_i} - \alpha^{k_j}), \quad i, j = 1, \ldots, d-1$$

wegen $0 \leqslant k_1 < \ldots < k_{d-1} \leqslant n-1$ von 0 verschieden ist.

Beispiel:

Sei GF (2) das Codealphabet und sei $\alpha \in GF(2^4)$ Nullstelle des irreduziblen Polynoms $x^4 + x + 1 \in GF(2)[x]$. In Satz 5.7.8 sei n = 2, $\alpha_1 = \alpha$ und $\alpha_2 = \alpha^3$, dann hat α das Minimalpolynom $p_1(x) = x^4 + x + 1$ und α^3 das Minimalpolynom $p_3(x) = x^4 + x^3 + x^2 + x + 1$. Wegen $\alpha^{15} = 1$ und $(\alpha^3)^{15} = 1$ sind $p_1(x)$ und $p_3(x)$ Teiler von $x^{15} - 1$. Dann hat der BCH-Code das Basispolynom $g(x) = (x^4 + x + 1)(x^4 + x^3 + x^2 + x + 1)$ und eine Kontrollmatrix, die sich aus folgender Matrix ergibt:

$$H' = \begin{pmatrix} \alpha^{14} & \alpha^{13} & \ldots & \alpha & 1 \\ \alpha^{42} & \alpha^{39} & \ldots & \alpha^3 & 1 \end{pmatrix}.$$

Wegen Satz 5.7.11 ist der Minimalabstand $d_{min}(C) \geqslant 5$, so daß C nach Satz 5.5.8 bis zu 2 Fehler korrigieren oder bis zu 4 Fehler erkennen kann. C ist ein (15, 7)-Binärcode. Verfahren zur Fehlerkorrektur sind in der angegebenen Literatur ausführlich beschrieben.

Wir wenden uns nun speziellen zyklischen Codes zu, die Sonderfälle der BCH-Codes sind und mit denen das Problem von sogenannten Fehlerbündeln gelöst werden kann.

5.7.12. Definition: Ein Reed-Solomon-Code (RS-Code) ist ein BCH-Code der Blocklänge n = q − 1 über GF (q). Das Basispolynom dieses Codes hat die Gestalt $g(x) = \prod_{i=1}^{d-1} (x - \alpha^i)$, wobei α ein erzeugendes Element von GF (q) ist.

Die Dimension dieses Codes mit einem Basispolynom vom Grad d − 1 ist k = n + 1 − d. Eine besondere Eigenschaft der RS-Codes zeigt der

5.7.13. Satz: Der Minimalabstand eines RS-Codes mit obigem Basispolynom g(x) ist d.

5.7.14. Definition: Ein Bündel der Länge l ist ein Vektor e (oder ein Polynom e(x)), dessen einzige von Null verschiedenen Komponenten unter l aufeinanderfolgenden Komponenten auftreten, deren erste und letzte Komponente (z. B. e_1 und e_l) ungleich Null sind. Ein Fehlerbündel ist ein Fehlervektor (Fehlerpolynom) der ein Bündel ist.

Man sieht sofort ein, daß jeder (n, k) zyklische Code jedes Fehlerbündel der Länge $l \leqslant n - k$ entdeckt. Ein Bündel der Länge l hat nämlich die Form $x^i a(x)$, wobei Grad $a(x) = l - 1 \leqslant n - k - 1$. Da deshalb a(x) nicht durch das Basispolynom g(x) des Codes teilbar ist, ist kein Bündelvektor der Länge $l \leqslant n - k$ ein Codewort und somit wird ein Fehlervektor entdeckt.

Ein fehlerkorrigierender RS-Code über $GF(q^m)$, der t Fehler korrigiert, hat Wortlänge $n = q^m - 1$ und Dimension $n - 2t$. Schreibt man jedes Element in $GF(q^m)$ als Vektor der Länge m über GF(q), so erhält man einen neuen Linearcode mit Blocklänge mn und Dimension $(n - 2t)m$ über GF(q). Dieser Code kann z. B. einfache Fehlerbündel einer Länge $l \leqslant (t - 1)m + 1$ korrigieren.

Beispiel:

Sei C ein binärer RS-Code mit $m = 7$ und $d = 9$, dann ist die Blocklänge $7(2^7 - 1)$. Sei $t = 4$, dann kann C alle einfachen Fehlerbündel der Länge $(t - 1)m + 1 = 22$ oder weniger korrigieren.

ÜBUNGSAUFGABEN

111. Sei K ein Körper. Man zeige, daß alle Polynome vom Grad >0 in K[x] zusammen mit 0 ein Ideal (x) von K[x] bilden. Zeige weiters, daß K[x]/(x) isomorph zu K ist.

112. Zeige, daß $f(x) = x^2 + 8x - 2$ über **Q** irreduzibel ist. Ist $f(x)$ auch über **R** bzw. über **C** irreduzibel?
113. Zeige, daß $x^{p-1} + x^{p-2} + \ldots + x + 1$ für jede Primzahl p über **Q** irreduzibel ist.
114. Welches der Polynome über **Z** [x] erfüllt das Eisenstein-Kriterium für Irreduzibilität über **Q**: $8x^3 + 6x^2 - 9x + 24$, bzw. $2x^{10} - 25x^3 + 10x^2 - 30$?
115. Bestimme alle irreduziblen Polynome vom Grad 2 bzw. 3 in $\mathbf{Z}_2[x]$ und $\mathbf{Z}_3[x]$.
116. Sind $\mathbf{Q}[x]/(x^2 - 5x + 6)$ bzw. $\mathbf{Q}[x]/(x^2 - 6x + 6)$ Körper?
117. Zerlege $4x^2 - 4x + 8$ in ein Produkt von irreduziblen Faktoren über $\mathbf{Z}[x]$ bzw. $\mathbf{Z}_{11}[x]$.
118. Man zeige: $2x^2 + 2 \in \mathbf{R}[x]$ ist Primelement von $\mathbf{R}[x]$, $x^2 + 1 \in \mathbf{C}[x]$ ist kein Primelement von $\mathbf{C}[x]$.
119. Man bestimme den ggT von a und b und stelle ihn als Linearkombination von f(x) und g(x) dar:

$$a = 2x^6 + 3x^5 - 4x^4 - 5x^3 - 2x - 2,$$
$$b = x^5 - 2x^3 - 1 \in \mathbf{Q}[x].$$

120. Zeige, daß f(x) und g(x) genau dann eine gemeinsame Nullstelle a haben, wenn a Nullstelle des ggT von f(x) und g(x) ist. Bestimme die gemeinsamen Nullstellen von $f(x) = 2x^3 + x^2 - 4x + 1$ und $g(x) = x^2 - 1 \in \mathbf{Q}[x]$.
121. Bestimme die Charakteristik der folgenden Ringe: $\mathbf{Z}_3 + 3\mathbf{Z}$, $\mathbf{Z}_3 + \mathbf{Z}_4$, $\mathbf{Z}_6 + \mathbf{Z}_{15}$.
122. Zeige, daß $\alpha = 1 + \sqrt{2}$, $1 + i$, $\sqrt{1 + \sqrt[3]{2}}$ algebraisch über **Q** ist. Man bestimme den Zerfällungskörper von $x^3 - 2 \in \mathbf{Q}[x]$.
123. Man begründe, daß $\mathbf{Q}(\sqrt{2}, \sqrt{3})$ endliche Erweiterung über **Q** ist und bestimme den Grad und eine Basis.
124. Man berechne das Kreisteilungspolynom $k_8(x)$.
125. Man zeige: Ist L eine endliche Erweiterung von K und M eine endliche Erweiterung von L, dann ist M eine endliche Erweiterung von K, und es gilt: $[M : K] = [M : L]\,[L : K]$.

126. Man berechne $(1 + \sqrt[3]{3})^{-1}$ in $\mathbf{Q}(\sqrt[3]{3})$.

127. Man bestimme alle Elemente von $GF(5^2)$ und von $GF(2^3)$.

128. Bestimme die Zahl der primitiven 15ten Einheitswurzeln in GF (31).

129. Zeige, daß $\mathbf{Z}_5[x]/(x^3 + 3x + 2)$ ein Körper ist.

130. Zeige, daß sich in einem endlichen Körper der Ordnung p^n jede Funktion $f: GF(p^n) \to GF(p^n)$ als ein Polynom vom Grad $p^n - 1$ angeben läßt.

131. Wieviele Ideale enthält $GF(2)[x]/(x^6 - 1)$? Bestimme ihre Erzeugendenelemente.

132. Seien H Kontrollmatrizen, die Hamming-Codes definieren:

$$H_1 = \begin{pmatrix} 1 & 1 & 1 & 1 & 0 & 0 & 0 \\ 1 & 1 & 0 & 0 & 1 & 1 & 0 \\ 1 & 0 & 1 & 0 & 1 & 0 & 1 \end{pmatrix}$$

$$H_2 = \begin{pmatrix} 0 & 1 & 1 & 1 & 1 & 0 & 0 \\ 1 & 0 & 1 & 1 & 0 & 1 & 0 \\ 1 & 1 & 0 & 1 & 0 & 0 & 1 \end{pmatrix}$$

Man decodiere die folgenden empfangenen Wörter: $v = (1110000)$, $w = (1111000)$ für jeden der entsprechenden Codes und zeige weiters, daß die beiden Codes identisch sind.

133. Wieviele Codewörter enthält der durch folgende Kontrollmatrix H definierte Code:

$$H = \begin{pmatrix} 0 & 0 & 0 & 1 & 1 & 0 & 1 & 1 & 0 \\ 1 & 1 & 0 & 1 & 1 & 0 & 0 & 0 & 0 \\ 0 & 1 & 1 & 0 & 1 & 1 & 0 & 0 & 0 \\ 0 & 0 & 0 & 0 & 1 & 1 & 0 & 1 & 1 \end{pmatrix}.$$

Berechne den Restklassenführer, der die folgenden Wörter enthält:

$$v_1 = (111101000), \quad v_2 = (110101011),$$
$$v_3 = (100010001), \quad v_4 = (010010010).$$

134. Ist für einen Code die Basismatrix G gegeben, so zeige man, daß
   a) jede Permutation der Zeilen von G,
   b) jede Permutation der Spalten von G oder
   c) jede Addition eines Vielfachen einer Zeile zu einer anderen Zeile von G

   zu einer neuen Basismatrix führt, deren Codes zu dem von G erzeugten Code äquivalent ist.

135. Sei G Basismatrix eines binären Linearcodes,

$$G = \begin{pmatrix} 1 & 0 & 1 & 0 & 1 \\ 0 & 1 & 1 & 1 & 0 \end{pmatrix}.$$

   Man stelle eine Liste aller Nachrichten und ihrer Codewörter auf. Man beschreibe die Möglichkeiten dieses Codes bezüglich Fehlerkorrektur und Fehlerentdeckung.

136. Man bestimme alle Codewörter, Dimension, Minimalabstand und Kontrollmatrix des binären (5, 3)-Linearcodes, der durch die Basismatrix

$$G = \begin{pmatrix} 0 & 1 & 0 & 0 & 1 \\ 0 & 0 & 1 & 0 & 1 \\ 1 & 0 & 0 & 1 & 1 \end{pmatrix}$$

   definiert ist. Bestimme weiters den dualen Code dieses Codes.

137. Sei $g(x) = (1 + x)(1 + x^2 + x^3)$ das Basispolynom für dreistellige Nachrichtenwörter. Berechne das Minimalgewicht der von Null verschiedenen Codewörter. Konstruiere eine (7×4)-Basismatrix für den durch $g(x)$ definierten zyklischen Code.

138. Konstruiere einen binären BCH-Code mit der Wortlänge $n = 15$ und dem minimalen Abstand $d = 5$. (Ein Minimalpolynom ist $x^4 + x^3 + 1$ über GF(2).)

139. Zeige, daß $g(x) = 1 + x + x^2 + x^4 + x^5 + x^8 + x^{10}$ einen binären BCH-Code erzeugt, der ein (15, 5)-Gruppencode ist.

6. Boolesche Algebra

Die Boolesche Algebra wurde ursprünglich von George Boole geschaffen, um einen möglichst großen Teil menschlicher Denkoperationen zu formalisieren. Sie wurde in dem Moment für die Anwendungen aktuell, als es gelang, menschliche Denkoperationen auf digitalen elektronischen Rechenanlagen zu modellieren. Wie kaum ein anderes Gebiet der Mathematik erlaubt die Boolesche Algebra eine Synthese zwischen Abstraktion und Anwendung. Einerseits stellt sie nämlich eine abstrakte algebraische Struktur – den Booleschen Verband – dar, andererseits können die Gesetze der Booleschen Algebra unmittelbar in elektrische Schaltungen umgesetzt werden. So bildet die Boolesche Algebra die logische Grundlage der modernen digitalen elektronischen Datenverarbeitung. Dieser Anwendungsbereich der Booleschen Algebra wurde vor etwa zwanzig Jahren von Claude E. Shannon erschlossen, der z. B. nachweisen konnte, daß sich die grundlegenden Eigenschaften von Serien- und Parallelschaltungen bistabiler Elemente mit Hilfe der Booleschen Algebra besonders gut darstellen lassen.

Neben den Anwendungen der Booleschen Algebra in der Aussagenlogik und der sogenannten Schaltalgebra wird in diesem Kapitel auch noch kurz auf eine weitere Anwendungsmöglichkeit, nämlich in der Wahrscheinlichkeitsrechnung, hingewiesen. Die große Bedeutung der Booleschen Algebra für die Theorie der Wahrscheinlichkeitsrechnung hat unter anderem Kolmogoroff in der axiomatischen Begründung der Wahrscheinlichkeitsrechnung klargemacht. Der Abschnitt über die Ereignisalgebra ist einigen damit zusammenhängenden Fragen gewidmet.

6.1. Grundlegende Eigenschaften

Eine Boolesche Algebra (auch Boolescher Verband genannt) ist ein distributiver und komplementärer Verband (vergleiche Definition 2.7.8). Als ein wichtiges Beispiel für eine Boolesche Algebra haben wir den sogenannten Mengenverband P(M) kennengelernt. Sei M eine Menge, dann kann man die Boolesche

Algebra P(M) (Potenzmenge) als eine Algebra mit den binären inneren Operationen $\cap$ und $\cup$, der unären Operation $\bar{}$ (Komplementbildung) und den nullären Operationen $\emptyset$ und M (Nullelement und Einselement) auffassen.

Der Einfachheit halber wiederholen wir zunächst die Definition einer Booleschen Algebra derart, daß wir sie in axiomatischer Form angeben:

6.1.1. Definition: Unter einer Booleschen Algebra $B = (B, \wedge, \vee, ', 0, 1)$ versteht man eine Menge B zusammen mit zwei (inneren) binären Operationen $\wedge$ und $\vee$, genannt „Durchschnitt' und „Vereinigung", zwei nullären Operationen 0 und 1, genannt „Nullelement" und „Einselement", und einer unären Operation $'$, genannt „Komplementbildung", so daß für alle $a, b, c \in B$ stets gilt:

(1)	$x \wedge (y \wedge z) = (x \wedge y) \wedge z$ $x \vee (y \vee z) = (x \vee y) \vee z$	Assoziativgesetze
(2)	$x \wedge y = y \wedge x,\ \ x \vee y = y \vee x$	Kommutativgesetze
(3)	$x \wedge (x \vee y) = x$ $x \vee (x \wedge y) = x$	Verschmelzungsgesetze
(4)	$x \wedge (y \vee z) = (x \wedge y) \vee (x \wedge z)$ $x \vee (y \wedge z) = (x \vee y) \wedge (x \vee z)$	Distributivgesetze
(5)	$x \wedge 1 = x,\ \ x \vee 0 = x$	Neutrale Elemente 1, 0
(6)	$x \wedge x' = 0,\ \ x \vee x' = 1$	Komplementgesetze

Es ist dabei zu beachten, daß es natürlich keine Rolle spielt, welche besonderen Zeichen die in Frage stehenden Verknüpfungen symbolisieren. Für eine beliebige Boolesche Algebra werden wir im folgenden für die beiden binären Operationen stets $\wedge$ und $\vee$ und für die unäre Operation stets $'$ verwenden. Ist von der Booleschen Algebra P(M), also vom Potenzmengenverband die Rede, so verwenden wir das Zeichen $\cap$ für den mengentheoretischen Durchschnitt, $\cup$ für die mengentheoretische Vereinigung und $\bar{}$ für die Komplementbildung. In der Schaltalgebra werden zumeist die Zeichen $\cdot$ und + für Durchschnitt und Vereinigung verwendet, und man spricht dann auch vom Produkt xy (an Stelle von $x \wedge y$) und von der Summe $x + y$ (an Stelle von $x \vee y$).

Beispiele:

Die Algebra $B = (\{0, 1\}, \wedge, \vee, ', 0, 1)$ ist eine zweielementige Boolesche Algebra, wenn $\wedge$ „kleiner als", $\vee$ „größer als" und $'$ „das komplementäre Element von" bedeuten.

Sei $M = \{1, 2, \ldots, n\}$, dann besteht die Boolesche Algebra $(P(M), \cap, \cup, ^{-}, \emptyset, M)$ aus 2^n Elementen.

Auf Grund des Dualitätsprinzips für Boolesche Algebren wissen wir, daß man aus einem Satz der Booleschen Algebra, der nur Aussagen über die Verknüpfungen $\wedge, \vee, '$ und 0, 1 macht, wieder einen Satz der Booleschen Algebra erhält, wenn man alle auftretenden $\wedge$-Zeichen durch $\vee$-Zeichen ersetzt und umgekehrt und 0 mit 1 bzw. 1 mit 0 vertauscht. In unserem Axiomensystem für eine Boolesche Algebra bemerkt man, daß mit jedem Gesetz auch das dazu duale angegeben wurde. Das in Definition 6.1.1 verwendete Axiomensystem ist keineswegs das einzige, welches man kennt, wohl aber ist es eines der bekanntesten und gebräuchlichsten. Ein gewisser Nachteil liegt darin, daß dieses Axiomensystem (1) bis (6) nicht „unabhängig" ist, d.h. einige der Axiome können aus den übrigen gefolgert werden. Man kann daher einige der Axiome des Systems streichen, und es bleibt trotzdem ein Axiomensystem für Boolesche Algebren übrig. Unser gegebenes Axiomensystem ist also kein Minimalsystem. Die Forderung der „Widerspruchsfreiheit" ist selbstverständlich erfüllt, d.h. es ist nicht möglich, aus dem gegebenen Axiomensystem einen Satz und zugleich dessen Negation herzuleiten. Die Forderung der Unabhängigkeit muß nicht unbedingt erfüllt sein; aus Zweckmäßigkeitsgründen wird oft darauf verzichtet.

Es sei bemerkt, daß ein minimales Axiomensystem für Boolesche Algebren durch die Gesetze (2), (4), (5) und (6) gegeben ist. Um die Abhängigkeit des Axiomensystems von Definition

6.1.1 zu zeigen, beweisen wir zum Beispiel, daß aus den Gesetzen (2), (4), (5) und (6) die Verschmelzungsgesetze (3) folgen:

$$x = x \wedge 1 = x \wedge (y \vee 1) = (1 \vee y) \wedge x =$$
$$= (1 \wedge x) \vee (y \wedge x) = x \vee (y \wedge x) = x \vee (x \wedge y) .$$

Im folgenden Satz fassen wir einige, zum Teil schon bekannte, wichtige Eigenschaften von Booleschen Algebren zusammen.

6.1.2. Satz: Sei B eine Boolesche Algebra. Dann gilt für alle $x, y, z \in B$:

a) $x \wedge x = x, \quad x \vee x = x$ (Idempotenzgesetze)

b) $x \wedge (y \vee (x \wedge z)) = (x \wedge y) \vee (x \wedge z)$
$x \vee (y \wedge (x \vee z)) = (x \vee y) \wedge (x \vee z)$ (Modulgesetze

c) $x \wedge 0 = 0, \quad x \vee 1 = 1$

d) $(x')' = x, \quad 0' = 1, \quad 1' = 0$

e) $(x \wedge y)' = x' \vee y', \quad (x \vee y)' = x' \wedge y'$ (de Morgansche Gesetze)

Wir führen als Beispiel, wie man aus den geltenden Axiomen (1) bis (6) der Booleschen Algebra diese Behauptungen beweist, den Nachweis der Idempotenzgesetze vor:

$$x \vee x = x \vee (x \wedge (x \vee y)) = x .$$

Durch Dualisieren folgt sofort das zweite Idempotenzgesetz.

Wie bereits im Abschnitt über Verbände erwähnt wurde, kann man in jedem Verband $V = (V, \cap, \cup)$ eine entsprechende Halbordnungsrelation $\leqslant$ definieren: $x \leqslant y := x \cap y = x$. Selbstverständlich gilt dies auch für Boolesche Algebren.

Es sei dem Leser überlassen nachzuprüfen, daß die folgenden vier Gleichungen in jeder Booleschen Algebra äquivalent sind:

$$x \wedge y = x, \quad x \vee y = y, \quad x' \vee y = 1, \quad x \wedge y' = 0 .$$

Ist eine Gleichung richtig, so sind es auf Grund der Äquivalenz auch die anderen.

6.1.3. Definition: In einer Booleschen Algebra B ist $x \leqslant y$, wenn eine dieser vier zueinander äquivalenten Gleichungen richtig ist.

Wir wissen, daß die so definierte Relation $\leqslant$ in B eine Halbordnungsrelation darstellt und daß $x \wedge y$ das Infimum und $x \vee y$ das Supremum von x und y sind. Jede endliche Halbordnung kann durch ein Hasse-Diagramm veranschaulicht werden, und dies gilt auch für endliche Boolesche Algebren. Um einen Überblick über sämtliche solche Booleschen Algebren mit endlich vielen Elementen geben zu können, benötigen wir den Begriff des Homomorphismus von einer Booleschen Algebra auf eine andere.

6.1.4. Definition: Seien B und C Boolesche Algebren mit den Operationen $\wedge$, $\vee$, 0, 1 und $'$, dann versteht man unter einem Homomorphismus von B nach C eine eindeutige Funktion $f: B \to C$, so daß für alle $x, y \in B$ gilt:

$$f(x \wedge y) = f(x) \wedge f(y), \quad f(x \vee y) = f(x) \vee f(y),$$
$$f(x') = f(x)', \quad f(0) = 0, \quad f(1) = 1 .$$

Die allgemeinen Begriffe für Homomorphismen lassen sich natürlich auch für Boolesche Algebren einführen, so daß man dann von Epimorphismen, Isomorphismen usw. sprechen kann. Man kann zeigen, daß jede endliche Boolesche Algebra isomorph zur Booleschen Algebra P(M) der Potenzmenge einer geeignet gewählten Menge M ist, so daß also die Anzahl der Elemente einer endlichen Booleschen Algebra stets von der Form 2^n sein muß. Es gibt also zu jeder Potenz 2^n, $n \geqslant 0$, bis auf Isomorphie genau eine Boolesche Algebra mit 2^n Elementen, nämlich die Algebra P(M), $M = \{1, 2, \ldots, n\}$.

B e i s p i e l :

Der Boolesche Teilerverband der Zahl 30, also B = ({1, 2, 3, 5, 6, 10, 15, 30}, ggT, kgV, 1,30, „Komplement auf 30") ist isomorph dem Mengenverband P(M) einer Menge M = {a, b, c} von drei Elementen.

Dieses Resultat läßt sich jedoch nicht direkt auf unendliche Boolesche Verbände übertragen. Man bezeichnet eine nichtleere Teilmenge K der Potenzmenge P(M) einer beliebigen Menge M als Mengenkörper K, wenn mit jeder Menge $X \in K$ auch $\overline{X} \in K$ und mit $X, Y \in K$ auch $X \cup Y, X \cap Y \in K$ ist. Unter einer Mengenkörperalgebra versteht man einen Mengenkörper K, der auch die Vereinigung V aller Mengen von K enthält. $K = (K, \cap, \cup, \emptyset, V, *)$ ist eine Boolesche Algebra, wenn die Komplementbildung * definiert ist durch: $X^* = V \cap \overline{X}'$. Der Satz von Stone stellt dann eine Verallgemeinerung des Resultats für endliche Algebren dar und besagt: „Jede Boolesche Algebra ist isomorph zu einer Mengenkörperalgebra."

Neben der Konstruktion homomorpher Bilder sind andere Möglichkeiten, um aus vorhandenen Booleschen Algebren weitere Boolesche Algebren zu erhalten, durch den Übergang zu Unteralgebren bzw. direkten Produkten gegeben.

6.1.5. Definition: Unter einer Booleschen Unteralgebra einer Booleschen Algebra $B = (B, \wedge, \vee, ', 0, 1)$ versteht man eine Teilmenge $U \subset B$, für die gilt:

a) $0 \in U, \quad 1 \in U$,

b) $x \in U \Rightarrow x' \in U$,

c) $x \in U, \quad y \in U \Rightarrow x \wedge y \in U, \quad x \vee y \in U$.

Damit ist $U = (U, \wedge, \vee, ', 0, 1)$ selbstverständlich ebenfalls eine Boolesche Algebra bezüglich der in B definierten Operationen.

B e i s p i e l :

Die Booleschen Unteralgebren von P(M) sind die oben definierten Mengenkörper.

Die von einem Element $x \in B$ erzeugte Unteralgebra ist die aus den vier Elementen 0, x, x' und 1 bestehende Unteralgebra einer Booleschen Algebra B. Sie ist die kleinste x enthaltende Unteralgebra von B.

6.1.6. Definition: Seien A und B zwei gegebene Boolesche Algebren. Dann versteht man unter dem direkten Produkt A x B die Menge aller geordneten Paare (a, b), $a \in A$, $b \in B$. A x B ist mit den folgendermaßen erklärten Operationen eine Boolesche Algebra:

$$(a_1, b_1) \wedge (a_2, b_2) = (a_1 \wedge a_2, b_1 \wedge b_2)\ ,$$
$$(a_1, b_1) \vee (a_2, b_2) = (a_1 \vee a_2, b_1 \vee b_2)\ ,$$
$$(a, b)' = (a', b'),\quad 0 = (0_A, 0_B),\quad 1 = (1_A, 1_B)\ .$$

Im folgenden sei B eine Boolesche Algebra und $f: B^n \to B$ eine Funktion von n Variablen.

Ist B eine endliche Boolesche Algebra mit m Elementen, dann gibt es also m^{m^n} Funktionen $f: B^n \to B$. Definiert man auf der Menge $F_n(B)$ dieser sogenannten n-stelligen Booleschen Funktionen auf B die Operationen $\wedge$, $\vee$, 0, 1, $'$ punktweise, also zum Beispiel $f \wedge g$ durch

$$(f \wedge g)(a_1, a_2, \ldots, a_n) =$$
$$= f(a_1, a_2, \ldots, a_n) \wedge g(a_1, a_2, \ldots, a_n)$$

für alle $(a_1, \ldots, a_n) \in B^n$, dann wird $F_n(B)$ selbst zu einer Booleschen Algebra. Man betrachtet nun insbesondere eine Teilmenge von $F_n(B)$, die aus speziellen Funktionen besteht.

6.1.7. Definition: Unter einer n-stelligen Booleschen Polynomfunktion auf B versteht man eine Funktion aus $F_n(B)$, die sich aus den konstanten Funktionen und den Projektionen $x_1, x_2, \ldots, x_n$, welche definiert sind durch $x_i(a_1, a_2, \ldots, a_n) = a_i$, $i = 1, 2, \ldots, n$, durch endlich oftmaliges Anwenden der Operationen $\wedge$, $\vee$ und $'$ aufbauen lassen.

Es ist klar, daß die Teilmenge $P_n(B)$ der Booleschen Polynomfunktionen bezüglich der Operationen $\wedge$, $\vee$, $'$, 0, 1, selbst eine Boolesche Algebra, also eine Unteralgebra von $F_n(B)$ ist. Offensichtlich ist jede Boolesche Polynomfunktion eine Funktion. Die Umkehrung gilt jedoch i. a. nicht. Nur im Fall endlicher Boolescher Algebren mit 1 oder 2 Elementen sind alle Booleschen Funktionen Boolesche Polynomfunktionen. Für die in den Anwendungen besonders wichtige Boolesche Algebra B mit zwei Elementen kann man also die Booleschen Funktionen durch wiederholtes Anwenden der Operationen $\wedge$, $\vee$ und $'$ auf die Menge $x_1, x_2, \ldots, x_n$ rekursiv erzeugen.

Versteht man unter einer Identität in einer beliebigen Booleschen Algebra B eine Gleichung $f(x_1, \ldots, x_n) = g(x_1, \ldots, x_n)$, so besteht ein Hauptziel der Theorie darin, zu erreichen, daß f und g dann und nur dann die gleiche Abbildung von B^n in B darstellen, wenn man aus f bzw. g mit Hilfe eines passenden Algorithmus die gleichen symbolischen Ausdrücke f_1 bzw. g_1 gewinnen kann. f_1 und g_1 nennt man die kanonische Form von f und g. Die Aufgabe, einen derartigen Algorithmus zu finden, mit dessen Hilfe man nach endlich vielen Schritten entscheiden kann, ob zwei Polynomfunktionen f und g identisch sind oder nicht, heißt das Wortproblem der Booleschen Algebren. Für n = 1 und $B = (\{0, 1\}, \wedge, \vee, ', 0, 1)$ ist die Lösung des Wortproblems durch folgende Tabelle gegeben. Jede Boolesche Polynomfunktion von x allein fällt danach mit einer der vier, durch x, x', 0 oder 1 gegebenen Polynomfunktionen zusammen. Die Berechnung der Tabellen erfolgt unter Zuhilfenahme der Axiome in der Booleschen Algebra.

	'
0	1
x	x'
x'	x
1	0

	0	x	x'	1
0	0	0	0	0
x	0	x	0	x
x'	0	0	x'	x'
1	0	x	x'	1

	0	x	x'	1
0	0	x	x'	1
x	x	x	1	1
x'	x'	1	x'	1
1	1	1	1	1

Den zur Lösung des Wortproblems im Fall von n-stelligen Booleschen Polynomfunktionen gesuchten Algorithmus liefert der folgende Satz. Als Bezeichnungsweise setzen wir dabei fest, daß $\bigwedge$ und $\bigvee$ so wie Summenzeichen zu verwenden sind. Weiters führen wir eine symbolische Schreibweise ein: $x^1 = x$, $x^{-1} = x'$.

6.1.8. Satz und Definition: Sei S die Menge aller geordneten n-Tupel $(i_1, i_2, \ldots, i_n)$ aus den Zahlen 1 und -1. Dann erhält man jede Boolesche Polynomfunktion von $P_n(B)$ genau einmal, wenn man alle Booleschen Polynomfunktionen p von folgender Gestalt bildet:

$$p = \bigvee_{(i_1, i_2, \dots, i_n) \in S} a_{i_1 i_2 \dots i_n} \wedge x_1^{i_1} \wedge x_2^{i_2} \wedge \dots \wedge x_n^{i_n},$$

$a_{i_1 i_2 \dots i_n} \in B$. Diese Darstellung von p heißt die „disjunktive Normalform von p".

Beispiel:

Die Menge der Booleschen Polynomfunktion von $P_2(B)$ ist gegeben durch die Funktionen

$$p = (a_{11} \wedge x_1 \wedge x_2) \vee (a_{1\,-1} \wedge x_1 \wedge x_2') \vee$$
$$\vee (a_{-1\,1} \wedge x_1' \wedge x_2) \vee (a_{-1\,-1} \wedge x_1' \wedge x_2').$$

Wegen $p(1^{i_1}, 1^{i_2}, \dots, 1^{i_n}) = a_{i_1 i_2 \dots i_n}$ ist die disjunktive Normalform einer Polynomfunktion p gegeben durch

$$p = \bigvee_{(i_1, i_2, \dots, i_n) \in S} p(1^{i_1}, 1^{i_2}, \dots, 1^{i_n}) \wedge$$
$$\wedge x_1^{i_1} \wedge x_2^{i_2} \wedge \dots \wedge x_n^{i_n},$$

so daß man die disjunktive Normalform stets dadurch finden kann, daß man die Werte von p an den 2^n Stellen $(1^{i_1}, 1^{i_2}, \dots, 1^{i_n})$ berechnet.

Beispiel:

Für $P_2(B)$ ist die disjunktive Normalform zum Beispiel gegeben durch

$$p = (p(1,1) \wedge x_1 \wedge x_2) \vee (p(1,0) \wedge x_1 \wedge x_2')$$
$$(p(0,1) \wedge x_1' \wedge x_2) \vee (p(0,0) \wedge x_1' \wedge x_2').$$

Durch Dualisieren der disjunktiven Normalform erhält man

6.1.9. Satz und Definition: Die konjunktive Normalform einer n-stelligen Booleschen Polynomfunktion p ist gegeben durch

$$p = \bigwedge_{(i_1, i_2, \ldots, i_n) \in S} p(0^{i_1}, 0^{i_2}, \ldots, 0^{i_n}) \vee$$
$$\vee\, x_1^{i_1} \vee x_2^{i_2} \vee \ldots \vee x_n^{i_n} .$$

Die hier angegebenen Normalformen zur Lösung des Wortproblems sind für praktische Anwendungen in der Schaltalgebra unzweckmäßig, da sie Vereinigung (bzw. Durchschnitt) von 2^n Gliedern sind.

Eine Darstellung einer Polynomfunktion p, die möglichst „kurz" ist, also möglichst wenig Konstanten und x_j^i enthält, ist eine sogenannte „Minimalform" von p. Für den Fall von binären Booleschen Polynomfunktionen, also für Polynomfunktionen auf der zweielementigen Booleschen Algebra, wird auf das Problem der Bestimmung einer solchen Minimalform im Rahmen der Schaltalgebra näher eingegangen.

Wie umfangreich die disjunktive Normalform im Vergleich zur Minimalform einer Polynomfunktion p ist, sei am Beispiel

$$p = (((a \wedge x_1) \vee b) \wedge (x_1' \wedge x_2)) \vee (c \vee x_2')$$

demonstriert. Die disjunktive Normalform von p ist gegeben durch

$$p = (c \wedge x_1 \wedge x_2) \vee (x_1 \wedge x_2') \vee$$
$$\vee ((b \vee c) \wedge x_1' \wedge x_2) \vee (x_1' \wedge x_2') .$$

Durch einfache Umformung ergibt sich andererseits aus der gegebenen Funktion p

$$p = (b \wedge x_1') \vee c \vee x_2' ,$$

was nicht mehr weiter zu vereinfachen ist und somit eine Minimalform von p darstellt.

6.2. Aussagenlogik

Als ein weiteres Beispiel einer Booleschen Algebra befassen wir uns nun kurz mit der Algebra der symbolischen Logik. Im allgemeinen ist die symbolische Logik damit beschäftigt, Methoden des Denkens, Argumentierens und Schließens unter ausgiebiger Verwendung von Symbolen zu untersuchen und zu analysieren. Dabei steht zumeist der Begriff der Aussage im Mittelpunkt und als ein Hilfsmittel für die Behandlung von Aussagen dient die sogenannte Aussagenalgebra, eine Boolesche Algebra, die wir in diesem Abschnitt definieren werden.

Unter einer Aussage verstehen wir ein sprachliches Gebilde (zumeist in Form eines Satzes), für das es sinnvoll ist zu fragen, ob es wahr oder falsch ist. Damit liegt dem Begriff der Aussage das Zweiwertigkeitsprinzip der, auf Aristoteles zurückgehenden, sogenannten klassischen Aussagenlogik zugrunde, das heißt: jede Aussage ist entweder wahr oder falsch, „tertium non datur". Je nachdem, ob wahr oder falsch auf eine Aussage zutrifft, wird ihr der Wahrheitswert 1 für „wahr" und 0 für „falsch" zugeordnet.

Die Aussagen „3 ist eine Primzahl", „es gibt unendlich viele Primzahlen" haben somit den Wahrheitswert 1, die Aussagen „$3 + 2 = 6$" oder „die Donau ist kein europäischer Strom" besitzen den Wahrheitswert 0. Im folgenden werden ausschließlich solche Aussagen herangezogen, denen man Wahrheitswerte zuordnen kann.

Aus jeder Aussage oder Menge von Aussagen ist es möglich, auf verschiedene Arten neue Aussagen zu bilden. Dazu definiert man folgende Grundverknüpfungen.

6.2.1. Definition: Die Negation einer Aussage A wird mit A' bezeichnet und führt A in die Aussage „nicht A" über.

Die Disjunktion (sprachlich „oder" im nicht ausschließenden Sinn) verknüpft zwei Aussagen A und B zur Aussage „A oder B" (i. Z.: $A \vee B$).

Die Konjunktion (sprachlich „und") verknüpft zwei Aussagen A, B zur Aussage „A und B" (i. Z.: $A \wedge B$).

Durch weitere Anwendungen dieser Grundverknüpfungen kann man aus gegebenen Aussagen zusammengesetzte Aussagen bilden. Es ist üblich, die in 6.1 eingeführte Terminologie für Aussagen zu modifizieren. Da der Wahrheitswert einer zusammengesetzten Aussage nur von den Wahrheitswerten der einzelnen Aussagen, nicht aber von der speziellen Gestalt dieser Aussagen abhängt, definiert man:

6.2.2. Definition: Beliebige, zunächst unbestimmte Symbole $A_1, A_2, \ldots, A_n$ die als spezielle Aussagen konkretisiert werden können, nennt man Aussagenvariable, die daraus durch Anwendung von $\wedge$, $\vee$ und $'$ aufgebauten Aussagen heißen Aussageformen oder Aussagefunktionen (i. Z.: $f(A_1, \ldots, A_n)$).

Wir wollen nun zeigen, daß die Mengen aller Aussagen mit den Operationen Disjunktion, Konjunktion und Negation eine Boolesche Algebra bilden. Eines der Grundprobleme dabei und der Aussagenlogik überhaupt ist es, den Wahrheitswert einer Aussageform aus den Wahrheitswerten ihrer Bestandteile zu ermitteln. Wir nennen dazu zwei Aussageformen f und g in den Aussagevariablen $A_1, \ldots, A_n$ einander gleich, wenn die Aussageform bei jeder möglichen Einsetzung von Wahrheitswerten für die n Aussagenvariablen gleiche Werte annehmen. Man sagt auch, daß f und g bei jeder Belegung der Aussagenvariablen mit Wahrheitswerten den gleichen Wahrheitswert besitzen. Dieses Ergebnis ist jeweils einer sogenannten Wahrheitstafel zu entnehmen. Für die Verknüpfungen $\wedge$, $\vee$ und $'$ haben die entsprechenden Wahrheitstafeln folgendes Aussehen:

A	B	$A \wedge B$
1	1	1
1	0	0
0	1	0
0	0	0

A	B	$A \vee B$
1	1	1
1	0	1
0	1	1
0	0	0

A	A′
1	0
0	1

6.2.3. Definition: Eine Aussageform, die bei jeder Belegung ihrer Variablen mit Wahrheitswerten stets den Wahrheitswert 1 ergibt, heißt Tautologie.

Zum Beweis, daß die Algebra der Aussageformen bezüglich $\wedge$, $\vee$ und $'$ eine Boolesche Algebra ist, benötigen wir ein Einselement bzw. ein Nullelement. Offensichtlich eignen sich dazu 1 bzw. 0. Ohne Schwierigkeiten prüft man nun die Axiome einer Booleschen Algebra nach.

6.2.4. Satz: Die Aussagenalgebra ist eine Boolesche Algebra $B = (\{0, 1\}, \wedge, \vee, ', 0, 1)$.

Die drei Grundoperationen $\wedge$, $\vee$ und $'$, die wir bisher kennengelernt haben, sind nicht voneinander unabhängig. $A \vee B$ kann z. B. geschrieben werden als $(A' \wedge B')'$. Wir erklären noch zwei weitere Verknüpfungen, die aus den Grundverknüpfungen abgeleitet werden können.

6.2.5. Definition: Die Subjunktion (i. Z.: $\rightarrow$) verknüpft die beiden Aussagen A, B zur Aussage, „wenn A, dann B" und ist definiert durch: $A \rightarrow B := A' \vee B$.

Jede Tautologie, die sich durch die Verknüpfung $\rightarrow$ zweier Aussageformen ergibt, heißt Implikation.

Die Bijunktion (i. Z.: $\leftrightarrow$) zweier Aussagen A, B wird sprachlich ausgedrückt durch „A genau dann, wenn B" und ist definiert durch: $A \leftrightarrow B := (A \rightarrow B) \wedge (B \rightarrow A)$.

Jede Tautologie, die sich durch die Verknüpfung $\leftrightarrow$ zweier Aussageformen ergibt, heißt Äquivalenz.

Für diese beiden Verknüpfungen sind also die Wahrheitstafeln von folgender Gestalt:

A	B	$A \rightarrow B$	$A \leftrightarrow B$
1	1	1	1
1	0	0	0
0	1	1	0
0	0	1	1

Wir bemerken noch, daß man an Stelle von „$f(A_1, \ldots, A_n) \rightarrow$ $\rightarrow g(A_1, \ldots, A_n)$ ist eine Tautologie" kürzer $f(A_1, \ldots, A_n) \Rightarrow$ $\Rightarrow g(A_1, \ldots, A_n)$ schreibt und ebenso für „$f \leftrightarrow g$ ist eine Tautologie" kurz $f \Leftrightarrow g$.

B e i s p i e l :

$(A \rightarrow B) \leftrightarrow (A' \vee B)$ ergibt, wie die folgende Wahrheitstafel zeigt, für jede Belegung von A und B eine Aussage mit dem Wahrheitswert 1, so daß es sich um eine Tautologie handelt.

A	B	A'	$A \to B$	$A' \vee B$	$(A \to B) \leftrightarrow (A' \vee B)$
1	1	0	1	1	1
1	0	0	0	0	1
0	1	1	1	1	1
0	0	1	1	1	1

Aussageformen können nicht nur durch Einsetzung von konkreten Aussagevariablen in Aussagen überführt werden, sondern auch durch Verbindung mit sogenannten Quantoren.

6.2.6. Definition: Das Symbol $\bigwedge_x A$ soll heißen, daß die Aussage A für alle x einer gegebenen Menge wahr ist. Das Symbol $\bigvee_x A$ soll heißen, daß die Aussage A für ein Element x einer gegebenen Menge wahr ist. $\bigwedge_x$ wird Allquantor und $\bigvee_x$ wird Existenzquantor genannt.

$\bigvee$ bedeutet die Formalisierung des Satzteiles „es gibt", $\bigwedge$ bedeutet die Formalisierung des Satzteiles „für alle".

Durch Verbindung des Allquantors mit Aussageformen entstehen All-Aussagen, durch Verknüpfung des Existenzquantors mit Aussageformen entstehen Existenz-Aussagen. Da sich jeder Quantor auf eine bestimmte Menge erlaubter Werte von x bezieht, muß diese Menge z. B. in der Aussage selbst, erklärt werden. In den bisherigen Kapiteln haben wir an Stelle der Quantoren $\bigwedge$ bzw. $\bigvee$ die Schreibweise $\forall$ bzw. $\exists$ verwendet.

6.3. Schaltalgebra

Die Aussagenalgebra $(\{0, 1\}, \wedge, \vee, ', 0, 1)$ ist eine zweielementige Boolesche Algebra, die sich als sogenannte Schaltalgebra technisch einfach realisieren läßt. Die Zweiwertigkeit der Aussagenlogik kann zum Beispiel durch einen Schalter verwirklicht werden. Ein Schalter ist ein elektrisches Leitungsstück, bei dem es nur darauf ankommt, ob es bei Anlegen einer Spannung Strom durchläßt oder nicht, d.h., ob es geschlossen oder offen ist. Im ersten Fall wird ihm der Leitwert 1 zugeordnet, im zweiten Fall der Leitwert 0. Die Leitwerte von Schaltern entsprechen damit dem Wahrheitswert 1 und 0 von Aussagen. Für Schalter kann man daher ebenfalls Verknüpfungen erklären, die sich folgendermaßen realisieren lassen:

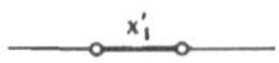

Negationsschaltung

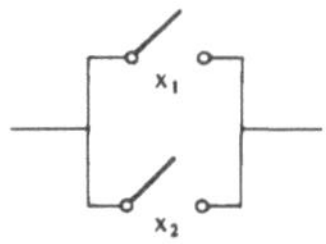

Parallelschaltung (ODER-Schaltung)

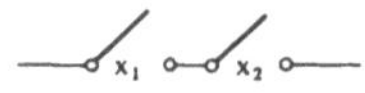

Serienschaltung (UND-Schaltung)

Wählen wir als Variable für die Leitwerte 1 und 0 einer Schaltung die Buchstaben x_1 und x_2, so entsprechen diese den Aussagenvariablen der Aussagenalgebra. Schreibt man für den Leitwert des Negationsschalters x', für den der Parallelschaltung $x_1 + x_2$ und für den Leitwert der Serienschaltung $x_1 x_2$, so erhält man folgende Verknüpfungstafel, die genau den Wahrheitstafeln für die aussagenlogischen Verknüpfungen $'$, $\vee$ und $\wedge$ entsprechen:

x_1	x_1'
0	1
1	0

x_1	x_2	$x_1 + x_2$	$x_1 x_2$
1	1	1	1
1	0	1	0
0	1	1	0
0	0	0	0

Daher realisiert also die Negationsschaltung die Verknüpfung $'$, die Serienschaltung die Verknüpfung $\wedge$ und die Parallelschaltung die Verknüpfung $\vee$. Das damit zur Aussagenalgebra $(\{0,1\}, \wedge, \vee, ', 0, 1)$ isomorphe Modell einer Booleschen Algebra bezeichnet man als Schaltalgebra $(\{0,1\}, \cdot, +, ', 0, 1)$.

Die bisher verwendeten Symbole für einen Schalter bezeichnet man als die Darstellung in Schaltertechnik. Bei den heute üblichen Halbleiterbauelementen handelt es sich aber nicht um mechanische Schalter, sondern um kontaktlose elektronische Bauelemente mit mehreren Eingängen für die zu verknüpfenden Leitwerte und einen Ausgang für das Ergebnis der Verknüpfung. Jedes derartige Schaltglied wird als „Gatter" bezeichnet und ihre Beschreibung erfolgt in folgender Symbolik:

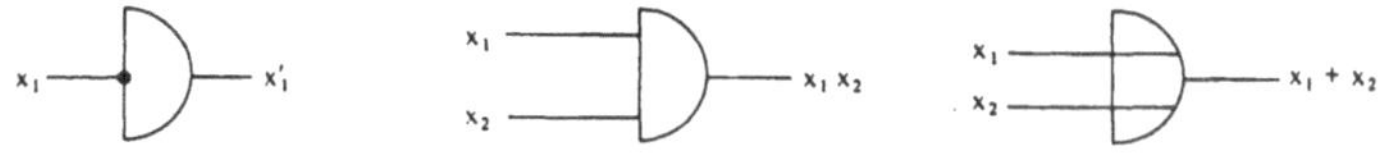

Negations-Gatter UND-Gatter ODER-Gatter

Wie wir wissen, sind nicht alle 3 Verknüpfungen $\wedge$, $\vee$ und $'$ zum Aufbau der Aussagenalgebra notwendig, denn die Disjunktion z. B. kann auf Grund der de Morganschen Gesetze einer Booleschen Algebra durch Konjunktion und Negation erklärt werden. Man nennt ein System $\{\wedge, \vee, '\}$ von Verknüpfungen der binären Aussagenalgebra $B = (\{0, 1\}, \wedge, \vee, ', 0, 1)$ eine Verknüpfungsbasis, denn jede Aussage läßt sich durch fortgesetzte Anwendung dieser Verknüpfungen erhalten. Analog dazu bildet dann auch das System $\{\cdot, +, '\}$ eine Verknüpfungsbasis für die Schaltalgebra und ebenso die Verknüpfungssysteme $\{\cdot, '\}$ oder $\{+, '\}$. Es gibt auch Verknüpfungsbasen, die nur aus einer einzigen Verknüpfung bestehen. Für die Aussagenalgebra ist dies diejenige Verknüpfung, die x_1 und x_2 zu $(x_1 \vee x_2)'$ verknüpft, oder diejenige Verknüpfung, die x_1 und x_2 zu $(x_1 \wedge x_2)'$ verknüpft. Die entsprechenden Operationen der Schaltalgebra werden NAND- bzw. NOR-Gatter genannt.

Als weiteres Beispiel wird das Schaltzeichen der Subjunktion angegeben. Die technischen Schaltungen dieser Verknüpfungen haben folgendes Aussehen:

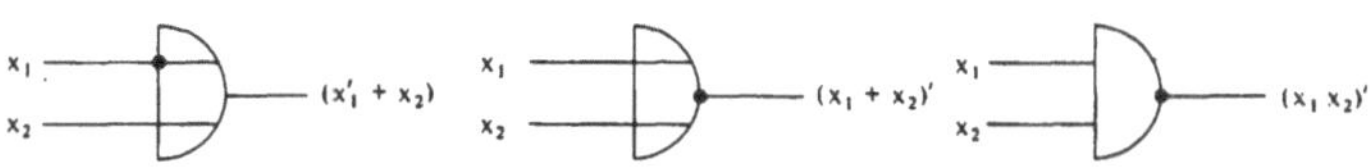

Subjunktions-Gatter NOR-Gatter NAND-Gatter

Das erste Gatter heißt auf Grund der Äquivalenz $(x_1' + x_2) \Leftrightarrow$ $\Leftrightarrow (x_1' \rightarrow x_2)$ Subjunktionsgatter. Die Verknüpfung $(x_1 + x_2)'$ wird auch Pierce-Operation bezeichnet, die Verknüpfung $(x_1 x_2)'$ heißt Sheffer-Operation.

Beispiele:

Bei einer Serien-Parallel-Schaltung wird für einen Schalter mit nichtnegiertem Leitwert das Symbol eines offenen Schalters, für einen Negationsschalter das Symbol eines geschlossenen Schalters verwendet. Die Schaltfunktion f ist der Leitwert der Schaltung in Abhängigkeit von den Leitwerten der einzelnen Schalter.

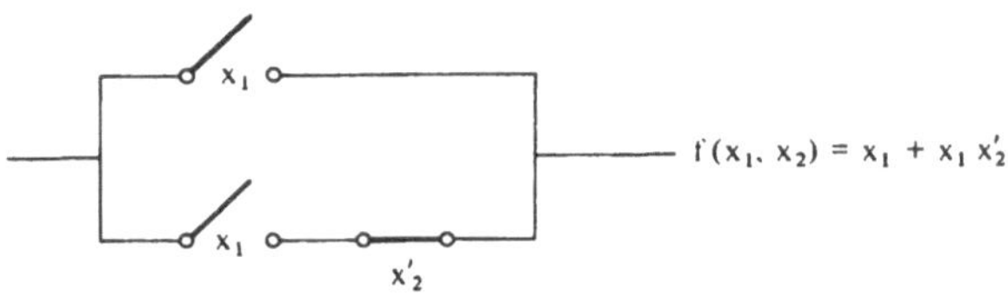

Die Vereinfachung von Schaltungen erfolgt algebraisch durch Umformung des zugehörigen Funktionswertes. $f(x_1, x_2) = x_1$ folgt direkt aus dem Verschmelzungsgesetz.

Diese Schaltung in Gatterdarstellung samt zugehöriger Schaltfunktion ist gegeben durch:

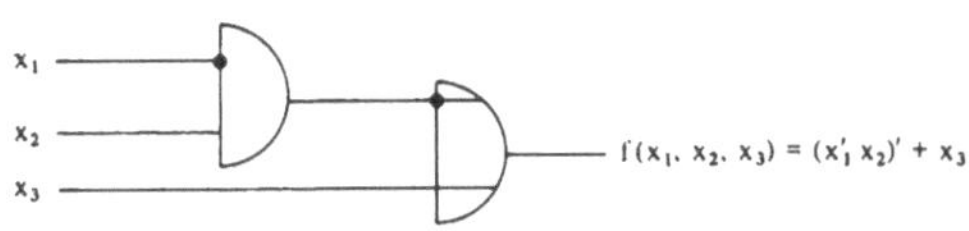

Besondere Bedeutung kommt den binären Polynomfunktionen in der Schaltalgebra zu, also den Booleschen Polynomfunktionen auf der Booleschen Algebra $(\{0, 1\}, \cdot, +, ', 0, 1)$. Die Variablen von binären Polynomfunktionen können als Leitwertvariable gedeutet werden. Sämtliche binären Polynomfunktionen von zwei Variablen sind durch ihre Werte in folgender Wertetafel bestimmt:

x_1	x_2	f_0	f_1	f_2	f_3	f_4	f_5	f_6	f_7	f_8	f_9	f_{10}	f_{11}	f_{12}	f_{13}	f_{14}	f_{15}
1	1	0	0	0	0	0	0	0	0	1	1	1	1	1	1	1	1
1	0	0	0	0	0	1	1	1	1	0	0	0	0	1	1	1	1
0	1	0	0	1	1	0	0	1	1	0	0	1	1	0	0	1	1
0	0	0	1	0	1	0	1	0	1	0	1	0	1	0	1	0	1

Die Wertetafel ist insofern symmetrisch, als gilt: $f_{15-i} = f_i'$, $0 \leq i \leq 15$, d.h. die rechte (linke) Hälfte der Wertetafel geht aus der linken (rechten) durch Negation hervor.

Wir greifen die wichtigsten dieser Polynomfunktionen heraus: f_1 stellt die Verknüpfung durch Multiplikation, f_7 die Verknüpfung durch Addition dar. Bei aussagenlogischer Interpretation entspricht also f_1 der Konjunktion, f_7 der Disjunktion. f_9 stellt die Bijunktion dar. Die Funktion f_{14} ist die NAND-Funktion („not and") und f_8 ist die NOR-Funktion („not or"). Es gilt: $f_{14} = f_1'$ bzw. $f_8 = f_7'$.

Unter den n-stelligen binären Polynomfunktionen gibt es insgesamt 2^{2^n} voneinander verschiedene. Man kann jede binäre Polynomfunktion von n Variablen durch Verknüpfungen der Elemente 0 und 1 durch Boolesche Multiplikation $\cdot$, Addition + und Komplementbildung festlegen. Daher kann also jede binäre Polynomfunktion durch Verknüpfung von UND-, ODER- und NEGATIONS-Schaltgliedern technisch realisiert werden. Die Normalformen von binären Polynomfunktionen $f(x_1, \ldots, x_n)$ sind von der Form:

$$f(x_1, \ldots, x_n) = \sum_S f(1^{i_1}, \ldots, 1^{i_n}) \prod_{k=1}^{n} x_k^{i_k}$$

(Disjunktive Normalform)

$$f(x_1, \ldots, x_n) = \prod_S f(0^{i_1}, \ldots, 0^{i_n}) \sum_{k=1}^{n} x_k^{i_k}$$

(Konjunktive Normalform)

wobei die Summe bzw. das Produkt über alle n-Tupel aus $S = \{(i_1, \ldots, i_n) \mid i_k = -1, 1;\ k = 1, 2, \ldots, n\}$ zu bilden ist und gilt: $x^{-1} = x'$, $x^1 = x$.

6.3.1. Definition: Die Produkte (bzw. Summen) einer disjunktiven (bzw. konjunktiven) Normalform enthalten jede Variable entweder selbst oder ihr Komplement genau einmal als Faktor (bzw. Summand) und man bezeichnet sie als Vollkonjunktionen oder Minterme (bzw. Volldisjunktionen oder Maxterme).

Offensichtlich gilt:

6.3.2. Satz: Jede Vollkonjunktion (bzw. Volldisjunktion) nimmt bei genau einer Belegung den Wert 1 (bzw. 0) und sonst den Wert 0 (bzw. 1) an.

Jede binäre Polynomfunktion von n Variablen, die wenigstens ein geordnetes n-Tupel auf 1 (bzw. 0) abbildet, läßt sich eindeutig in disjunktiver (bzw. konjunktiver Normalform) darstellen: Werden nämlich r geordnete n-Tupel ($1 \leqslant r \leqslant 2^n$) auf 1 (bzw. 0) abgebildet, so bildet man die Summe (bzw. das Produkt) aus denjenigen r Vollkonjunktionen (bzw. Volldisjunktionen), die für diese r n-Tupel den Wert 1 (bzw. 0) haben.

Beispiele:

Sei $f(0,1,1) = f(1,0,1) = 1$ und in allen anderen Fällen sei $f(x_1, x_2, x_3) = 0$, dann gilt: $f(x_1, x_2, x_3) = x_1' x_2 x_3 + x_1 x_2' x_3$.
Sei $g(1,0,0) = g(0,1,0) = 0$ und alle übrigen Tripel werden auf 1 abgebildet, dann gilt: $g(x_1, x_2, x_3) = (x_1' + x_2 + x_3) \times$
$\times (x_1 + x_2' + x_3)$.

Zur Bestimmung von Funktionswerten einer binären Polynomfunktion f, die nicht in disjunktiver Normalform gegeben ist, hat man die Polynomfunktion zunächst auf eine der beiden Normalformen zu bringen. Für diese Umformung sind folgende Regeln nützlich:

(1) Durch Anwendung der de Morganschen Gesetze bringt man alle vorkommenden Komplementzeichen $'$ unmittelbar an die x_i heran.

(2) Man stellt f durch Anwendung der Distributivgesetze als Summe von Produkten (bzw. als Produkt von Summen) dar.

(3) Man fügt in jedem Summanden (Faktor) für jedes darin nicht vorkommende x_i ein $x_i + x_i'$ (bzw. $x_i x_i'$) ein.

(4) Man entwickelt jeden Summanden nach den Distributivgesetzen.

(5) Man faßt gleichnamige Glieder zusammen und ordnet sie.

B e i s p i e l :

$$
\begin{aligned}
f(x_1, x_2, x_3) &= (x_1 x_2' + x_1 x_3)' + x_1' = \\
&= (x_1 x_2')' (x_1 x_3)' + x_1' = \\
&= (x_1' + x_2)(x_1' + x_3') + x_1' = x_1' + x_2 x_3' = \\
&= x_1'(x_2 + x_2')(x_3 + x_3') + x_2 x_3'(x_1 + x_1') = \\
&= x_1' x_2 x_3 + x_1' x_2 x_3' + x_1' x_2' x_3 + x_1' x_2' x_3' + x_1 x_2 x_3'.
\end{aligned}
$$

f nimmt genau für die Belegungen (0, 1, 1), (0, 1, 0), (0, 0, 1), (0, 0, 0), (1, 1, 0) den Wert 1 an.

Zur technischen Realisierung der disjunktiven (bzw. konjunktiven) Normalformen einer binären Polynomfunktion in n Variablen ist die Verknüpfung von 2^n UND-Glieder (bzw. ODER-Glieder) mit je n Eingängen und ein ODER-Glied (bzw. UND-Glied) mit 2^n Eingängen erforderlich.

B e i s p i e l :

Die Realisierung der disjunktiven Normalform $f_{11}(x_1, x_2) = x_1 x_2 + x_1 x_2' + x_1' x_2'$ ist von der Form:

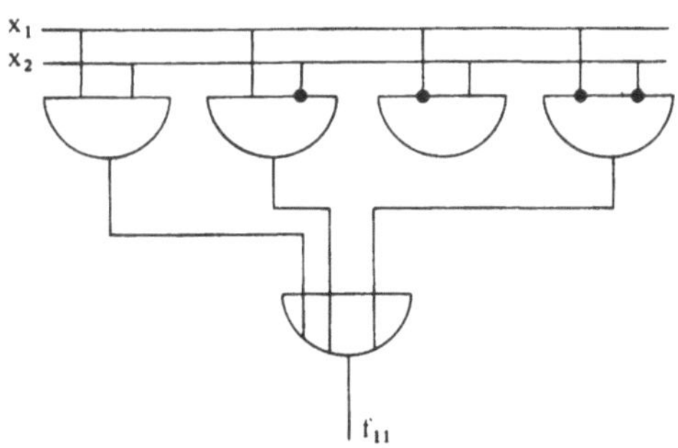

Die Realisierung der konjunktiven Normalform $f_5(x_1, x_2) = (x_1 + x_2)(x_1' + x_2)$ ist von der Form:

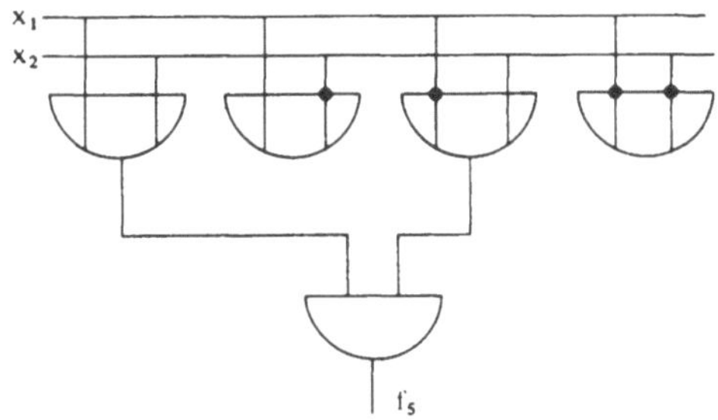

In der Theorie der Reihen-Parallelschaltungen unterscheidet man zwei Grundprobleme: (1) Analyse der Schaltung, d.h. Ermittlung der Eigenschaften – also des Leitwerts – einer gegebenen Schaltung dadurch, daß man die der gegebenen Schaltung entsprechende Schaltfunktion bestimmt und diese als Boolesche Polynomfunktion vereinfacht. (2) Synthese der Schaltung, d.h. Entwurf von Schaltungen mit vorgegebenen Eigenschaften.

Die Lösung des ersten Problems haben wir an Hand eines Beispiels dadurch gegeben, daß wir zum Beispiel die Wertetabelle der entsprechenden Schaltfunktion aufgestellt haben. Beim zweiten Problem hat man umgekehrt von einer etwa durch ihre Wertetabelle gegebenen Schaltfunktion ausgehend eine Schaltung zu finden, welche diese binäre Polynomfunktion als Schaltfunktion besitzt. Das erreicht man am besten dadurch, daß man die Schaltfunktion als Boolesche Polynomfunktion in (disjunktiver oder konjunktiver) Normalform darstellt. Die dieser Normalform entsprechende Schaltung ist jedoch bei weitem nicht die einfachste oder wirtschaftlichste Schaltung. Zumeist kann man an der Schaltfunktion allein auch schwer erkennen, welche der zugehörigen Schaltungen die „einfachste" ist. In der Praxis, etwa bei komplizierten Schaltungen in den modernen Digitalrechnern, ist es von großer Wichtigkeit, die Anzahl der in der Schaltung auftretenden Kontakte oder Gatter möglichst klein

zu machen. Diese Anzahl ist gleich der Anzahl der in der Schaltfunktion vorkommenden Leitwertvariablen x_i und diese Anzahl ist in der Normalform oft sehr groß. Es gibt mehrere systematische Verfahren zur Vereinfachung der Schaltfunktion und somit der Schaltungen, so daß man eine Schaltfunktion auf eine „Minimalform" bringt. Derartige Minimierungsverfahren, wie zum Beispiel ein algebraisches Verfahren von Quine–McCluskey oder eine graphische Methode von Karnaugh, sind i. a. kompliziert und können daher hier nicht behandelt werden. Eine allgemeine Methode zur Vereinfachung von Schaltungen besteht darin, die gegebene Schaltung in eine Boolesche Polynomfunktion zu übersetzen, also die zugehörige Schaltfunktion zu bestimmen, und diesen Ausdruck algebraisch durch Anwendung der Gesetze der Booleschen Algebra zu vereinfachen und schließlich eine neue Schaltung zu zeichnen, die das Ergebnis der Vereinfachung realisiert. Gelegentlich kann man auch folgenden Kunstgriff anwenden: Man geht von einer Darstellung einer Schaltfunktion als binäre Boolesche Polynomfunktion zu deren Komplement über und versucht dieses zu vereinfachen.
Nach der Vereinfachung kehrt man durch erneute Komplementbildung zur ursprünglichen Polynomfunktion zurück.

Beispiel:

Es ist eine möglichst einfache Schaltung in Gatterdarstellung anzugeben, welche folgende binäre Polynomfunktion $f(x_1, x_2, x_3, x_4)$ realisiert: $f(1,0,0,0) = f(1,0,0,1) = f(1,1,0,1) = 0$ und für die restlichen Belegungen hat f den Wert 1. Da bei den 16 Belegungen nur 3 den Funktionswert 0 liefern, stellen wir f in konjunktiver Normalform dar, die wir dann auf Grund der Rechenregeln der Schaltalgebra umformen:

$$\begin{aligned} f(x_1, x_2, x_3, x_4) &= (x_1 + x_2 + x_3 + x_4)(x_1' + x_2 + x_3 + x_4') \times \\ &\quad \times (x_1' + x_2' + x_3 + x_4') = \\ &= (x_1' + x_2 + x_3 + x_4 x_4')(x_1' + x_3 + x_4' + x_2 x_2') \\ &= (x_1' + x_3 + x_2)(x_1' + x_3 + x_4') = x_1' + x_3 + x_2 x_4' \end{aligned}$$

Die entsprechende Schaltung ist von der Form:

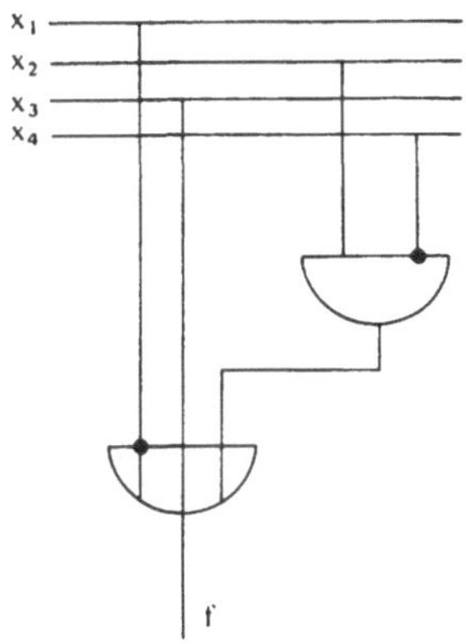

Als nächstes Beispiel sei folgende Schaltung zu vereinfachen:

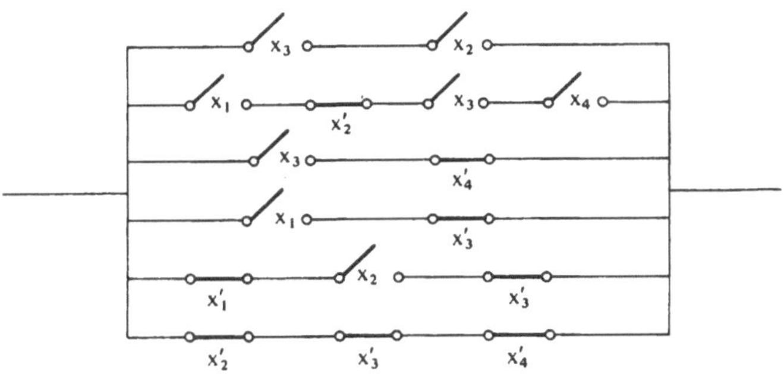

Die Schaltfunktion dieser Schaltung ist gegeben durch:

$$f(x_1, x_2, x_3, x_4) = x_3 x_2 + x_1 x_2' x_3 x_4 + x_3 x_4' + x_1 x_3' + x_1' x_2 x_3' + x_2' x_3' x_4' .$$

Fassen wir die drei ersten Glieder als eine Polynomfunktion g und die drei letzten als eine Polynomfunktion h auf, dann gilt:

$$g' = (x_3' + x_2')(x_1' + x_2 + x_3' + x_4')(x_3' + x_4) =$$
$$= x_3' + (x_2'(x_1' + x_2 + x_4')x_4) = x_3' + (x_1'x_2'x_4)\ ,$$
$$h' = (x_1' + x_3)(x_1 + x_2' + x_3)(x_2 + x_3 + x_4) =$$
$$= x_3 + (x_1'(x_1 + x_2')(x_2 + x_4)) = x_3 + (x_1'x_2'x_4)\ .$$

Also gilt: $f = g + h = (g'h')' = x_1 + x_2 + x_4'$, das entspricht der Schaltung.

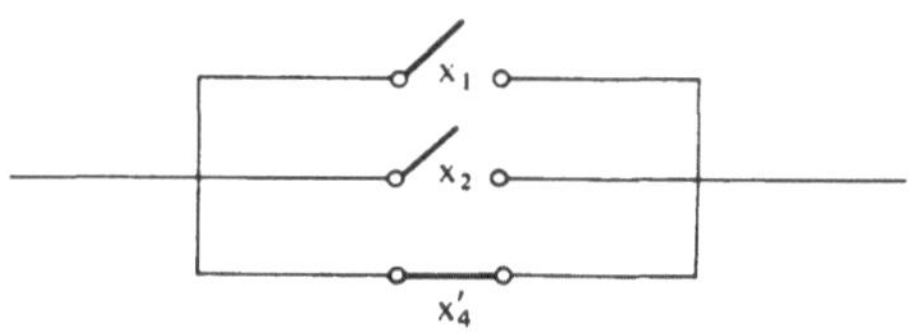

6.4. Ereignisalgebra

Eine besonders anschauliche Interpretation der Eigenschaften einer abstrakten Booleschen Algebra erhält man, wenn man die Elemente der Booleschen Algebra als Ereignisse einer zu einer bestimmten Versuchssituation gehörenden sogenannten Ereignisalgebra auffaßt. Bei den bisherigen Modellen einer Booleschen Algebra, bei der Aussagenalgebra und bei der Mengenalgebra war es uns unmöglich eine exakte Definition für den Begriff „Aussage“ oder „Menge“ zu geben. In ähnlicher Weise fassen wir nun auch den Begriff „Ereignis“ als einen Grundbegriff auf, der nur durch eine Umschreibung erläutert werden kann. Danach verstehen wir unter einem Ereignis die Zusammenfassung von Erscheinungen eines konkreten Systems, die sich für uns nur unwesentlich voneinander unterscheiden. Betrachtet man z. B. Spannungsunterschiede von weniger als 1 Volt für elektrische Spannungen an den Knoten eines elektrischen Netzwerkes als unwesentlich, so kann man die wirklich auftretenden Spannungen in eine Skala diskreter Spannungswerte mit der Schrittweite 1 Volt eintragen. Jedem Intervall zwischen zwei Skalenteilen wird dann ein Ereignis zugeordnet. Erscheinungen, die an einem System stets beobachtet werden, faßt man zum sogenannten sicheren Ereignis 1, Erscheinungen, die nie beobachtet werden, zum unmöglichen Ereignis 0 zusammen. Man kann neue Ereignisse gewinnen, indem man gewisse Verknüpfungen auf der Menge der Ereignisse definiert.

6.4.1. Definition: Unter der Ereignisalgebra E = (E, $\wedge$, $\vee$, $'$, 0, 1) eines Systems versteht man die Gesamtheit aller Ereignisse (also die Klassifikation aller Erscheinungen des Systems) zusammen mit folgenden Verknüpfungen $'$, $\wedge$, $\vee$: Sei X ein Ereignis, so tritt das sogenannte negierte Ereignis X' genau dann ein, wenn X nicht eintritt. Die Ereignisse X und Y werden zum Ereignis $X \vee Y$ so verknüpft, daß $X \vee Y$ genau dann eintritt, wenn X oder Y eintritt. Die Ereignisse X und Y werden zum Ereignis $X \wedge Y$ verknüpft, so daß $X \wedge Y$ genau dann eintritt, wenn sowohl X als auch Y eintritt. 0 sei das unmögliche und 1 sei das sichere Ereignis.

Betrachtet man als Grundmenge E allgemeiner die Menge aller Erscheinungen eines Systems, so kann man jede beliebige Teilmenge X von E als Ereignis auffassen. An den Ereignisoperationen erkennt man, daß dann die Negation der Komplementbildung, die Vereinigung $\vee$ der Vereinigung $\cup$ und der Durchschnitt $\wedge$ dem Durchschnitt $\cap$ von Mengen entspricht. Die Ereignisalgebra ist also eine Boolesche Algebra.

6.4.2. Satz: Die Ereignisalgebra E ist isomorph zur Booleschen Algebra P(E).

Wir stellen nun den wichtigen Zusammenhang zwischen Booleschen Algebren und der Wahrscheinlichkeitsrechnung dadurch her, daß wir eine Wahrscheinlichkeitsbewertung der Elemente der Ereignisalgebra E angeben. Außer dem sicheren und dem unmöglichen Ereignis haben alle Ereignisse von E die Eigenschaft, daß sie eintreten können aber nicht eintreten müssen, das Eintreten eines Ereignisses ist also zufällig. Beobachtet man das System, zu dem die Ereignisalgebra gehört, über längere Zeit, so stellt sich heraus, daß das Ereignis X im Mittel mit einer bestimmten Frequenz zu beobachten ist. Sei m die Eintrittszahl für das Ereignis X bei n Versuchen mit dem System, so weicht mit wachsender Anzahl n von Versuchen die relative Häufigkeit m/n für das Eintreten des Ereignisses X immer weniger von einer bestimmten festen Zahl p(X) ab, die man die Wahrscheinlichkeit des Ereignisses X nennt. So wird jedem Element der Booleschen Algebra E ein Wahrscheinlichkeitswert p mit $0 \leqslant p \leqslant 1$ als Grenzfall der relativen Häufigkeiten der Auftrittszahlen des Ereignisses, bezogen auf die Zahl der Versuche, zugeordnet. Diese Wahrscheinlichkeitsbewertungen einer Booleschen Algebra müssen mit den Verknüpfungen der Booleschen Algebra gewisse Verträglichkeitsbedingungen erfüllen, die wir folgendermaßen zusammenfassen.

6.4.3. Satz: Seien X, Y Elemente einer Booleschen Ereignisalgebra E, dann gilt:

a) $p(1) = 1, \ p(0) = 0$.

b) Summensatz: Ist $X \wedge Y = 0$, dann gilt:
$p(X \vee Y) = p(X) + p(Y)$.
Allgemeiner Summensatz:
$p(X \vee Y) = p(X) + p(Y) - p(X \wedge Y)$.

c) Negationsregel: $p(X') = 1 - p(X)$

Beweis: a) Das sichere Ereignis 1 tritt bei jedem Versuch ein, daher ist die relative Häufigkeit der Auftrittszahlen in bezug auf die Versuchszahlen stets die Zahl 1. (Analog für 0.)

b) Seien r und s die Auftrittszahlen von X und Y bei n Versuchen, dann ist r + s die Auftrittszahl für $X \vee Y$. Nach Division durch n folgt die Behauptung. Der Beweis der zweiten Behauptung für beliebiges X und Y ist etwas komplizierter und entfällt.

c) Auf Grund des Summensatzes gilt $p(X \vee X') = p(1) = 1 = $
$= p(X) + p(X')$.

Zum Abschluß gehen wir noch kurz auf den Begriff einer bedingten Booleschen Algebra ein. Betrachtet man alle Ereignisse einer Booleschen Algebra E nur unter der Bedingung, daß ein ganz bestimmtes Ereignis A eingetreten ist, so sind alle Elemente der so entstehenden, sogenannten bedingten Booleschen Ereignisalgebra von der Form $Y \wedge A$, wobei Y ein beliebiges Element von E ist. Allgemeiner kann man diesen Übergang so vollziehen.

6.4.4. Definition: Seien B und C Boolesche Algebren mit dem Null-Element 0. Unter dem Kern eines Homomorphismus $f: B \to C$ versteht man die Menge $\{n \in B \mid f(n) = 0\}$.
Ein Boolesches Ideal von B ist eine Teilmenge $I \subset B$, so daß gilt: $x, y \in I \Rightarrow x \vee y \in I$; $x \in I, b \in B \Rightarrow x \wedge b \in I$.

Mit Hilfe eines Ideals I einer Booleschen Algebra B kann man auf B eine Äquivalenzrelation ρ so einführen:

$$x \rho x \Leftrightarrow x = (x \wedge y) \vee a,\ y = (x \wedge y) \vee b, \quad \text{für } a, b \in I.$$

Die Gesamtheit der Klassen ist dann bezüglich folgender Verknüpfungen eine Boolesche Algebra:

Die Negation der x enthaltenden Klasse ist die Klasse, welche x' enthält.

Die Disjunktion (bzw. Konjunktion) der Klassen, die x und y enthalten, ist die $x \vee y$ (bzw. $x \wedge y$) enthaltende Klasse.

Jedes Ideal I einer Booleschen Algebra kann als Kern eines passenden Homomorphismus f fungieren, indem man definiert:

$$f(a) = 0 \quad \text{für } a \in I, \quad f(b) = f(b \wedge c) \quad \text{für } c \rho b$$

gemäß der durch I erklärten Äquivalenzrelation ρ.

6.4.5. Satz: Die Faktoralgebra der Klassen nach dem Ideal Kern f eines Epimorphismus $f: B \to C$ ist eine Boolesche Algebra B/Kern f, welche isomorph zur Booleschen Algebra C ist.

Sei i die Vereinigung aller Elemente eines Ideals I von B, dann läßt sich folgende umkehrbar eindeutige Zuordnung zwischen den Äquivalenzklassen von B nach I und den sog. „Resten" $x \wedge i'$ für $x \in B$ angeben:

$$x \rho y \Leftrightarrow x \wedge i' = y \wedge i',$$

wobei ρ die durch I induzierte Äquivalenzrelation auf B ist. Die Boolesche Faktoralgebra ist also nichts anderes als die Boolesche Algebra der „Reste“ $x \wedge i$. Man nennt sie „bedingte Boolesche Algebra“.

Kehren wir nach diesen allgemeinen Bemerkungen wieder zur Ereignisalgebra E zurück, so können wir annehmen, daß ein einziges Ereignis als Bedingung A (evtl. in Form der Vereinigung von mehreren Ereignissen) auftritt. An die Stelle der ursprünglichen Ereignisse Y treten nun die bedingten Ereignisse Y/A, die durch $Y \wedge A$ charakterisiert sind. Unter der Bedingung A wird also das frühere Ereignis A' zum unmöglichen Ereignis.

Die zur ursprünglichen Ereignisalgebra E homomorphe Algebra ist nun die bedingte Boolesche Algebra E/A der Reste $Y \wedge A$.

Auf E/A kann eine Wahrscheinlichkeitsbewertung gemäß folgender Vorschrift vorgenommen werden:

6.4.6. Definition: Für die Wahrscheinlichkeiten p(Y/A) auf der durch A, $p(A) > 0$, bedingten Booleschen Ereignisalgebra E/A gilt:

$$p(Y/A) = \frac{p(Y \wedge A)}{p(A)} \quad \text{für alle Elemente } Y/A \in E/A.$$

Zwei Elemente X und Y der Booleschen Algebra E sind unabhängig, wenn gilt: $p(Y/X) = p(Y)$.

Damit ergibt sich der sogenannte Produktsatz der Wahrscheinlichkeitsrechnung:

6.4.7. Satz: Sind X und Y zwei unabhängige Elemente einer Booleschen Algebra E, die mit einem Wahrscheinlichkeitsmaß p bewertet ist, dann gilt: $p(Y \wedge X) = p(Y)\,p(X)$.

ÜBUNGSAUFGABEN

140. Man zeige, daß in einer Booleschen Algebra für beliebige Elemente x, y, z folgende vier Ausdrücke gleich sind:
$(x \vee y) \wedge (x' \vee z) \wedge (y \vee z)$, $(x \wedge z) \vee (x' \wedge y) \vee (y \wedge z)$,
$(x \vee y) \wedge (x' \vee z)$, $(x \wedge z) \vee (x' \wedge y)$.

141. Man beweise für jede Boolesche Algebra B: $x \vee (x' \wedge y) =$ $= x \vee y$ für jedes Paar $x, y \in B$.

142. Man schreibe $((x \wedge y') \vee (x \wedge z))' \vee x'$ in disjunktiver und konjunktiver Normalform. Ebenso: $(x \vee y \vee z) \wedge$ $\wedge ((x \wedge y) \vee (x' \wedge z))'$.

143. Welche der folgenden Aussageformen sind Tautologien?

$$A \to (B \to A \wedge B), \quad A' \to (A \vee B), \quad (A \to B) \vee (B \to C).$$

144. Beweise: $(A \to B)' \Leftrightarrow A \wedge B'$

$(A \vee B) \to C \Leftrightarrow A \to C$.

145. Bestimme die Schaltung in Gatterdarstellung mit der zugehörigen Schaltfunktion:

$$f(x_1, x_2, x_3) = (x_1 + x_2 + x_3)(x_1' + x_2) \times$$
$$\times (x_1 x_3 + x_1' x_2)(x_2' + x_3) .$$

146. Bestimme die Schaltfunktionen von:

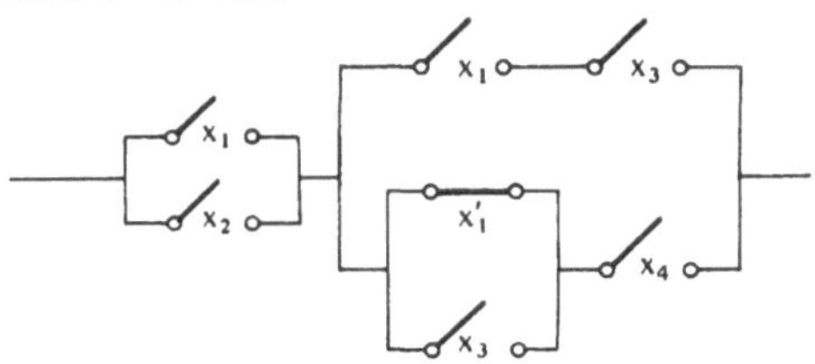

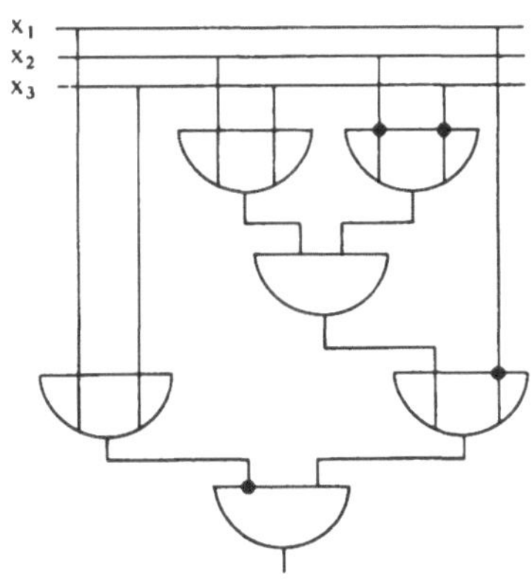

147. Bestimme die Funktionswerte von

$$f(x_1, x_2, x_3) = (x_1 x_2' + x_1 x_3)' + x_1' ,$$
$$f(x_1, x_2, x_3, x_4) = x_1' x_2' x_3 + (x_1' + x_2 + x_4)' .$$

148. Für welche Belegungen nehmen die folgenden Polynomfunktionen den Funktionswert 1 (bzw. 0) an?

$$f(x_1, x_2, x_3) = x_2(x_1 + x_3) + x_2 x_3' ,$$
$$f(x_1, x_2, x_3, x_4) = (x_1' + x_4)(x_1 x_2 x_3' + x_3(x_1' + x_4')) ,$$
$$f(x_1, x_2, x_3, x_4) = x_1' + x_3 + (x_2' + x_4)' .$$

149. Man realisiere in elektronischer Technik eine möglichst einfache Schaltung für diejenige binäre Polynomfunktion in 4 Variablen, die für die Belegungen (0, 0, 1, 0), (0, 0, 1, 1), (0, 1, 1, 0), (0, 1, 1, 1), (1, 0, 0, 0), (1, 0, 0, 1), (1, 1, 0, 0), (1, 1, 0, 1), (1, 1, 1, 1) den Wert 1 und für alle übrigen Belegungen den Wert 0 ergibt.

150. Man gebe in elektronischer Technik eine möglichst einfache Schaltung an, die diejenige Funktion von 4 Variablen als Schaltfunktion besitzt, welche genau dann den Wert 1 hat, wenn die Anzahl der Belegungen der Variablen mit 1 ungerade ist.

Literatur

1. und 2. Grundlagen und algebraische Strukturen

Birkhoff, G. u. *T. C. Bartee:* Angewandte Algebra. München 1973.
Hasse, H.: Höhere Algebra, 2 Bde. Berlin 1963/1967.
Hasse, H. u. *W. Klobe:* Aufgabensammlung zur Höheren Algebra. Berlin 1961.
Hornfeck, B.: Algebra. Berlin 1969.
Kaiser, H. K., R. Lidl u. *J. Wiesenbauer:* Aufgabensammlung zur Algebra. Frankfurt 1975.
Kochendörffer, R.: Einführung in die Algebra. Berlin 1966.
Körner, O.: Algebra. Frankfurt 1974.
Lugowski, H. u. *H. J. Weinert:* Grundzüge der Algebra, 3 Bände. Leipzig 1967.
van der Waerden, B. L.: Algebra, 2 Bände. Berlin 1966 bzw. 1967.

3. Halbgruppen

Arbib, M. A.: Algebraische Theorie abstrakter Automaten, formaler Sprachen und Halbgruppen. Berlin 1971.
Bauer, F. L., u. *G. Goos:* Informatik, 3 Bände. Berlin–Heidelberg–New York 1971.
Clifford, A. H., u. *G. B. Preston:* The algebraic theory of semi-groups, 2 Bände. Providence, Rhode Island 1961 bzw. 1967.
Deussen, P.: Halbgruppen und Automaten. Berlin–Heidelberg–New York 1971.
Ginzburg, A.: Algebraic Theory of Automata. New York 1968.
Gössel, M.: Angewandte Automatentheorie, 2 Bände. Berlin 1972.
Ljapin, E. S.: Semigroups. Providence, Rhode Island 1963.
Schadach, D. J.: Biomathematik, 2 Bände. Berlin 1971.

4. Gruppen

Baumgartner, L.: Gruppentheorie. Berlin–New York 1972.
Boerner, H.: Darstellungen von Gruppen. Berlin–Heidelberg–New York 1967.
Cotton, F. A.: Chemical Applications of Group Theory. New York 1963.
Cracknell, A. P.: Angewandte Gruppentheorie. Berlin 1971.
Curtis, C. W., u. *J. Reiner:* Representation Theory of Finite Groups and Associative Algebras. New York 1962.
Flügge, S.: Handbuch der Physik II. Berlin–Göttingen–Heidelberg 1955.
Hamermesh, M.: Group Theory and its Application to Physical Problems. Reading, Mass. 1962.

Kochendörffer, R.: Lehrbuch der Gruppentheorie mit besonderer Berücksichtigung der endlichen Gruppen. Leipzig 1966.
Kurosch, A. G.: Gruppentheorie. Nachdruck. Berlin 1955.
Ljubarski, G. J.: Anwendungen der Gruppentheorie in der Physik. Berlin 1962.
Lomont, J. S.: Applications of Finite Groups. New York 1959.
Margenau, H., u. *G. M. Murphy:* The Mathematics of Physics and Chemistry. New York 1956.
Mathiak, K., u. *P. Stingl:* Gruppentheorie. Frankfurt 1969.
Specht, W.: Gruppentheorie. Berlin 1956.
Speiser, A.: Die Theorie der Gruppen von endlicher Ordnung. Basel 1956.
Tinkham, M.: Group Theory and Quantum Mechanics. New York 1964.

5. Ringe und Körper

Abramson, N.: Information Theory and Coding. New York 1965.
Berlekamp, E. R.: Algebraic Coding Theory. New York 1968.
Burton, D. M.: A First Course in Rings and Ideals. Reading, Mass. 1968.
Denis-Papin, M., u. *G. Cullmann:* Übungsaufgaben zur Informationstheorie. Braunschweig 1971.
Henze, E., u. *H. H. Homuth:* Einführung in die Codierungstheorie. Braunschweig 1974.
Kameda, T., u. *K. Weihrauch:* Einführung in die Codierungstheorie. Mannheim 1973.
Lin, S.: An Introduction to Error-Correcting Codes. Englewood, N. J. 1970.
Mann, H. B.: Error-Correcting Codes. New York 1968.
Massey, J. L.: Threshold Decoding. Cambridge, Mass. 1963.
Peterson, W. W.: Prüfbare und korrigierbare Codes. München 1967.
Peterson, W. W., u. *E. J. Weldon:* Error-Correcting Codes. Cambridge, Mass. 1972.
Swoboda, J.: Codierung zur Fehlerkorrektur und Fehlererkennung. München 1973.
van Lint, J. H.: Coding Theory. Berlin–Göttingen–Heidelberg 1971.

6. Boolesche Verbände

Asser, G.: Einführung in die mathematische Logik. Leipzig 1959.
Birkhoff, G.: Lattice Theory. Providence, Rhode Island 1967.
Denis-Papin, M., R. Faure, A. Kaufmann u. *Y. Malgrange:* Theorie und Praxis der Booleschen Algebra. Braunschweig 1974.
Hermes, H.: Einführung in die Verbandstheorie. Berlin 1967.
Hilbert, D., u. *W. Ackermann:* Grundzüge der theoretischen Logik. Berlin–Göttingen–Heidelberg 1959.
Hohn, F. E.: Applied Boolean Algebras. New York 1960.
Jehle, F.: Boolesche Algebra. München 1972.

Peschel, M.: Moderne Anwendungen algebraischer Methoden. Berlin 1971.
Speiser, A. P.: Digitale Rechenanlagen. Berlin–Göttingen–Heidelberg 1965.
Szasz, G.: Einführung in die Verbandstheorie. Leipzig 1962.
Weyh, U.: Elemente der Schaltungsalgebra. München 1960.
Whitesitt, J. E.: Boolesche Algebra und ihre Anwendungen. Braunschweig 1968.

Symbolverzeichnis

(Die Symbole sind in der Reihenfolge ihres Auftretens im Text angegeben und mit ihrer Definition bzw. Seitennummer versehen.)

$\in$	Element von 8
$\notin$	kein Element von 8
$\{\ \}$	Mengensymbol 8
$\mathbf{N}$	natürliche Zahlen 8
$\mathbf{R}$	reelle Zahlen 8
$\leqslant$	kleiner-gleich 8
$<$	kleiner 8
$A \subset B$	A Teilmenge von B 9
$\emptyset$	leere Menge 9
$A \cup B$	Vereinigung zweier Mengen 10
$A \cap B$	Durchschnitt zweier Mengen 10
$A \setminus B$	Differenz zweier Mengen 10
$\wedge$	„und" 10
$\vee$	„oder" 10
$\bar{N}$	mengentheoretisches Komplement 10
$P(M)$	Potenzmenge 11
$\bigcup_i A_i$	Vereinigung der Mengen A_i 11
$\bigcap_i A_i$	Durchschnitt der Mengen A_i 11
$\forall$	„für alle" 11
$\exists$	„es gibt" 11
$M \times N$	kartesisches Produkt 12
M^n	n-faches Produkt von M 13
ι	Identitätsrelation 14
a	Allrelation 14
$\mathbf{Z}$	ganze Zahlen 14
ρn	Vorbereich von n unter der Relation ρ 14
$m \rho$	Nachbereich von m unter der Relation ρ 14
$V(\rho)$	Vorbereich von ρ 14
$N(\rho)$	Nachbereich von ρ 14
$F(\rho)$	Feld von ρ 14
ρ^t	transitive Hülle 15
$\hat{\rho}$	erzeugte Äquivalenzrelation 16
$\text{Abb}(M, N)$	Menge aller Abbildungen von M nach N 17
$\text{Im } f$	Bildmenge 17
$\mathbf{R}^+$	nichtnegative reelle Zahlen 18

Namen- und Sachverzeichnis

FSC
www.fsc.org
MIX
Papier | Fördert gute Waldnutzung
FSC® C083411

Kolibri 360 GmbH
Ferdinand-Jühlke-Straße 7
99095 Erfurt, Deutschland
produktsicherheit@kolibri360.de